TABLEAU

DE

LA CRÉATION

OU

DIEU MANIFESTÉ PAR SES ŒUVRES

PAR L.-F. JÉHAN (DE SAINT-CLAVIEN)

MEMBRE DE LA SOCIÉTÉ GÉOLOGIQUE DE FRANCE
DE L'ACADÉMIE ROYALE DES SCIENCES DE TURIN, ETC.
AUTEUR DE L'ESSAI SUR LE DÉVELOPPEMENT DE L'INTELLIGENCE HUMAINE
— DE LA CITÉ DU MAL, ETC.

NOUVELLE ÉDITION
REVUE ET AUGMENTÉE

TOME I

TOURS

ALFRED MAME ET FILS, ÉDITEURS

BIBLIOTHÈQUE

DE LA

JEUNESSE CHRÉTIENNE

APPROUVÉE

PAR MGR L'ARCHEVÊQUE DE TOURS

—

1re SÉRIE IN-8°

Karl Girardet del. — J. Outhwaite sc.

Perspective de la nature, dans les zones tempérées (Europe.)

Berthiau Imp

TABLEAU DE LA CRÉATION

OU

Dieu manifesté par ses œuvres

PAR

L. F. JÉHAN

Membre de la Société Géologique de France

TOME 1er

Karl Girardet del.

J. Outhwaite sc.

Restauration théorique de la période Tertiaire

Ad. Mame & Cie

ÉDITEURS

A TOURS

TABLEAU DE LA CRÉATION

OU

DIEU MANIFESTÉ PAR SES ŒUVRES

PAR L.-F. JÉHAN (DE SAINT-CLAVIEN)

MEMBRE DE LA SOCIÉTÉ GÉOLOGIQUE DE FRANCE
DE L'ACADÉMIE ROYALE DES SCIENCES DE TURIN, ETC.
AUTEUR DE L'ESSAI SUR LE DÉVELOPPEMENT DE L'INTELLIGENCE HUMAINE
— DE LA CITÉ DU MAL, ETC.

NOUVELLE ÉDITION
REVUE ET AUGMENTÉE

> Dieu, dans sa sagesse, a disposé ses ouvrages dès le commencement : il en a distingué toutes les parties dès leur origine, et il les a fondés pour les siècles des siècles. Il les a ornés pour jamais, et aucun d'eux n'a langui, ni défailli, ni manqué à sa destination
> Dieu a regardé la terre et l'a remplie de ses biens.
> L'ECCLÉSIASTIQUE, XVI, 26, etc.

TOME I

TOURS
ALFRED MAME ET FILS, ÉDITEURS

M DCCC LXXII

A

MON PÈRE

ET

A MA MÈRE

VOILA DÉJA LONGTEMPS QUE DIEU VOUS A RAPPELÉS A LUI,
MAIS VOTRE SOUVENIR BÉNI EST TOUJOURS VIVANT DANS MON CŒUR
COMME AU JOUR OU JE REÇUS VOTRE DERNIÈRE BÉNÉDICTION.
A VOUS, PARENTS BIEN-AIMÉS,
MODÈLE DES PLUS TOUCHANTES VERTUS,
UN FILS QUI DOIT TOUT A VOS PIEUX EXEMPLES
ET A VOS RELIGIEUX ENSEIGNEMENTS,
DÉDIE CE VOLUME
COMME UN HOMMAGE DE SA PIÉTÉ FILIALE.

L.-F. JEHAN (DE SAINT-CLAVIEN).

C'est ici une simple feuille détachée de cet arbre immense et merveilleux où fleurissent les œuvres de CELUI qui, d'une parole, fit jaillir l'univers du néant; c'est une petite goutte d'eau puisée à cet océan sans rivage où la Sagesse éternelle a répandu, comme des flots, les créations, le mouvement et la vie; c'est un douteux reflet de cette lumière splendide qui nous presse de toutes parts, et que le regard humain le plus assuré et le plus étendu ne peut contempler sans éblouissement. Nous avons voulu mêler notre faible voix à ce concert ineffable qui monte incessamment de la terre au ciel, et rendre hommage au Créateur, en racontant quelques-unes des merveilles de cette Sagesse suprême qui a disposé toutes choses dans de justes rapports de dimension, de nombre et de poids, et dont les pensées sont plus vastes que la mer, et les conseils plus profonds que l'abîme. Mais, au milieu de tous ces prodiges de la puissance créatrice, « je ne suis que comme un enfant qui s'amuse sur le rivage, et qui se réjouit de trouver de temps en temps un caillou plus uni ou une coquille plus jolie qu'à l'ordinaire, tandis que le grand océan de la vérité reste voilé devant mes yeux. » (NEWTON.)

INTRODUCTION

Variété dans l'unité.
LEIBNITZ.

Quand on considère attentivement les ouvrages du Créateur, on éprouve un frissonnement d'admiration ineffable [1]. S. AUGUSTIN.

Les étoiles ont pâli sur l'azur serein du firmament, l'orient se colore, bientôt le soleil va paraître : déjà les oiseaux en chœur saluent son retour, les campagnes se réveillent, fraîches et riantes, aux premiers rayons du matin; venez, gravissons le sentier de la montagne et allons nous placer à son sommet..... De cette cime élevée, un horizon sans bornes se déroule autour de nous; nous découvrons des forêts verdoyantes, des plaines cultivées, des habitations éparses, le toit de chaume du laboureur, la demeure élégante du riche, les tours et les palais des villes tumultueuses; ici s'étendent des tapis de verdure qu'arrosent des rivières aux eaux argentées; là, des vallées sinueuses suivent des chaînes de collines couvertes de bosquets; des brouillards grisâtres s'élèvent du creux des

[1] Opera Dei... attentius cogitata, ineffabilem incutiunt admirationem horroris. (S. AUG., *de Gen. ad litt.*, V, 22.)

vallons, et glissent sur la croupe des monts couronnés de neige. A l'aspect de ces dépressions, de ces grandes inégalités, de ces montagnes et de ces vallées qui sillonnent le globe, de ce relief remarquable, origine de tant de relations harmonieuses à la surface de la terre [1], la pensée remonte les siècles et se reporte à ces âges antiques où l'action des eaux formait dans les bassins, dans les lacs, dans les golfes et le lit des mers, ces alluvions, ces atterrissements, ces puissantes accumulations de détritus qui composent aujourd'hui l'enveloppe stratifiée de notre planète; les feux souterrains secondaient les eaux dans leur incessante opération, et, soulevant d'énormes masses, imprimaient aux courants des directions nouvelles, des mouvements plus énergiques, et déterminaient ainsi l'élévation de nos continents au-dessus du niveau des mers. Des terrains déposés par couches, des schistes, des calcaires, des marnes, des argiles, des bancs prodigieux de coquillages répandus dans les plaines, entassés dans les collines, des forêts ensevelies à six cents mètres de profondeur dans la

[1] Il est bien remarquable que toutes les dépressions que nous observons à la surface du globe aient été produites par des causes qui ont tendu à leur donner une forme allongée. Leur disposition en cirques, dans quelques circonstances, est une exception. D'ordinaire la nature a frappé toutes ces dépressions comme ayant entendu en faire des chemins. A partir des montagnes où les grands fleuves commencent, elles ont toutes une direction vers la mer. Distinctes, souvent à tous égards, les unes des autres, elles ont cependant un tel rapport, qu'elles s'ajustent ensemble et qu'on dirait les parties d'un même tout. Les barrages demeurés entre elles, ou déjà entamés par les courants, sont l'exception, et la règle commune est que ces dépressions débouchent directement l'une dans l'autre. Enfin l'enchaînement est si parfait, l'œuvre si bien calculée et si bien adaptée à son but, que ces canaux de circulation, produits par des moyens si différents, avec des éléments si complexes, sur un plan si profond, que l'art ne saurait les imiter, semblent aux hommes, qui n'en ont point analysé la construction, une chose toute simple et faite par la Providence d'un seul coup.

terre et changées en houille, des ossements de grands quadrupèdes, des débris d'animaux et de plantes de toute espèce, tels sont les monuments de ces anciennes révolutions de notre globe.

Pour comprendre la prééminence de notre destinée et les vues pleines de bonté du Créateur pour l'espèce humaine, il suffit de considérer ce que la Sagesse éternelle a fait pour nous préparer une demeure... Entendez-vous, à travers les âges antiques, le bruit du long travail de la nature, de ces révolutions qui se succèdent pour pétrir, élaborer, façonner notre planète, pour entasser couches sur couches, accumuler débris sur débris, pour combiner, modifier de mille manières, fixer, coordonner harmonieusement les éléments inorganiques de notre globe? Pourquoi ces vallées qui se creusent, ces montagnes qui s'élèvent, ces plaines qui se déroulent, ces innombrables niveaux qui s'établissent? Dans quel but tous ces exhaussements et ces affaissements, ces remaniements, ces mélanges de matériaux si divers, et tous ces grands mouvements, à la surface et dans les entrailles de notre terre? Où tend l'action de ces lois, de ces forces, de ces agents, de tous ces moteurs que dirige le doigt du Très-Haut, durant cette laborieuse évolution de notre planète? N'est-ce pas afin que nous ayons sous nos pieds un sol ferme et stable; des granits, des marbres, des pierres de toutes sortes, pour élever nos temples, construire, décorer nos places, bâtir nos cités; d'immenses magasins de houille combustible dans les débris fossiles de la végétation primitive; d'inépuisables mines de sel gemme pour les contrées éloignées de la mer; de l'or, de l'argent, du fer, du cuivre, du plomb, etc., métaux si précieux, que sans eux nulle culture, nulle civilisation ne serait possible? N'est-ce pas encore pour que nous ayons aujourd'hui des sources et des fontaines, des fleuves et des rivières, lesquels, obéissant aux déclivités habilement calculées des terrains, s'écoulent, sans interrompre leur cours, vers le réservoir commun des mers? N'est-ce pas enfin pour que nous ayons une terre végétale présentant les conditions les plus avantageuses au travail et à la culture; et avec ce sol fécond, des gazons, des arbres, des fleurs et des fruits; et avec les plantes, une atmosphère épurée, et des animaux destinés à nous servir, à nous vêtir, à nous nourrir, à peupler et à animer tous les districts de la nature?

Mais ce qui fait surtout éclater les merveilles de la puissance et de la sagesse du Créateur, ce sont les tribus vivantes de végétaux et d'animaux qui peuplent et embellissent notre globe. A la voix du souverain ordonnateur, la terre a vu sortir de son sein l'aimable parure des champs, les forêts majestueuses, les quadrupèdes qui les parcourent en liberté, les légions aériennes des oiseaux, et les peuplades de poissons, fils agiles de l'Océan. Une flamme céleste brille dans le sein de tous ces êtres, et se transmet à toutes les générations qui se succèdent. L'organisation, les fonctions, la nutrition, l'accroissement et la reproduction annoncent la supériorité de ces innombrables créatures sur la matière inanimée.

La vie est une transmission de cette primitive étincelle d'amour qui jaillit du sein de Dieu sur la terre à l'origine des choses. Aux premières influences du printemps, lorsque les feux du soleil ont fécondé la terre, tout s'imprègne de vie dans la nature : les quadrupèdes mugissent; les reptiles engourdis se réveillent; les poissons couverts de cuirasses argentées bondissent dans l'onde; les oiseaux, parés des plus riches couleurs, répètent aux échos des bois leurs joyeuses chansons; les forêts elles-mêmes semblent s'attendrir; les plantes développent leurs boutons, et les fleurs, entr'ouvrant leurs brillantes corolles, déploient toute leur grâce, toute leur magnificence aux jours de leurs mariages. Le Pavot et la Rose, le Lis et l'Œillet se couvrent de vêtements plus pompeux que la pourpre des rois, et s'élèvent sur leurs tiges avec l'orgueil des princes sur leurs trônes. Tout se pare à l'envi de ses plus riches atours pour cette grande fête de la nature. La force, la santé, la fécondité éclatent dans tous les êtres. Combien de générations sortent alors du néant et renouvellent la face du monde dans cette noce universelle de la terre! Quelle immense profusion de germes se développe et s'organise! Merveilleux printemps, source de vie, harmonie ravissante de la nature, par toi s'embellit l'air que je respire, l'onde qui mugit au loin, la terre que jè foule aux pieds; tu règnes dans les sombres et murmurantes forêts, sur la croupe des monts, et dans les fertiles vallées; c'est toi qui fais sortir la fleur du creux noir des rochers, et de doux concerts du silence des bois; à ton aspect les campagnes sourient de joie, les habitants des mers éprouvent la jouissance jusqu'au fond des abîmes, comme l'Aigle au vol rapide qui s'enfonce dans les cieux.

Les arbres, les arbrisseaux, les plantes sont la parure et le vêtement de la terre. Rien n'est si triste que l'aspect d'une campagne nue, qui n'étale aux yeux que des pierres et du sable; mais, vivifiée par la nature et revêtue de sa robe de noces, au milieu du cours des eaux et du chant des oiseaux, la terre offre à l'homme un spectacle plein de vie, d'intérêt et de charme, le seul spectacle au monde dont ses yeux et son cœur ne se lassent jamais. Les végétaux fournissent à nos besoins comme à ceux des autres animaux. Nous leur devons nos vêtements, nos habitations, notre nourriture, et les remèdes qui nous soulagent dans nos maux. Ils croissent avec nous, au milieu de nous et pour nous; leur présence éveille toutes nos sensations, et leurs produits multiplient nos jouissances. De tous côtés ils nous présentent des tableaux magnifiques, pleins de vie et de fraîcheur, qui réjouissent notre vue et portent nos âmes à une douce contemplation. Leurs émanations odorantes, leur ombrage, leurs lits de verdure flattent agréablement nos sens, nous récréent, nous invitent au repos. Si, pour notre amusement ou notre instruction, nous voulons considérer de plus près ces productions charmantes et nous familiariser avec elles, elles ne peuvent pas, comme les animaux, se dérober à nos regards. Fixées au sol qui les a vues naître, les plantes sont toujours à notre portée, et se prêtent à nos recherches comme à nos désirs. Aucune de leurs formes, aucune de leurs beautés ne nous échappe. Élevés par nous, les végétaux acquièrent quelquefois une vigueur qui nous étonne, et lorsqu'ils sont parvenus à l'époque de leur fructification, ils nous paient avec usure le fruit de nos travaux, sans compter le plaisir que nous goûtons à voir prospérer notre ouvrage. Quel est l'homme, en effet, qui n'éprouve un sentiment délicieux en promenant ses regards sur un beau champ de blé qu'il a semé? Quel est celui qui, dans un âge avancé, ne se sent pas rajeunir en parcourant l'enceinte d'un bois planté par ses mains? Les arbres qui le forment ont été les compagnons de sa jeunesse; il les a protégés, défendus; ils ont vieilli avec lui; ils ont été témoins de ses joies et de ses douleurs, il les aime comme ses enfants. C'est ainsi que les végétaux qui ont été l'objet de nos soins, le deviennent de nos affections.

Les végétaux ne diffèrent pas seulement par leur organisation intérieure, mais ils varient surtout dans leur forme, dans leur grandeur, dans le nombre et la proportion de leurs parties, et dans la durée même de leur vie, qui peut être pour les uns de plusieurs siècles, pour les autres de quelques mois seulement. Leur manière de croître est aussi très-différente. Les uns étendent leurs racines dans la profondeur du sol qu'ils occupent, et élèvent majestueusement leurs tiges dans les airs; les autres rampent sur la terre ou ne peuvent monter et se soutenir qu'appuyés sur leurs semblables. Un très-grand nombre ne dépassent jamais en hauteur la taille de l'homme, et ce sont ceux dont il fait le plus ordinairement usage.

Les plantes ne montrent pas moins de variété dans leurs habitudes. Plusieurs ne se plaisent qu'autour des villes ou des hameaux; d'autres garnissent constamment les bords des champs et des bois, comme pour en orner ou défendre l'entrée; d'autres couvrent les chemins de leurs fleurs, et ces fleurs semblent accompagner dans sa route le voyageur, qui n'a pas besoin de se détourner pour les cueillir. Les coteaux, les prés, les ruisseaux, les vallées ont aussi leurs végétaux favoris, qui préfèrent ces différents séjours à tous les autres. Les espèces les plus sauvages vivent au milieu des forêts, sur les bords de la mer, sur les montagnes où le botaniste seul va les chercher. Tous, en quelque lieu qu'ils se trouvent, sont vivifiés par la chaleur bienfaisante du soleil; les plus délicats se dérobent à ses rayons pour trouver l'ombre et le frais; tandis que d'autres, avides de ses feux, lui présentent le disque ouvert de leurs fleurs et suivent tous ses mouvements. C'est aux heures où cet astre brille sur l'horizon que la plupart se montrent dans toute leur parure. Il y en a qui attendent son absence pour développer leurs beautés. Combien de fleurs ne s'épanouissent que le soir ou sous un ciel couvert de nuages! combien n'exhalent leur parfum que pendant la nuit! Beaucoup de plantes, au contraire, profitent alors du repos de la nature pour se livrer à une espèce de sommeil en fermant leurs corolles ou en abaissant leurs feuilles sur elles-mêmes ou sur leurs tiges.

Il est une foule d'autres phénomènes, aperçus dans les végétaux, qui nous invitent à les étudier. Les rapports qui les unissent, les caractères qui les distinguent, leurs formes et leurs mouvements divers, leurs fonctions organiques, leurs moyens particuliers de reproduction et de croissance, leurs qualités, l'action des corps environnants sur eux et leur action propre sur ces corps, l'échange perpétuel de leurs fluides avec ceux de l'atmosphère et des animaux, les soins multipliés que prend d'eux la nature et que l'homme partage, tels sont les objets qui font la matière des observations continuelles du botaniste. La connaissance des plantes n'est pas seulement nécessaire au médecin, à l'agronome, au jardinier, à l'herboriste; elle intéresse encore tous ceux qui cultivent les beaux-arts ou les arts utiles. Il n'est point d'étude plus attrayante pour l'homme, quelle que soit sa condition ou sa fortune; il n'en est point de plus convenable à tous les âges ni de plus propre à charmer nos loisirs ou à tempérer nos chagrins. Elle nous rend le séjour des champs délicieux, elle fortifie notre corps par un exercice salutaire, et nous inspire des goûts simples bien préférables à tous les frivoles amusements des villes. Le botaniste ne peut faire un pas dans la campagne sans se voir aussitôt entouré d'objets charmants qui sollicitent ses regards et réclament son attention. Seul, au milieu d'un peuple de végétaux, il converse paisiblement avec eux, les interroge et leur arrache leurs secrets. Quels transports de joie il éprouve alors! L'hiver il jouit encore quand, assis au coin de son feu, il revoit dans son herbier les plantes qu'il a cueillies pendant la belle saison. Elles sont, il est vrai, sans mouvement et sans vie, mais elles lui rappellent ses promenades champêtres et les doux instants qu'il a passés à les observer lorsqu'elles étaient brillantes de fraîcheur et de grâce. Dans ses voyages il goûte d'autres plaisirs toujours nouveaux et renaissants. Chaque pays qu'il parcourt ajoute à ses connaissances et à ses richesses; plus il s'éloigne des habitations des hommes, plus son trésor s'accroît; les contrées les plus sauvages, les déserts les plus affreux sont pour lui des champs fertiles où il trouve amplement à moissonner.

Tels sont les nombreux avantages et les douces jouissances que procure l'amour des plantes. Ce fut la passion de J.-J. Rousseau à la fin de sa vie. « Qu'on me mette à la Bastille quand on voudra, disait-il, pourvu qu'on m'y laisse des mousses[1] » Le célèbre Linné, non content d'étudier les plantes à toutes les heures du jour, consacrait quelquefois une partie de la nuit à les observer dans leur sommeil.

Si les plantes ont été semées à profusion sur la terre comme les étoiles dans le ciel, pour inviter l'homme, par l'attrait du plaisir et de la curiosité, à l'étude de la nature, les innombrables familles d'animaux, de toute forme, de

[1] Il écrit à M. de Malesherbes : « ...J'allais chercher quelque lieu sauvage dans la forêt de Montmorency, quelque lieu désert où rien ne montrât la main des hommes, quelque asile où je pusse croire avoir pénétré le premier, et où nul tiers importun ne vînt s'interposer entre la nature et moi. C'était là qu'elle semblait déployer à mes yeux une magnificence toujours nouvelle. L'or des genêts et la pourpre des bruyères frappaient mes yeux d'un luxe qui touchait mon cœur; la majesté des arbres qui me couvraient de leur ombre, la délicatesse des arbustes qui m'environnaient, l'étonnante variété des herbes et des fleurs que je foulais sous mes pieds, tenaient mon esprit dans une alternative continuelle d'observation et d'admiration. Le concours de tant d'objets intéressants qui se disputaient mon attention, m'attirant sans cesse de l'un à l'autre, favorisait mon humeur rêveuse et me faisait souvent redire en moi-même : Non, Salomon, dans toute sa gloire, ne fut jamais vêtu comme l'un d'eux ! »

toute grandeur, d'habitudes et d'instincts si divers, présentent à sa contemplation des objets plus intéressants, plus merveilleux encore. Depuis le Ciron imperceptible jusqu'à l'Éléphant colossal, quelle prodigieuse variété d'organisation ! Et puis, que de ressorts, que de membres, de jointures, de muscles, de nerfs ! que d'os et de vaisseaux, de tendons et de membranes, d'humeurs et de fibres, de sang, de viscères et de glandes ! que de poulies, d'articulations, de siphons, de ramifications ! quels savants et admirables mécanismes dans chacun de ces êtres animés ! Le plus petit brin d'herbe comme le plus grand arbre, le Moucheron comme la Baleine, ont des organes disposés avec un art et une prévoyance extraordinaires. Toutes leurs parties ont entre elles des rapports et des actions réciproques ; elles ont des relations de figures et de mouvement avec toutes les substances qui les entourent. Dans les animaux, la bouche, les dents, les yeux, les oreilles, les membres, l'estomac, tous les organes extérieurs ou internes, sont en rapport si exact et si nécessaire avec les besoins de chaque être, qu'ils ne peuvent convenir à nul autre sans bouleverser toute sa constitution. Tout se lie à chaque partie; chacune d'elles nécessite ou exclut telle autre. La manœuvre du moindre insecte, aussi habile dès sa naissance que ses parents, la structure et le développement d'une simple Mousse, suffisent pour confondre l'homme le plus savant et le convaincre de l'existence d'un Être suprême infiniment puissant et sage. Que l'entendement humain est faible, s'il est accablé d'un vermisseau ! Mais ce n'est rien encore que de compter tous les muscles et les nerfs d'un animal ; nous ne voyons que des objets morts, tandis que la nature pénètre la matière au vif en tout sens. Qui nous dévoilera les mystères de la vie d'une seule fibre ? Comment ma volonté fait-elle mouvoir mon bras ? Comment ce pain va-t-il se changer en chair vivante et sensible? Quelle puissance, dans l'animal, veut, agit, se détermine?... Toutes ces merveilles et mille autres plus étonnantes encore se renouvellent chaque jour sous nos yeux; l'habitude nous les rend indifférentes.

Chaque espèce d'animal et de plante a une patrie originaire, convenable à son organisation propre, un climat qui lui est plus favorable que tout autre, et d'où elle ne s'exile jamais qu'à regret. Voyez ces arbres étrangers transportés dans nos jardins : chaque année semble renouveler leurs souffrances loin de leur terre natale. Leur verdure se flétrit, et leurs fleurs se fanent au printemps sans produire de fruits; l'amour de la patrie absente les fait languir, semblables à ces infortunés Africains qui, sur les rivages de l'Amérique, mesurent d'un triste regard l'étendue des mers qui les séparent de leur famille et de leur pays : le flot qui murmure à leurs pieds a peut-être entendu les derniers soupirs d'un vieux père, d'une mère bien-aimée qu'ils ne reverront plus, et qui meurent loin d'eux de regret et de douleur.

Chaque plante est en rapport avec les climats, les éléments, les saisons; chaque animal a son domaine particulier; tous sont modifiés, avec une sagesse infinie, suivant les diverses qualités des milieux qu'ils fréquentent. Tous se sont partagé l'empire du monde : l'oiseau, les airs; le poisson, les eaux; le quadrupède, la terre; les Rennes et les Sapins ont choisi leur demeure au Nord; le Lion et le Palmier, sous la torride; la Baleine et les Algues, dans la mer; la Taupe et la Truffe, sous terre; la Gentiane aux fleurs d'or, l'Aigle brun, le léger Chamois, vivent sur les montagnes; le tendre Narcisse, le Buffle pesant, ne quittent point les vallées, ni la Bruyère et la Chèvre les arides collines, ni le Roseau et le Héron les eaux stagnantes.

Les mouvements, les habitudes, les combats, les amours, les instincts de chaque animal, dans le cours de sa vie, ne sont point le produit de sa volonté, mais le résultat nécessaire de sa structure. C'est sa conformation qui fait courir le quadrupède, voler l'oiseau, ramper le serpent, nager le poisson. C'est la sensibilité trop vive des yeux des Chauves-Souris, des Chouettes, des Papillons Phalènes, qui, les offusquant pendant le jour, les force à devenir nocturnes. Ce sont l'organisation et les facultés de l'estomac, des intestins, des dents, des griffes qui obligent le Lion et l'Aigle à vivre de rapines et de chair; c'est une conformation différente qui fait paître innocemment l'Agneau et le Bœuf dans la prairie. Et parmi les plantes, pourquoi la Prêle ne quitte-t-elle jamais ses ruisseaux, l'Origan ses rochers arides, la Bruyère ses collines, le Muguet l'ombre des bois, et la Jusquiame ses rocailles stériles? Pourquoi le Colchique fleurit-il en automne, la Jonquille au printemps, le Nénuphar en été? L'animal et la plante suivent donc par nécessité, par besoin, les lois que leur propre constitution leur impose.

Mais, loin de connaître toutes leurs facultés, nous ne connaissons pas même tous les corps vivants dont la Sagesse créatrice orna la terre dans un jour de magnificence. Avons-nous demandé aux déserts leurs fleurs et leurs animaux? Sommes-nous descendus dans les gouffres de l'Océan? Combien d'espèces vivent ignorées dans les solitudes des deux Amériques, au fond de l'Asie, au cœur de la brûlante Afrique, dans les vastes terres de la Nouvelle-Hollande et dans les îles de l'archipel Indien!... Si le moindre champ peut fournir de l'occupation pendant la vie entière au plus infatigable observateur, comment pourrons-nous connaître toute la terre? Qui suivra le monstre des mers au travers des ondes, des rochers et des glaces? Qui parcourra la région des tempêtes pour observer l'oiseau? Le plus petit Puceron est un monde pour quiconque veut l'examiner dans toutes ses parties, à toutes les époques de sa vie, dans tous les détails de son instinct; pour qui veut étudier ses mœurs, ses nourritures, sa génération, ses besoins, ses liaisons avec tous les êtres, son organisation intérieure, ses métamorphoses, enfin tout ce qui embrasse son histoire naturelle. Il n'est pas un seul être sur la terre que nous connaissions entièrement : la nature est une vierge chaste, dont nous n'apercevons les traits qu'à travers cent voiles.

Qu'elle est sublime et majestueuse, cette nature vivante! Comme elle brille, au printemps, de grâce et de fécondité ! Qu'elle est pompeuse dans ses jours de gloire, lorsque, s'éveillant aux regards de son époux, les ombres du matin s'enfuient, et les premiers feux de l'aurore étincellent dans l'orient ! Les arbres des forêts, soulevant leurs branches avec joie vers l'astre d'où jaillit la lumière, semblent vouloir embrasser les cieux, et les moissons roulent en murmurant leurs flots sous la fraîche haleine des brises matinales. Dans le creux d'une roche solitaire, la Colombe soupire sur son nid; la Fauvette harmonieuse, perchée sur la fleur des buissons, chante l'hymne du matin; et le Choucas, semblable au berger de la montagne, élève de temps en temps sa voix rustique. On voit les Loutres, sortant des joncs du lac, apporter du poisson à leur jeune famille, et le Chamois léger, parcourant les pentes de la colline, y chercher les fruits savoureux de la ronce et la fraise sauvage, dont il est friand. Dans la prairie, des Narcisses se penchent près des sources d'eaux vives; des Renoncules et des Roseaux marient au bord de la fontaine leurs tiges fraternelles. Une onde limpide tombe en gémissant du sommet d'un rocher, se brise en gros bouillons pleins d'écume, et, s'enfuyant au travers de la plaine, vient s'endormir à l'ombre mélancolique des Saules. Des Nénuphars élèvent pendant le jour leurs roses d'or au-dessus des étangs, et les y plongent pendant la nuit; des Éphémères sortent de ses bords en déployant leurs ailes de gaze irisée. Sur les coteaux, des touffes d'Anémones et d'Œillets sauvages se balancent aux vents; des Pervenches, aux jolies fleurs bleues, tapissent la côte rocailleuse; et la Vigne, fatiguée sous le poids de la grappe pourprée, cherche un appui sous l'arbuste voisin. Vers la montagne escarpée, le Chêne séculaire, patriarche des forêts; le Cèdre orgueilleux, au feuillage étagé; l'humble Mousse, le Sorbier aux fruits écarlates, les arbres et les plantes de mille variétés, offrent aux animaux des retraites ténébreuses, des asiles pleins de fraîcheur. On y rencontre le Chevreuil au léger corsage; le Sanglier aux soies hérissées, aux yeux étincelants; le Faon nouveau-né, suspendu aux mamelles de sa mère, on voit des Piverts grimpant sur les vieux troncs des arbres, des Grives enivrées de raisin, des Éperviers à la voix perçante circulant dans les airs, et jusqu'à de petits insectes qui se jouent dans le sable ou se disputent sous l'herbe un fêtu, ainsi que les rois du monde se battent pour des empires.

De nouvelles harmonies se présentent sous d'autres climats. Voyez ces terres ardentes de l'Afrique, ces mers d'un sable nu, aride, brûlant, où le voyageur soupire en vain après l'ombrage des forêts et la fraîcheur des fontaines. Quelques Palmiers solitaires balancent dans les airs leurs longues flèches brunes, surmontées d'une touffe de feuillage. Le Zèbre, libre dans ces déserts, y établit sa demeure; il voyage en caravanes, et, mesurant des yeux l'étendue de ses domaines, choisit à son gré l'herbe salée de cent collines.

Il ne craint ni le frein de l'homme, ni l'esclavage des cités. L'Autruche, les ailes relevées, part comme le vent, et se joue du cavalier agile qui la poursuit. Entre les grands joncs de quelque étang, au milieu d'un bois épais, les vieux Rhinocéros couverts de fange fendent les arbustes à coups de corne, et remplissent la solitude de leurs clameurs. On voit d'immenses Serpents marbrés sillonner la vase : cachés sous des herbages au pied de quelque Acacia, ils guettent leur proie; lorsqu'une jolie Gazelle au corps svelte, au regard doux et craintif, vient se désaltérer à la source voisine, soudain le reptile s'élance, l'entoure de ses replis, fait craquer ses os, et, ouvrant sa vaste gueule, avale à loisir l'innocent quadrupède. Souvent un Lion tapi derrière des broussailles, le cou tendu, la crinière hérissée, bat ses flancs de sa queue et épouvante les rochers des éclats de son rugissement : la terreur pénètre dans le cœur de tous les animaux sauvages. Quelquefois des combats terribles animent pour le voyageur ces solitudes silencieuses. Un Tigre est venu boire au bord d'un lac; tout à coup il est saisi au museau par une paire de mâchoires qui enchaînent et paralysent les siennes : c'est un Crocodile, caché parmi les roseaux, qui a voulu faire sa proie du plus féroce des carnassiers; le Tigre, privé du secours de ses redoutables canines, se sert de ses griffes, non pour déchirer la cuirasse impénétrable du reptile, mais pour lui arracher les yeux, et ses ongles rétractiles s'enfoncent dans les orbites de son ennemi.

Cependant, sous les voûtes embaumées des arbres, les Singes turbulents grimpent dans le feuillage et en recueillent les fruits; des volées de Perruches au brillant plumage vont en jasant lever le tribut des grains de divers cantons; des Caméléons aux couleurs changeantes, tristement perchés sur les buissons, attendent le passage des insectes dont ils font leur pâture. Sous la vase des mers, des Torpilles guettent les poissons et les étourdissent tout à coup d'une décharge électrique...

Comment peindre encore les émigrations des habitants de l'Océan au travers des ondes, semblables aux hordes tartares dans les steppes arides de la haute Asie? Quels besoins amènent le Hareng du fond des mers sur les rivages de l'Europe? Quelle main a tracé à la Cigogne, à la Grue, un chemin dans les airs? Qui a sonné l'heure du départ de l'hirondelle pour les climats du midi, et enseigné aux Oies sauvages à traverser l'atmosphère en phalanges triangulaires aux approches de l'hiver? A-t-on instruit le Castor à construire ses digues et ses cabanes aquatiques sur pilotis? L'homme a-t-il appris aux animaux leur instinct? A-t-il suscité leurs haines, et inspiré leurs amours?

D'autres spectacles nous attendent sur les rives de l'Océan. Lorsque les vagues viennent sur les récifs se briser en grosses écumes blanches, les Phoques se retirent dans leurs grottes profondes; des bandes de Goëlands, d'Albatros au bec crochu, suivent, avec de longs croassements, les noirs sillons des flots; des Lummes, des Pétrels, des légions d'oiseaux pêcheurs, obscurcissent les airs, nichent sur les crêtes des rochers, ou réclament à grands cris leurs compagnons égarés dans l'orage, pendant que les Marsouins bruns se jouent avec rapidité à la surface de la mer. Lorsqu'un monstre sorti des abîmes vient échouer sur le sable, les oiseaux voraces accourent comme des pirates avec des clameurs confuses, arrachent ses chairs huileuses et se disputent ses lambeaux vivants.

Transportons-nous dans les savanes de l'Amérique, au bord de ces fleuves immenses qui, roulant à grand bruit leurs ondes écumeuses, vont les ensevelir dans le fond des mers.

Contemplez ces éternels vêtements de la terre, ces forêts pleines de fondrières, entrelacées de lianes, de Smilax, de Bignonias, qui, s'élançant entre les arbres comme les cordages des vaisseaux, forment des arcs, des voûtes, des berceaux de fleurs et de feuillage impénétrables aux rayons du jour. Mille espèces d'animaux et de plantes naissent et périssent tour à tour sous ces grands rideaux de verdure depuis l'origine des siècles, sans avoir jamais vu la lumière du soleil. Pendant l'ardeur du midi, des Perroquets *amazones*, de brillants Colibris, des Merles *moqueurs* à la voix mélodieuse, viennent se réfugier sous ces épais ombrages, pendant que des millions d'insectes voltigent et bourdonnent au bord des eaux où viennent se baigner des Tapirs et des troupeaux de Pécaris. Combien d'animaux et de plantes vivent en paix dans ces solitudes!... Mais qui pourrait décrire tous les charmes de cette nature sauvage? qui pourrait peindre le vaste Océan, les feux de la torride, la robe émaillée du printemps, et les glaces des pôles? Comment égaler les paroles aux sentiments qu'inspirent ces beautés immortelles? Saisi de respect dans la contemplation de tant de merveilles, l'homme s'élève jusqu'au Créateur; il admire en silence ces lois immuables qui régissent l'univers et y maintiennent l'harmonie, l'équilibre et la durée. Infatigable dans ses œuvres, contemporaine de tous les âges, mère de toutes les existences, la nature répand avec une fécondité inépuisable, au sein de l'espace sans bornes, le mouvement, l'abondance et la vie. Dieu, du haut de sa gloire, étend sur elle une main modératrice, et contemple au milieu de l'éternité l'exécution de ses ordres irrévocables.

C'est à ce charme attaché à l'étude de la nature que sont dus les progrès de l'histoire naturelle, progrès d'autant plus grands, que notre propre intérêt s'est trouvé réuni à la curiosité et au plaisir. Nous avons bientôt compris qu'il n'était point indifférent de connaître ou d'ignorer les productions naturelles qui nous environnent. Les besoins croissants de la société ont stimulé l'industrie, et ont porté les hommes à chercher de nouvelles jouissances. Ainsi la Chenille du mûrier est venue de la Chine nous offrir sa soie; le Coton a été apporté de l'Inde; le Café est sorti de l'Arabie. L'Arménie a envoyé l'Abricot, l'Anatolie ses cerises, la Perse sa Pêche, l'Archipel son doux Raisin, pour enrichir nos vergers et nos coteaux. La découverte du nouveau monde et le passage au cap de Bonne-Espérance nous ont ouvert les portes de l'univers. Nous avons imposé des tributs aux deux hémisphères. L'Amérique nous a fait présent de la Pomme de terre, plus précieuse que son or, de la Poule d'Inde, du Tabac, du Cacao, du Maïs, de la Vanille, des bois de teinture, de la Cochenille, etc. Nous avons demandé aux Indes orientales leurs aromates, leurs Cannes à sucre, leurs épiceries, leurs pierres précieuses; l'Arabie nous présente ses parfums; le Nord nous apporte ses huiles, ses sapins ses fourrures; la mer nous donne ses hôtes nombreux, l'air ses chantres mélodieux, ses brillants volatiles, la terre ses trésors et ses fruits. Où sont les richesses et les avantages que l'homme ne doit pas à la nature? La Providence n'a-t-elle pas suspendu sa première nourriture aux arbres des vergers? n'a-t-elle pas dressé pour lui sur la terre une table toujours pourvue? n'a-t-elle pas envoyé les animaux dans les champs pour lui servir de proie? N'est-ce pas pour lui que les épis courbent leurs têtes dorées, et que le Bœuf présente son large front au joug sans demander son salaire, et rumine gravement dans les riants pâturages? Les prés n'étendent-ils pas sous nos pieds un doux tapis de verdure? Au milieu des déserts, le Palmier abaisse ses régimes de fruits sous la main du voyageur altéré, et le sobre Chameau s'agenouille pour l'emporter sur son dos garni de coussins. Dans l'Inde, l'Éléphant gigantesque ne vient-il pas recevoir les ordres de son maître, tandis que l'Abeille lui prépare son ambroisie, que le Bananier mûrit ses fruits pour le nourrir, et que les Bengalis et les Menates le réjouissent par leurs chants, sur les branches fleuries des Manguiers, des Condoris, des Goyaviers, des Poincillades brillantes et parfumées? C'est pour lui que l'Acajou et l'Ébène se façonnent en meubles; les marbres composent la riche architecture de ses bâtiments; l'écarlate et la soie deviennent ses vêtements, et les délices des quatre parties du monde accourent pour couvrir sa table; les jardins sont pleins des dons et des beautés de la nature. Vous ne pouvez vous soustraire à sa puissance : si vous descendez dans les entrailles de la terre, vous l'y trouvez; si vous montez aux cieux, elle y a établi son trône; tout ce qui vous environne est à elle.

Seul ici-bas l'homme a des rapports d'intelligence et d'amour avec toute la création : l'orage et le calme du ciel, la montagne et la vallée, l'Océan et le désert, la feuille qui dort et la feuille qui tremble, la fleur qui rit et la fleur qui se fane; toute chose, dans l'univers, pénètre en lui : sa sympathie plonge en tout. Il est des instants où son existence, pour ainsi dire vaporisée, se dissémine dans la nature, des instants où sa vie se concentre en son cœur, où tout ce qui l'entoure s'absorbe en lui pour y devenir une source de jouissances et de tristesses. Enfant, il a semé ses rêveries, ses sensations, son amour, sa vie, en un mot, dans les sentiers de son pays natal; il en a caché une part dans ce nid d'hirondelle qui pendait à la fenêtre, dans ce recoin solitaire, ombragé de vieux Saules, où il allait chaque printemps cueillir parmi les gazons les Pâquerettes purpurines.

C'est sa vigne qui frissonne aux feuilles du grand Chêne sous lequel il a tant joué avec ses frères et ses sœurs. Sa vie ! elle monte en spirale autour du clocher de son hameau ; elle soupire avec les brises du soir dans les Roseaux du lac, ou s'épanouit, fraîche et riante, avec les blancs Nénuphars, aux rayons du soleil par une belle matinée d'été, ou court avec les petites ondes et les doux murmures du ruisseau qui fuit dans la vallée. Il a aimé tout cela. Maintenant, n'importe où il aille, il s'établit dans ces objets à lui un courant électrique par où la vie s'échange. Que, dans ses plus puissantes émotions de douleur ou de joie, le pâle et mélancolique souvenir de ces objets aimés lui revienne, et de son âme si occupée il jaillira vers eux un éclair dont peut-être sentiront-ils l'influence magnétique.

Et maintenant donc levez les yeux, et voyez cette terre avec ses monts et ses plaines, ses forêts et ses prairies, avec ses vastes mers, ses lacs bleuâtres et ses fleuves majestueux qui ondulent et se déroulent comme des zones d'argent sur le fond verdoyant des vallées ; avec ses minéraux qui brillent, ses végétaux qui fleurissent, ses animaux qui nagent, rampent, marchent, courent, volent à sa surface, dans les eaux, dans les airs ; voyez, dis-je, cette terre privilégiée entre toutes les planètes que l'astre-roi guide, éclaire, échauffe dans les cieux ; voyez-la tourner d'un mouvement uniforme et constant sur ses pôles et se balancer dans son orbite, toute chargée de fleurs et de fruits, de parfums et d'harmonies, présentant alternativement tous ses flancs au soleil, qui de l'orient à l'occident les inonde des flots d'une lumière pure, les pénètre d'une chaleur douce et féconde, y fait descendre tous les trésors de la rosée et des pluies fertilisantes. Elle s'en va ainsi cheminant dans l'espace et mesurant les heures, les nuits et les jours, docile aux lois qui règlent tous ses mouvements, et par sa révolution annuelle autour du soleil et l'inclinaison de son axe, ramenant tour à tour, avec une régularité parfaite, les chaleurs et les frimas, les printemps et les automnes, les étés et les hivers.

Que ne puis-je maintenant vous transporter parmi ces sphères radieuses, ces globes d'or, ces soleils sans nombre, suspendus dans les plaines bleues du firmament, et qui si magnifiquement diaprent le manteau des nuits! Lecteur, si vous avez eu quelquefois l'occasion de contempler le ciel dans une forte lunette de nuit, vous avez compris l'enthousiasme qu'inspirent ses sublimes aspects. C'est alors comme une création nouvelle qui se révèle à notre contemplation. Le firmament se déploie, les astres se transfigurent, l'univers prend des proportions inconnues. De l'horizon au zénith, ce ne sont que vastes continents de lumière. Notre satellite, hérissé de pitons flamboyants et tachetés d'ombres, couvre de son orbe élargi tout un pan du ciel. Les planètes ne sont plus de pâles étincelles : Jupiter, avec son horizon paré de quatre lunes brillantes, apparaît aussi grand que la roue d'un char; le croissant démesuré de Vénus resplendit d'une blancheur éblouissante; Mars sanglant ressemble au bouclier rond qui sort informe de la fournaise; Saturne, à travers plus de trois cents millions de lieues, propose l'énigme de ses mystérieux anneaux, contre lesquels toute cosmogonie échoue. A l'horizon de notre système, par delà cette prodigieuse étendue, aux confins de laquelle le puissant triangle a su l'atteindre, le lent Uranus, à l'année séculaire, nous dévoile son ciel lointain où six lunes se lèvent; et au delà encore, bien loin au delà, à plus de douze cents millions de lieues du soleil, il faut à la planète Leverrier plus de deux siècles pour accomplir sa révolution dans son orbite immense. Mais la terre, à présent, où est-elle? Que vous paraît-elle de là-haut avec ses larges fleuves, ses hautes montagnes, ses déserts, ses deux mondes et son grand Océan?... Perdue, dites-vous, évanouie, invisible!... Eh bien! ne vous arrêtez pas à la recherche de cet atome; montez, montez toujours; plongez dans les célestes immensités; abordez ces régions du firmament d'où l'épaisseur d'un fil d'araignée, placée devant l'œil, suffirait pour cacher notre système planétaire lui-même tout entier... Ne vous découragez pas; de là, si vous avez encore de l'haleine, redoublez votre vol, élancez-vous d'étoiles en étoiles, de mondes en mondes, de sphères en sphères; pénétrez jusqu'à ces profondeurs où roulent, dans leurs orbites inconnues, ces astres innombrables, dont le puissant télescope d'Herschell nous a révélé l'existence, jusqu'à ces étonnantes nébuleuses dont les plus faibles se peuplent de soleils sans nombre, d'étoiles doubles, changeantes, colorées, temporaires, et chaque étoile est un univers.

Et quand la science vous a expliqué l'épouvantable volume de ces corps, l'incommensurable distance qui les sépare, la vitesse effroyable de leur marche, que rien n'égale, si ce n'est la régularité de leurs évolutions précises; quand vous songez combien sont illimités ces espaces où les comètes, traînant après elles une chevelure de soixante millions de lieues, se meuvent à l'aise au milieu des systèmes semés partout sur leur route; quand l'astronome vous dit, avec l'émotion de son âme qui ne peut s'habituer à tant de merveilles, que dans une portion de la voie lactée que couvrirait sans peine la main d'un enfant gravitent mille soleils entourés chacun des planètes qu'il emporte et qu'il féconde, et centre d'un firmament plus riche que le nôtre; quand il vous démontre que Sirius est un astre au moins quatorze fois plus grand que celui qui nous dispense la chaleur et la vie ; quand il vous arrête à cette pensée prodigieuse, qu'un soleil menant à sa suite son cortége de comètes, de satellites et de mondes, circulant autour de lui dans un champ de plus de cent mille milliards de lieues de circonférence, avec une vitesse moyenne de six lieues par seconde, vu à la distance qui nous sépare de la plus voisine des étoiles de la voie lactée, n'est plus qu'une imperceptible nébulosité que masquerait un atome de poussière ou le diamètre d'un cheveu : oh ! alors, renversé par tant de gloire, vous vous demandez ce que c'est que l'homme, qui n'est rien devant tout cela, et ce que c'est que Dieu, devant qui tout cela n'est rien.

Oui, que sommes-nous, qu'est-ce que l'homme au milieu de cet infini ? Qu'est-ce que cette terre qui nous porte, que nous trouvons si vaste, si grande, si magnifique, atome perdu au milieu de cette inénarrable universalité des mondes ? Qu'est-ce que notre vie à côté de toutes ces vivantes créations qui rayonnent là-haut, qui, sans pâlir jamais, voient passer ici-bas comme des éphémères et des secondes les générations et les siècles ? Qu'est-ce que notre esprit ? qu'est-ce que l'étincelle de notre âme en face de tous ces feux célestes, notre intelligence en face de toutes ces clartés ? Oui, encore une fois, qu'est-ce que l'homme mortel, infirme, au bas de cet univers, au fond de cet océan de vie ?

Eh bien, l'homme, c'est l'être qui conçoit cet univers dans lequel peut-être il n'est conçu nulle part qu'au ciel, et par Dieu et les anges... La terre et toutes ses richesses, ces globes enflammés qui roulent sur nos têtes, et toute leur harmonie, réunis tous ensemble, valent moins qu'une seule créature intelligente, qui peut connaître et chérir librement l'Auteur de tous ces phénomènes.

L'univers est un temple d'où s'élève vers le Créateur un chœur de perpétuelle harmonie; nous mêlerons notre voix à l'hymne solennel, immense, que chantent à Dieu les créatures sans nombre sorties de ses mains[1]. Chaque atome qui se balance dans un rayon de soleil, chaque gouttelette liquide qui scintille à la pointe des herbes, chaque feuille dans les bois, chaque mousse dans les humides vallons, chaque insecte sur la fleur des champs, publient sa gloire et sa bonté. Depuis l'aile diaprée du Papillon jusqu'à la voûte splendide des cieux, chaque couleur est un reflet de sa beauté; depuis le murmure du Roseau courbé par le souffle du zéphyr jusqu'aux bruits formidables de l'Océan soulevé par la tempête, chaque son est un écho de sa voix; depuis le Séraphin qui contemple sa face jusqu'au Ciron abrité par un grain de sable, tout célèbre sa puissance et ses grandeurs. L'univers est une lyre qui redit incessamment sa louange. Oh! que toutes les créatures le glorifient! que les plus abaissées dans l'échelle des êtres comme celles qu'il a douées plus abondamment, le chantent dans leur langue! qu'elles fassent monter incessamment vers lui l'hymne de la reconnaissance et de l'amour! Œuvres de Dieu, bénissez le Créateur; louez-le, exaltez-le dans tous les siècles[2]! »

1 Linné, avant de commencer son immortel inventaire des trésors de la nature, se demande quel est le but suprême de l'histoire naturelle; et il se répond solennellement que c'est la glorification du Créateur. « Finis creationis telluris est gloria Dei ex opere naturæ per hominem solum. » Linné, *Syst. nat. I Introit.* I.

2 Daniel, III, 57.

TABLEAU

DE

LA CRÉATION

PRÉLIMINAIRES

DE LA NATURE

§ Ier

Diverses acceptions du mot *Nature.* — Définitions de Bossuet, de Linné, de Buffon. — De quelques opinions panthéistes sur l'origine des êtres.

Il est un mot que l'on trouve fréquemment dans tous les livres, et sur lequel il est important de fixer nos idées ! c'est le mot *nature.*

Qu'est-ce que la nature ? qu'entend-on par ce mot ?

Le mot *nature,* comme tous les termes abstraits qui passent dans le langage commun, a pris des sens nombreux et divers. Primitivement, et d'après son étymologie, il signifie ce qu'un être tient de *naissance,* par opposition à ce qu'il peut devoir à l'art. Ainsi la nature du lion, la nature du chêne, embrasse tout ce qui appartient à ces espèces tant que l'homme n'a point agi sur elles, les éléments qui les composent, la structure et la disposition de leurs parties, et les effets qui en résultent ; dans ce sens le mot s'entend au moral aussi bien qu'au physique.

Tantôt ce terme désigne la puissance souveraine, productrice de tout ce qui existe ; la volonté divine elle-même, qui dirige et maintient les révolutions de la terre et des corps célestes, qui crée et engendre sans cesse, ou change et transforme les éléments qui composent l'univers. Appliquée ainsi à l'Être des êtres, à Celui en qui et par qui sont toutes choses, l'expression *nature* n'a rien de plus impropre que lorsqu'elle est employée pour désigner ce qui distingue, ce qui constitue les corps les plus périssables, en un mot, leur essence.

Tantôt ce nom, qui ne désignait d'abord que des qualités ou des attributs, est employé pour les choses mêmes, pour les substances auxquelles ces qualités se rapportent : la *nature* alors est l'universalité des êtres ou le monde ; et, quand on la considère comme contingente et par opposition à l'Être nécessaire, à Dieu, on la nomme *création : la* *nature,* l'*univers,* la *création,* l'*ensemble des êtres créés,* sont alors autant de synonymes.

Enfin, par une autre de ces figures communes à toutes les langues, la *nature* a été personnifiée ; les êtres existants ont été appelés les *œuvres de la nature ;* les rapports généraux de ces êtres entre eux sont devenus les *lois de la nature.* Le résultat définitif de ces rapports, qui est une certaine constance dans les mouvements et une certaine fixité dans la proportion des espèces, en un mot, la conservation de l'ordre une fois établi, a été intitulé la *sagesse de la nature ;* les jouissances ménagées aux êtres sensibles ont pris le nom de ***bonté de la nature***. Ici l'on se représente évidemment, sous le nom de ***nature***, le Créateur lui-même. C'est de ses œuvres, de ses soins, de sa sagesse et sa bonté qu'il s'agit.

« Les philosophes qui ont le mieux observé la nature, dit Bossuet, nous ont donné pour maxime qu'elle ne fait rien en vain, et qu'elle va toujours à ses fins par les moyens les plus courts et les plus faciles ; et il y a tant d'art dans la nature, que l'art même ne consiste qu'à la bien entendre et à l'imiter. Plus on entre dans ses secrets, plus on la trouve pleine de proportions cachées qui font tout aller par ordre et sont la marque certaine d'un ouvrage bien entendu et d'un artifice profond. Ainsi, ajoute-t-il, sous le nom de nature nous entendons une sagesse profonde, qui développe avec ordre et selon de justes règles tous les mouvements que nous voyons[1]. »

« La nature, dit Linné, est la loi immuable de Dieu, par laquelle chaque chose est ce qu'elle est, agit comme il lui est ordonné d'agir ; ouvrière universelle, savante sans instruction, elle ne fait rien par saut, opère en secret, et, dans toutes ses opérations, fait ce qui est le plus utile. Rien de vain, rien de superflu, tout sert à la nature pour accomplir ses œuvres[2]. »

1 *De la Connaissance de Dieu et de soi-même*, ch. IV.

2 *Systema nat.*, t. 1, p. 12.

« La nature, dit Buffon, ce profond penseur et ce grand écrivain, la nature est le système des lois établies par le Créateur pour l'existence des choses et pour la succession des êtres. On peut la considérer comme une puissance immense qui embrasse tout, qui anime tout, et qui, subordonnée à celle du premier être, n'a commencé d'agir que par son ordre et n'agit encore que par son concours et son consentement. Cette puissance est de la puissance divine la partie qui se manifeste : c'est en même temps la cause et l'effet, le mode et la substance, le dessein et l'ouvrage. La nature est elle-même un ouvrage perpétuellement vivant, un ouvrier sans cesse actif, qui sait tout employer, qui,

Cependant c'est en considérant ainsi la nature comme un être doué d'intelligence et de volonté, mais secondaire et borné quant à la puissance, qu'on a pu dire d'elle qu'elle veille sans cesse au maintien de ses œuvres, qu'elle ne fait rien en vain, qu'elle agit toujours par les voies les plus simples, et autres adages, dont la plupart ne sont vrais que dans un sens fort restreint et fort différent de celui qu'ils semblent offrir au premier coup d'œil.

Le mot *nature* n'est donc qu'une manière abrégée et assez amphibologique d'exprimer les êtres et leurs phénomènes. En considérant ces phénomènes tantôt dans leurs causes prochaines, tantôt dans leur cause primitive et universelle, on voit que l'idée de *naissance*, de *com-*

travaillant d'après soi-même, toujours sur le même fonds, bien loin de l'épuiser le rend inépuisable. Le temps, l'espace et la matière sont ses moyens, l'univers son objet, le mouvement et la vie son but. Les effets de cette puissance sont les phénomènes du monde; les ressorts qu'elle emploie sont des forces vives que l'espace et le temps ne peuvent que mesurer et imiter sans jamais les détruire; des forces qui se balancent, qui se confondent, qui s'opposent sans pouvoir s'anéantir; les unes pénètrent et transportent les corps; les autres les échauffent et les animent : l'attraction et l'impulsion sont les deux principaux instruments de l'action de cette puissance sur les corps bruts; la chaleur et les molécules organiques vivantes sont les principes actifs qu'elle met en œuvre pour la formation et le développement des êtres organisés. Avec de tels moyens, que ne peut la nature? Elle pourrait tout, si elle pouvait anéantir et créer; mais Dieu s'est réservé ces deux extrêmes du pouvoir : anéantir et créer sont les attributs de la Toute-Puissance : altérer, changer, détruire, développer, renouveler, produire, sont les seuls droits qu'il a voulu céder. Ministre de ses ordres irrévocables, dépositaire de ses innombrables décrets, la nature ne s'écarte jamais des lois qui lui ont été prescrites; elle n'altère rien aux plans qui lui ont été tracés, et dans tous ses ouvrages elle présente le sceau de l'Éternel. Cette empreinte divine, prototype inaltérable des existences, est le modèle sur lequel elle opère : modèle dont tous les traits sont exprimés en caractères ineffaçables et prononcés pour jamais; modèle toujours neuf, que le nombre des moules et des copies, quelque infini qu'il soit, ne fait que renouveler. Tout a donc été créé, et rien encore ne s'est anéanti. La nature balance entre ces deux limites sans jamais approcher ni de l'une ni de l'autre *. »

* *Vue de la nature.*

mencement, qui a fourni la racine du mot, se conserve plus ou moins dans toutes les acceptions qu'il a prises; mais on voit aussi combien sont puérils les philosophes qui ont donné à la nature une espèce d'existence individuelle, distincte du Créateur, des lois qu'il a imposées au mouvement, et des propriétés ou des formes données par lui aux créatures, et qui l'ont fait agir sur les corps comme avec une puissance et une raison particulières.

Cette idée d'un principe actif, mais subordonné, distinct des forces ordinaires et des lois du mouvement, qui présiderait à l'organisation et qui l'entretiendrait, domine encore, non-seulement dans le langage, mais dans les systèmes de la plupart des physiologistes, parce que, dans l'obscurité où la physiologie est encore enveloppée, ce n'est qu'en attribuant quelque réalité aux fantômes de l'abstraction qu'ils peuvent faire illusion à eux-mêmes et aux autres sur la profonde ignorance où ils sont touchant les mouvements vitaux.

Il est une hypothèse présentée d'abord dans toute sa crudité par Robinet et Telliamed, et qui a pris dans quelques naturalistes modernes une forme moins grossière : c'est celle que tous les êtres sont des modifications d'un seul, ou qu'ils ont été produits successivement et par le développement d'un premier germe; et c'est sur cette hypothèse que s'est entée celle d'une identité de composition dans tous. Saisissant quelques ressemblances partielles, n'ayant aucun égard aux différences, les partisans de cette opinion panthéiste voient dans le ver l'embryon de l'animal vertébré; dans le vertèbre à sang froid, l'embryon de l'animal à sang chaud; ils font naître ainsi chaque classe l'une de l'autre; ce ne sont que des âges différents d'une seule, et l'animalité tout entière a dans sa vie les mêmes phases que l'individu de la plus parfaite de ses espèces. De là découle naturellement la conséquence qu'en prenant les classes supérieures à l'état d'embryon, on doit y retrouver les parties des classes inférieures, et que la composition doit être la même dans toutes, sauf le plus ou moins de développement de certaines parties. Mais ces rapports, qui offrent quelque chose de plausible quand on ne les énonce qu'en termes très-généraux, s'évanouissent aussitôt qu'on veut entrer dans le détail et faire la comparaison de point en point. En vain, pour échapper à la conviction, se jette-t-on dans des suppositions arbitraires, dans des renversements d'organes incompatibles avec les liens qui les attachent au reste du corps; en vain, pour dernière ressource, se réfugie-t-on dans ce langage figuré où la logique ne pénètre pas : on est obligé d'avouer que certaines parties, et souvent en grand nombre, manquent dans certains êtres, sans qu'on puisse motiver leur absence autrement que parce qu'elles ne conviennent point à l'ensemble de l'être.

En effet, si l'on remonte à l'auteur de toutes choses, quelle autre loi pouvait le gêner que la nécessité d'accorder à chaque être qui devait durer les moyens d'assurer son existence? et pourquoi n'aurait-il pu varier ses matériaux et ses instruments? Certaines lois de coexistence dans les organes étaient donc nécessaires; mais c'était tout : pour en établir d'autres, il faudrait prouver ce défaut de liberté dans l'action du principe organisateur.

En vain aurait-on recours à cet autre axiome de l'obligation de tout faire par les voies les plus simples : bien loin qu'il soit plus simple d'employer les mêmes matériaux pour des buts différents, il est facile de concevoir des cas où cette méthode aurait été la plus compliquée de toutes ; et même rien n'est moins prouvé que cette simplicité constante des voies. La beauté, la richesse, l'abondance, ont été dans les vues du Créateur non moins que la simplicité.

Toutefois ceux qui ont cherché dans ces derniers temps à donner une nouvelle forme au système métaphysique du panthéisme, et qui l'ont intitulé : *Philosophie de la nature,* ont adopté l'hypothèse dont nous venons de parler, et y en ont ajouté une seconde, entièrement du même genre. Non-seulement chaque être, selon eux, représente tous les autres ; mais encore il a une représentation de lui-même dans chacune de ses parties. La tête est un corps tout entier ; le crâne, composé de vertèbres, est l'épine ; le nez est le thorax ; la bouche, l'abdomen ; la mâchoire supérieure, les bras, l'inférieure, les jambes ; les dents, tous les doigts ou les ongles ; et dans le thorax, dans ces quatre membres on retrouve le larynx, les côtes, les omoplates, et les bassins, en un mot, tous les os [1].

[1] Nous avons principalement en vue dans ce paragraphe les doctrines de M. Geoffroy Saint-Hilaire et de son école, doctrines pour lesquelles notre illustre Cuvier eut toujours de l'antipathie, sans doute à cause de leur exagération et de leurs dangereuses tendances. M. Geoffroy Saint-Hilaire a formulé ainsi le fond de son système : *Unité de composition et inégalité de développement;* double loi qui, selon ce naturaliste, constitue la base de l'embryogénie et de l'anatomie comparée. Appliqué à la botanique, le principe de la *métamorphose* peut se traduire ainsi : « Tous les organes appendiculaires des végétaux ne sont que la transformation d'un seul et même organe, la feuille ; et le végétal lui-même se réduit à un axe ascendant et descendant portant des feuilles métamorphosées. » Toutefois les partisans de cette théorie n'ont pas encore osé assimiler la graine, qui contient l'embryon, à un simple bourgeon, à une feuille ; de leur aveu la graine semble se dérober à la loi de la métamorphose. De son côté, le règne animal tout entier n'apparaît plus, en quelque sorte, que comme un seul animal qui, en voie de formation dans les divers

On comprend, en effet, que ceux qui n'admettent qu'une seule substance dont toutes les existences individuelles ne seraient que des manifestations, doivent adopter avec quelque plaisir l'idée que ces manifestations se succèdent dans un ordre régulier et progressif, qu'elles portent toutes l'empreinte et deviennent en quelque sorte des images d'un type commun ou de la substance essentielle, et que chaque partie, chaque partie de partie, représente non-seulement le tout spécial qui la contient, mais encore le grand tout qui contient tous les autres. Cependant on voit aussi que ces conclusions ne découlent pas rigoureusement du panthéisme; et que, en fussent-elles des conséquences, elles ne le seraient qu'en tant que réduites à des termes généraux, et qu'il s'en faudrait de beaucoup que l'on pût en déduire précisément la continuité des formes successives et l'échelle graduée des formes préexistantes.

Nous concevons donc la nature simplement comme une production de la Toute-Puissance, réglée par une sagesse dont nous ne découvrons les lois que par l'observation; mais nous pensons que ces lois ne se rapportent qu'à la conservation et à l'harmonie de l'ensemble; que, par conséquent, tout doit bien être constitué de manière à concourir à cette conservation et à cette harmonie; mais nous n'apercevons aucune nécessité d'une unité de composition, et nous ne croyons pas même à la possibilité d'une apparition successive des formes diverses; car il

organismes, s'arrête dans son développement, ici plus tôt, là plus tard, et détermine ainsi à chaque temps de ces interruptions, par l'état même dans lequel il se trouve alors, les caractères distinctifs et organiques des classes, des familles, des genres, des espèces.— Voyez notre *Nouveau Traité des sciences géologiques*, etc., 2e édit., p. 383 et suiv.

nous paraît que dès le principe la diversité a été nécessaire à cette conservation, seul but que notre raison puisse apercevoir à l'arrangement du monde.

§ II

Immensité de la nature. — Fraisier de Bernardin de Saint-Pierre. — Merveilles des infiniment petits.

Lorsque, sans s'arrêter à des connaissances superficielles dont les résultats ne peuvent nous donner que des idées incomplètes des productions et des opérations de la nature, nous voulons pénétrer plus avant et examiner avec des yeux plus attentifs la forme et la conduite de ses ouvrages, nous sommes aussi surpris de la variété du dessein que de la multiplicité des moyens d'exécution.

Le nombre des productions de la nature, quoique prodigieux, ne fait alors que la plus petite partie de notre étonnement ; sa mécanique, son art, ses ressources, ses désordres apparents même, emportent toute notre admiration. Trop petit pour cette immensité, accablé par le nombre des merveilles, l'esprit humain succombe ; il semble que tout ce qui peut être est ; la main du Créateur ne paraît pas s'être ouverte pour donner l'être à un certain nombre déterminé d'espèces, mais il semble qu'elle ait jeté tout à la fois un monde d'êtres relatifs, une infinité de combinaisons harmoniques et contraires, et une perpétuité de destructions et de renouvellements.

Quelle idée de puissance ce spectacle ne nous offre-t-il pas ! quel sentiment de respect cette vue de l'univers ne nous inspire-t-elle pas pour son auteur ! Que serait-ce si la faible lumière qui nous guide devenait assez vive pour nous faire apercevoir l'ordre général des causes et la dépendance des effets? Mais l'esprit le plus vaste, le génie le plus puissant ne s'élèvera jamais à ce haut point de connaissance. Tout ce qui nous est possible, c'est d'apercevoir quelques effets particuliers, de les comparer, de les combiner, et enfin d'y reconnaître un ordre autant relatif à la nature que convenable à l'existence des choses que nous considérons.

Ainsi il arrive au savant qui cherche à embrasser l'immensité de la nature ce qui arriva à Bernardin de Saint-Pierre, qui, voulant traiter de toutes les harmonies de l'univers, se trouva tout à coup arrêté par l'observation d'une simple plante, d'un humble Fraisier.

Un jour d'été, pendant qu'il travaillait à mettre en ordre quelques observations sur les harmonies de notre globe, il aperçut sur un Fraisier qui avait poussé par hasard sur sa fenêtre, de petites Mouches si jolies, que l'envie lui prit de les décrire. Le lendemain il en vit d'une autre sorte, qu'il décrivit encore. Il en observa pendant trois semaines trente-sept espèces toutes différentes. Il y en vint à la fin un si grand nombre et d'une si grande variété, qu'il laissa là cette étude, parce qu'il manquait de loisir et d'expressions pour les décrire.

Les Mouches qu'il avait observées étaient toutes distinguées les unes des autres par leurs couleurs, leurs formes et leurs allures. Il y en avait de dorées, d'argentées, de bronzées, de tigrées, de rayées, de bleues, de vertes, de rembrunies, de chatoyantes. Les unes avaient la tête arrondie comme un turban; d'autres, allongée en tête de clou; à quelques-unes elle paraissait obscure comme un point de velours noir; elle étincelait à d'autres comme un rubis. Il n'y avait pas moins de variété dans leurs ailes ; quelques-unes en avaient de longues et de brillantes comme des lames de nacre ; d'autres, de courtes et de larges, qui ressemblaient à des réseaux de la plus fine gaze. Chacune avait sa manière de les porter et de s'en servir. Les unes les portaient perpendiculairement, les autres horizontalement, et semblaient prendre plaisir à les étendre. Celles-ci volaient en tourbillonnant à la manière des Papillons, etc. Bernardin de Saint-Pierre dédaigna, comme suffisamment connues, toutes les tribus des autres animaux qui étaient attirées sur son Fraisier, telles que les Limaçons qui se nichaient sous ses feuilles, les Papillons qui voltigeaient alentour, les Scarabées qui en labouraient les racines, les Vermisseaux qui trouvaient le moyen de vivre dans le parenchyme, c'est-à-dire dans la seule épaisseur d'une feuille ; les Guêpes et les Mouches à miel qui bourdonnaient autour de ses fleurs, les Pucerons qui en suçaient les tiges, les Fourmis qui léchaient les Pucerons, enfin les Araignées qui, pour attraper ces différentes proies, tendaient leurs filets dans le voisinage.

Il n'est pas inutile de remarquer que ce Fraisier n'était point dans son lieu naturel, en pleine campagne, sur la lisière d'un bois ou sur le bord d'un ruisseau, où il eût été fréquenté par bien d'autres espèces d'animaux. Il était dans un pot de terre, au milieu des fumées de Paris. Bernardin de Saint-Pierre ne l'observait qu'à des moments perdus. Il ne connaissait point les insectes qui le visitaient dans le cours de la journée, encore moins ceux qui n'y venaient que la nuit, attirés par de simples émanations, ou peut-être par des lumières phosphoriques qui nous échappent. Il ignorait quels étaient ceux qui le fréquentaient pendant les autres saisons de l'année.

« En examinant, dit l'auteur des *Études de la nature,*

les feuilles de mon Fraisier au moyen d'une lentille de verre qui grossissait médiocrement, je les trouvai divisées par compartiments hérissés de poils, séparés par des canaux, et parsemés de glandes. Ces compartiments m'ont paru semblables à de grands tapis de verdure, leurs poils à des végétaux d'un ordre particulier, parmi lesquels il y en avait de droits, d'inclinés, de fourchus, de creusés en tuyaux, de l'extrémité desquels sortaient des gouttes de liqueur; et leurs canaux, ainsi que leurs glandes, me paraissaient remplis d'un fluide brillant. Sur d'autres espèces de plantes, ces poils et ces canaux se présentent avec des formes, des couleurs et des fluides différents. Il y a même des glandes qui ressemblent à des bassins ronds, carrés, ou rayonnants. Or la nature n'a rien fait en vain. Quand elle dispose un lieu propre à être habité, elle y met des animaux. Elle n'est pas bornée par la petitesse de l'espace. Elle en a mis avec des nageoires dans de simples gouttes d'eau et en si grand nombre, que Leuwenhoek, Hook, etc., y en ont compté des milliers. On peut donc croire, par analogie, qu'il y a des animaux qui paissent sur les feuilles des plantes comme les bestiaux dans nos prairies, qui boivent dans leurs glandes, façonnées en soleils, des liqueurs d'or et d'argent. Chaque partie des fleurs doit leur offrir des spectacles dont nous n'avons point d'idée. Les anthères jaunes des fleurs, suspendues sur des filets blancs, leur présentent de doubles solives d'or en équilibre sur des colonnes plus belles que l'ivoire; les corolles, des voûtes de rubis et de topaze d'une grandeur incommensurable; les nectaires, des fleuves de sucre; les autres parties de la floraison, des coupes, des urnes, des pavillons, des dômes que l'architecture et l'orfévrerie des hommes n'ont pas encore imités.

Je ne dis point ceci par conjecture ; car un jour, ayant examiné au microscope des fleurs de thym, j'y distinguai, avec la plus grande surprise, de superbes amphores à long col, d'une matière semblable à l'améthyste, du goulot desquelles semblaient sortir des lingots d'or fondu. Je n'y ai jamais observé la simple corolle de la plus petite fleur, que je ne l'aie vue composée d'une matière admirable, demi-transparente, parsemée de brillants, et teinte des plus vives couleurs. Les êtres qui vivent sous leurs riches reflets doivent avoir d'autres idées que nous de la lumière et des autres phénomènes de la nature. Une goutte de rosée, qui filtre dans les tuyaux capillaires et diaphanes d'une plante, leur présente des milliers de jets d'eau ; fixée en boule à l'extrémité d'un de ses poils, un océan sans rivage ; évaporée dans l'air, une mer aérienne. »

C'est ainsi que le Créateur, dont la parole toute-puissante a peuplé de globes énormes l'immensité de l'espace, déploie sous un autre aspect son pouvoir suprême. Avec d'imperceptibles particules de matière, il fait des chefs-d'œuvre d'organisation et de vie. Au souffle de sa volonté, des gouttes d'eau, des grains de poussière, deviennent des mondes populeux, où se retrouvent, sous des proportions d'une inexprimable exiguïté, les phénomènes de notre terre. En sorte que, depuis les extrêmes grandeurs jusqu'aux extrêmes petitesses, l'univers est plein des merveilles du génie de Dieu.

Vues au microscope, certaines mousses délicates sont des forêts gigantesques ; des moisissures qui ne paraissent que de simples taches, ressemblent à des champs de blé et à des prairies où chaque plante a sa racine, sa tige, ses feuilles, ses graines, croît et se multiplie comme les chênes et les cèdres.

Le microscope solaire a fait découvrir dans la nature un nouveau monde d'êtres vivants, dont l'infinie petitesse confond l'homme même le plus accoutumé à réfléchir. Il nous a fait reconnaître dans une petite quantité de cette poussière qui se forme sur le fromage sec, une fourmilière d'animaux de même espèce, dans lesquels on aperçoit jusqu'à la circulation interne des humeurs. Une goutte d'eau, de vinaigre ou de fumier, est un étang où nagent des milliers d'animalcules d'espèces diverses. Il en est d'une telle petitesse, qu'une centaine de ces vivants atomes, mis bout à bout, n'aurait pas la longueur d'un centimètre; il en est d'autres dont un million n'atteindrait pas la grosseur d'un grain de sable. Ces animaux cependant ont des organes travaillés avec art, réunis dans un ordre parfait, des muscles, des veines, des nerfs ! Quelle sera la petitesse de leurs œufs, de leurs petits, des membres de ceux-ci, de leurs vaisseaux, des liqueurs qui circulent dans ces vaisseaux !... A quelle exiguïté d'organisation la puissance de Dieu sait descendre ! quel étonnant pouvoir ! quel art et quelle habileté !

La terre est couverte de ces petits êtres vivants ; ils pullulent dans les eaux, dans les bois pourris, dans tout ce qui fermente ou se dissout ; ils fourmillent dans l'air que nous respirons, nagent dans nos veines, rampent dans nos chairs et s'amassent jusques autour de nos dents.

Comprenez ce que sont devant Dieu les orgueilleux mortels avec leur génie, leurs arts et leurs monuments. Que le souverain Arbitre de toutes choses prenne seulement un couple de ces animalcules microscopiques, qu'il souffle sur eux une force extraordinaire de fécondité, et les laisse, eux seuls, venger sa gloire, et bientôt vous les verrez, par une rapide multiplication, envahir la terre[1], vaincre les armées et abolir les royaumes.

Dieu a imprimé dans tous les ordres de phénomènes une image de son infinité. Tel est le nombre, telle est la ténuité des tubes capillaires dont se composent nos reins, que, déroulés et placés bout à bout, ils auraient la longueur de plusieurs lieues. On a compté quatre mille quarante et un muscles dans une chenille qui vit sur le saule; treize mille quatre cents organes dans le corps d'une carpe; quatorze mille facettes dans l'œil d'une mouche... L'araignée a quatre mamelons, percés chacun d'au moins un millier de trous; lorsqu'elle file, chaque trou laisse échapper un fil, en sorte que la réunion de tous ces fils forme un fil unique composé de quatre mille brins au moins. Or il est des araignées, aussi petites que des grains de sable, qui composent leur toile de fils si fins, que quatre mille de ces fils auraient à peine la grosseur d'un cheveu. Chacun de ces brins étant formé de quatre mille autres, il faudrait donc, pour en avoir un de la grosseur d'un cheveu, prendre seize millions de fils simples.

Sous le microscope, les merveilles se multiplient et se révèlent de toutes parts. Notre propre corps nous en offre sans nombre. Le sang qui coule dans nos veines se compose de globules rouges qui n'ont pas le centième d'une ligne en diamètre; cependant chacun de ces globules est un assemblage de six autres, et chacun de ceux-ci est également formé de six plus petits. Le tout flotte dans un liquide séreux. Nos fibres se composent de fibrilles réunies au nombre de quatre à cinq cents; et chacune de ces fibrilles est formée de plus de trois cents tubes trans-

[1] Sous le nom de choléra, par exemple, ou de tout autre fléau.

parents dans lesquels coulent des fluides nourriciers. Notre peau est toute criblée de pores et garnie d'écailles symétriquement rangées comme celles des poissons ; un grain de sable suffirait pour couvrir deux cent cinquante de ces écailles et plus de cinq cents de ces pores [1] !

Qui n'admirerait le travail de Dieu dans la formation de nos corps, et l'infinie délicatesse de ce travail, et la sagesse avec laquelle tout y est coordonné !...

Qu'est-ce pourtant que tout ceci en comparaison d'autres faits auxquels ont conduit les recherches récemment faites sur l'optique ? Un rayon de lumière qui traverse une substance transparente y produit, sur chaque point, une suite de mouvements ou de vibrations dont le nombre est au moins de cinq cents trillions pendant une seule seconde. Et c'est par des mouvements de cette espèce, communiqués aux nerfs optiques, que nous voyons [2]. Dans quel abîme de merveilles nous sommes plongés !

Quelle plus frappante preuve qu'un Esprit suprême, devant qui les plus fameux génies de la terre ne sont que de chétives créatures, a construit et conserve le monde ! Oui, une incompréhensible puissance, une providence et une sagesse infinies embrassent l'immensité de l'univers, en atteignent les plus intimes parties, règnent et agissent jusque sur les plus imperceptibles atomes :

1 Peut-être ces calculs exciteront-ils l'incrédulité de quelques lecteurs. La base en est pourtant facile à comprendre. Si dans une goutte d'eau, dont la surface occuperait la millième partie de la main, on découvre au microscope quelque corpuscule qui soit à l'étendue que l'instrument donne à la goutte d'eau dans le même rapport que celle-ci est à la surface de la main, on en conclura que cet atome n'est que la millième partie de cette goutte. C'est ainsi qu'on peut établir des rapports dont les termes soient encore incomparablement plus différents.

2 HERSCHELL, *Disc. sur l'étude de la philosophie naturelle*, part. I, ch. II.

elles nous investissent, nous pressent, nous pénètrent de toutes parts, afin que, par la contemplation de cette immense et magnifique harmonie qui relie l'infiniment petit à l'infiniment grand, nous nous élevions jusqu'au souverain Ordonnateur des choses à qui seul appartiennent toute gloire et toute adoration.

§ III

Les trois règnes de la nature.

Les premiers hommes qui s'occupèrent de reconnaître les objets qui les environnaient, ne tardèrent pas à s'apercevoir que leur multitude était un obstacle à leur étude, et qu'il était d'abord nécessaire d'établir des divisions, et de ranger ces objets d'après l'ordre qui paraîtrait le plus propre à favoriser la mémoire. Les substances qui avaient des caractères communs furent réunies sous le même titre, et l'on disposa sous différents chefs celles qui jouissaient de propriétés diverses. De ce premier mode de généralisation résultèrent trois grandes divisions parmi les corps de la nature; on les appela *règnes*. On observa que les terres, les pierres, les métaux, les fossiles, ne donnant aucune marque de vie ni de mouvement spontané, de nutrition intérieure ni de génération, n'ayant même aucun organe destiné à des fonctions spéciales, étaient des corps *bruts* ou *minéraux*. D'autres corps enracinés dans la terre, pourvus d'organes, prenant une nourriture intérieure, s'accroissant et se reproduisant, ont été reconnus vivants; mais comme ils ne donnent aucun signe de sentiment, ils ont été nommés *végétaux*. Enfin d'autres corps vivants, capables de sentir et de se mouvoir d'eux-mêmes, se nourrissant et se reproduisant, ont été désignés sous le nom d'*animaux*. « Les minéraux croissent, a dit Linné dans son style aphoristique ; les végétaux croissent et vivent ; les animaux croissent, vivent et sentent. »

Ainsi les trois grandes divisions qui embrassent tous les corps de la nature sont :

1° Le *règne minéral*, renfermant toutes les substances inorganiques, simples ou hétérogènes, qu'offre le globe à sa surface ou dans ses entrailles ;

2° Le *règne végétal*, auquel appartiennent toutes les plantes répandues avec une si somptueuse profusion sur la surface des îles et des continents, et jusqu'au sein des mers ;

3° Le *règne animal*, embrassant toute cette longue série de créatures vivantes qui commence à l'Infusoire et s'élève par une harmonieuse gradation jusqu'à l'Homme, seul être ici-bas intelligent, raisonnable et moral ; noble représentant du Créateur sur la terre, chef-d'œuvre de sa puissance, le couronnement et probablement le centre de la création tout entière.

Nous avons préféré, comme plus naturelle et plus commode, cette division générale en trois règnes à celle qui n'en admet que deux, le règne *inorganique* ou *minéral*, et le règne *organique*, comprenant les végétaux et les animaux.

PREMIÈRE PARTIE

Il est un lieu où se forme l'argent; il est une retraite où se trouve l'or. Le fer est tiré du sein de la terre: l'airain est arraché à la pierre. L'homme recule les confins des ténèbres; il a découvert jusqu'à ces pierres ténébreuses qui avoisinent les ombres de la mort.

Dans les montagnes il creuse des vallées qui n'ont jamais porté l'empreinte de ses pas, il s'enfonce dans les entrailles de la terre; cette terre, où s'élèvent les moissons, est déchirée intérieurement par un incendie. Là croît le saphir, là se forme l'or. L'homme brise les rochers, renverse les montagnes; il ouvre un passage aux fleuves à travers les pierres, et découvre leurs trésors les plus cachés.

JOB, XXVIII.

RÈGNE MINÉRAL

CHAPITRE I

STRUCTURE DU GLOBE TERRESTRE. — DU RÉCIT DE LA CRÉATION PAR MOÏSE. — CLASSIFICATION DES TERRAINS.

Ceux qui se sont un peu occupés de la théorie de la terre savent que notre globe se compose d'une longue série de couches superposées dans un ordre jamais interverti, qui forment comme l'enveloppe de notre planète, et qui ont pour fondement une immense masse de granit qu'on rencontre partout à une plus ou moins grande profondeur au-dessous de ces masses stratifiées. Ils savent aussi qu'on trouve partout, sur la surface et dans les entrailles de la terre, des amas considérables de ruines qui appartiennent aux deux règnes organiques, et qui paraissent être les ruines d'un ancien monde, dont l'état différait sans doute, par plusieurs caractères, de celui que nous habitons. Ces accumulations énormes de schistes, de calcaires, d'argile, renfermant dans leurs assises d'innombrables débris d'animaux fossilisés, de végétaux changés en houille, semblent avoir exigé pour leur formation un temps beaucoup plus considérable que celui qui s'est écoulé depuis l'apparition de l'homme sur la terre. De là les diverses opinions qui ont été présentées dans le but de concilier le premier chapitre de la Genèse avec les découvertes de la science moderne, opinions que nous avons longuement discutées ailleurs [1], et sur lesquelles nous ne reviendrons pas ici.

Il n'est pas nécessaire d'avoir beaucoup médité sur la constitution de notre planète pour être persuadé que Moïse ne nous a point décrit la première création de notre terre, et que son histoire n'est que celle d'une nouvelle révolution que la planète avait subie, et dont l'écrivain inspiré exposait en peu de mots les traits les plus frappants ou les principales apparences. C'est une erreur d'avoir voulu trouver dans son récit une histoire complète et détaillée des phénomènes géologiques; c'est exiger trop. On ne serait pas moins déraisonnable d'accuser ce récit d'imperfection parce qu'il n'y est point fait mention des découvertes de l'astronomie moderne, des satellites de Jupiter, par exemple, ou de l'anneau de Saturne. Ce serait choquer autant le sens commun que le respect dû aux livres saints, que de prétendre infirmer l'autorité de l'historien sacré parce qu'il n'a pas parlé

[1] Voir notre *Nouveau Traité des sciences géologiques* considérées dans leurs rapports avec la religion et dans leur application générale à l'industrie et aux arts, etc., 2e édit., et notre *Diction. de cosmographie et de paléontologie.*

la langue des géologues modernes ou celle de Copernic et de Newton. Il parlait assurément une bien plus belle langue encore : il annonçait le premier au genre humain l'unité et l'éternité du grand Être. Il peignait sa puissance avec le pinceau du Chérubin : « Dieu dit : Que la lumière soit, et la lumière fut. » Il s'élançait d'un vol rapide vers la Cause première, et enseignait aux hommes ce dogme si important et si philosophique de la création de l'univers. Le plus ancien et le plus respectable de tous les livres est aussi le seul qui commence par ces expressions, dont la simplicité répond si bien à la simplicité de cet acte unique qui a produit l'universalité des êtres : « Au commencement Dieu créa le ciel et la terre. »

Une seule chose était essentielle au plan de l'historien de la création, c'était de rappeler l'univers à son auteur, l'effet à sa cause ; cet historien l'a fait. Moïse n'était pas appelé à dicter au genre humain des cahiers de géogénie ou de cosmogonie, mais il était appelé à lui tracer en grand les premiers principes de cette théologie sublime que les sciences, guidées, vivifiées par le christianisme, devaient enrichir un jour. Car tout ce qu'il y a de beauté et d'élévation dans les travaux et les découvertes de l'esprit humain depuis deux siècles, est concentré dans cette pensée étonnante : JE SUIS CELUI QUI SUIS !

On peut donc, sans manquer au respect qui est dû à tant de titres au premier des auteurs sacrés, supposer que la création de notre terre a précédé d'un temps indéfini ce renouvellement dont la Genèse nous présente les divers aspects. La Sagesse qui a présidé à la formation de l'univers n'a révélé aux hommes que ce que leur raison n'aurait pu découvrir par elle-même, ou qu'elle aurait découvert trop tard pour leur bonheur, et elle a abandonné aux progrès de l'intelligence humaine tout ce qui était enveloppé dans la sphère de son activité.

L'enveloppe ou l'écorce du globe terrestre est formée, avons-nous dit, d'une suite de zones ou de couches plus ou moins épaisses, distinctes par leur structure, leur nature minéralogique, et surtout par les restes des corps organisés qu'elles renferment. On appelle *roche* une seule ou plusieurs espèces de minéraux formant ensemble une masse : le granit, le marbre, la craie, l'argile, etc., sont autant de roches. On nomme *terrains* un ensemble de roches et de minéraux formés ou déposés pendant une période de temps déterminée, et présentant certains caractères qui servent à les distinguer. Les principaux groupes de terrains, en allant de la surface de la terre vers son centre, sont :

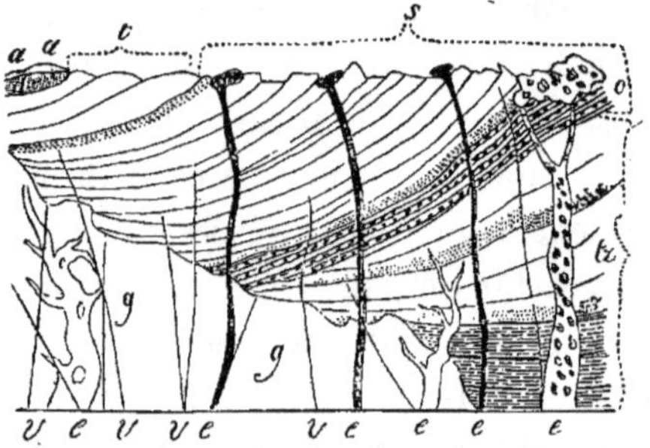

Fig. 1*

I. Terrains supérieurs.	Alluvions ou terrains modernes (*a* fig. 1). Diluvium, graviers, blocs erratiques, etc. (*d* fig. 1).
II. Terrains tertiaires.	Calcaires tantôt à grain fin, tantôt grossiers, sables et grès ; plâtre ou gypse ; argile (*t* fig. 1).

* Tableau des terrains.

III. Terrains secondaires (*s* fig. 1.). . .	Couches nombreuses de craie, d'argile, de sables, de calcaires, de marnes, de grès. Ces terrains forment cinq principaux groupes : 1° le crétacé; 2° le wedien; 3° l'oolithique ou jurassique; 4° le muriatifère, offrant le premier exemple de sel gemme; 5° le carbonifère ou terrain houiller (*c* fig. 1).
IV. Terrains de transition. (*tr* fig. 1.) .	En partie compactes, en partie cristallisés; schistes argileux, grès ou grauwacks, calcaires de transition, micachistes, etc.
V. Terrains primordiaux ou de cristallisation	Calcaire primitif ou saccharoïde; schistes; micachistes; syénite; granit; roches granitoïdes variées (*gg* fig. 1).

Outre ces terrains, il en est d'un second ordre qu'on appelle *terrains d'épanchement*. Ce sont des roches éruptives, c'est-à-dire des roches qui paraissent avoir été rejetées des profondeurs du globe et à l'état de fusion à travers des couches appartenant à toutes les formations, depuis les formations primitives les plus anciennes jusqu'aux couches tertiaires les plus récentes. Ces roches sont de deux sortes : les *plutoniques*, formées par des éruptions de diorite, de porphyre, de syénite, de basalte, etc., et les *volcaniques*, formées de lave rejetée par les volcans anciens et actuels[1].

[1] Les lettres *eee*, etc. (fig. 1), indiquent ces diverses roches éruptives plutoniques et volcaniques, traversant le granit et la plupart des autres terrains; *vvv*, etc., les veines ou filons qui, ainsi que les roches éruptives, ont interrompu la continuité des couches stratifiées et changé plus ou moins leur niveau.

CHAPITRE II

FOSSILES. — LEUR DISTRIBUTION DANS LES DIVERS TERRAINS. — DÉMONTRENT L'UNITÉ ET L'HARMONIE DU PLAN DE LA CRÉATION. — OPINION DES SAVANTS DU XVIe SIÈCLE SUR L'ORIGINE DES FOSSILES.

On appelle fossiles les débris, les vestiges, et même les empreintes de corps organisés qui ont vécu, soit sur la terre, soit dans les eaux, que des masses pierreuses enveloppent, et que l'on trouve enfouis dans les couches du globe, soit qu'ils aient ou non subi des changements notables dans leur forme et dans leur substance.

Le principal caractère du terrain primordial est de ne contenir aucune trace d'êtres organisés; c'est dans les plus anciens dépôts du terrain de transition que l'histoire de la vie organique vient s'associer à celle des phénomènes minéraux; on rencontre dès cette époque des représentants des quatre grands embranchements actuellement existants, vertébrés, mollusques, articulés, et zoophytes; ce sont des poissons, des ammonites, etc., des crustacés (trilobites), etc., d'innombrables madrépores, encrinites, etc. Les plantes sont toutes monocotylédones et de taille gigantesque comparativement à leurs analogues vivantes; ce sont des fucoïdes ou plantes marines, des prêles, des fougères, etc.

Ce qui caractérise partout la création animale du terrain secondaire, c'est la prédominance numérique du type des reptiles sauriens, quadrupèdes ovipares dont les dimensions nous étonnent[1]. Les uns étaient exclusivement marins; d'autres étaient amphibies; d'autres se tenaient à terre, et rampaient dans les savanes et les marécages. L'air lui-même était parcouru par des lézards volants, les ptérodactyles, qui réalisaient les formes fabuleuses des dragons. C'est dans cette formation surtout que se sont conservés et convertis en lits de houille les restes des végétaux anciens, conifères, cycadées, fougères arborescentes. La flore de cette époque, très-rapprochée de celle des côtes des mers équatoriales, semble tenir le milieu entre la flore insulaire et la flore continentale.

Les terrains tertiaires présentent un système de phénomènes nouveaux. Ils comprennent des formations dans lesquelles les débris animaux et végétaux se rapprochent de plus en plus des espèces de notre époque, et dont le caractère le plus frappant consiste en une succession alternative de dépots marins et de dépôts d'eau douce. Les animaux de cette période sont de nombreux pachydermes (éléphant, rhinocéros, tapir, etc.), des carnassiers, des rongeurs, des oiseaux, etc., dont toutes les espèces sont éteintes. La végétation de la période tertiaire offre les mêmes caractères généraux que la végétation des zones tempérées de nos continents actuels; mais elle appartient à des plantes dont les espèces n'existent plus. Ce sont des palmiers, des peupliers, des saules, des ormes, des châtaigniers, des sycomores, etc. [2].

[1] Quelques-uns ont jusqu'à vingt-trois mètres de long (Iguanodon).

[2] La vignette placée au titre de ce volume représente une restauration théorique de la période tertiaire, avec ses Palæotherium, ses Anoplotherium, crocodiles, etc., avec ses palmiers, etc.

Les débris organiques du dépôt diluvien sont généralement des ossements, des dents, et autres parties dures appartenant à de grands quadrupèdes d'espèces inconnues, ou qui ne vivent plus qu'entre les tropiques. Les espèces les plus remarquables sont les éléphants, les rhinocéros, les mastodontes, les megatherium, les ours, les hyènes, etc.

Une démonstration péremptoire de l'unité de plan et de l'harmonie d'organisation qui dominent l'ensemble de la nature animée nous est fournie par ce fait, établi par l'anatomie comparée, que les caractères offerts par une extrémité seulement, ou même par une dent ou un os isolé, permettent de conclure la forme et les proportions des autres os, et jusqu'aux conditions d'existence de l'animal tout entier. Cette loi ne s'étend pas moins sur les divers groupes qui font actuellement partie de la nature animée que sur les races perdues, dont l'existence a précédé la leur. Il s'ensuit que l'on peut arriver à reconnaître avec un haut degré de probabilité, non-seulemsnt l'ensemble de la charpente osseuse d'un animal éteint, mais aussi les divers caractères des muscles qui mettaient chaque os en mouvement, la forme extérieure et la configuration du corps, le régime, les habitudes, l'habitation, et la manière de vivre de ces diverses créatures qui avaient cessé d'exister avant l'apparition de l'espèce humaine sur la terre.

L'étude des fossiles animaux et végétaux démontre avec une entière évidence l'existence d'un plan qui a présidé à la création, et l'identité complète des principes fondamentaux qui en ont réglé l'accomplissement. Nous y voyons des moyens analogues adoptés avec tant d'uniformité et de constance pour arriver à des fins diverses, et les modifications qui sont faites au type commun de tous les mécanismes sont si exactement celles qui étaient nécessaires pour mettre chaque instrument en harmonie avec le travail qu'il était destiné à exécuter, et pour installer chaque espèce à la place et dans les fonctions spéciales qu'elle devait remplir dans l'échelle des êtres créés, que nous ne pouvons manquer de conclure de tous ces faits l'unité de l'intelligence à laquelle est due cette magnifique harmonie. C'est une même main dont nous lisons partout l'écriture ; c'est un même système, ce sont les mêmes arrangements que nous avons partout à décrire ; c'est la même unité d'objet ; ce sont les mêmes relations de causes finales que nous retrouvons partout maintenues, partout proclamant l'existence d'un suprême Créateur de toutes choses, et l'immensité de ses perfections, de sa puissance, de sa sagesse, de sa bonté, et de sa providence conservatrice[1].

[1] L'une des dix-neuf armoires de la métallothèque ou musée minéralogique formé au Vatican par Sixte-Quint, renfermait une collection assez nombreuse des fossiles alors connus et considérés généralement par les savants du XVIe siècle comme de vains produits des vertus plastiques de la nature. Voici l'idée que donnait du caractère de ces pièces fondamentales la description officielle faite par Mercati, un des personnages les plus éminents de la science de cette époque, auquel avait été confiée la surveillance de cette intéressante création. « Dans cette armoire sont déposés les jeux de la nature, représentations des objets dans la pierre, presque vivantes, mais formées, sans aucun sujet réel, par une innocente récréation de la nature. Ici la nature se manifeste à nous comme nous ayant donné les premières leçons de sculpture et de peinture. Elle a, en effet, représenté de ces deux manières, sur la pierre, diverses figures d'animaux, même certaines figures d'objets d'art imaginés par l'industrie des hommes, comme si, refusant de laisser totalement aux hommes la gloire de l'invention, elle s'était étudiée à tracer les premiers linéaments de ces objets, afin de se montrer maîtresse en fait d'arts et de prescrire en quelque sorte aux auteurs la formule de leurs ouvrages. Elle a voulu embrasser dans cette sorte de jeu toutes les classes des êtres vivants. Dans celle des végétaux, la dernière de toutes, elle n'a pas dédaigné de peindre sur la pierre des feuilles, des fruits,

des arbustes entiers; dans celle des animaux inférieurs, qui suit de si près celle des végétaux, elle a voulu figurer les animaux presque complétement. De là s'avançant encore davantage, elle s'est attaquée aux quadrupèdes, etc. » Ce grand naturaliste, le Cuvier de ce temps-là, s'applique ensuite à réfuter ceux qui prétendaient soustraire ces pierres au règne minéral, en les faisant naître de la pétrification de certaines parties des animaux. « Il semble, dit-il, que la nature eût prévu et pressenti une telle question, et que dans sa sagesse, pour y couper court, elle ait pris le soin d'enfermer quelques-unes de ces pierres dans les profondeurs des mines, de placer les autres sur des rochers escarpés, totalement séparés des êtres dont la figure s'y trouve cependant en si grande abondance, etc. etc. »

Avant de taxer d'extravagance Mercati et ses partisans, il faut se reporter à leur temps et juger à leur point de vue. On doit avouer que dans le début, alors qu'aucune lumière certaine n'ayant encore paru de ce côté, les antiquités physiques de la terre ne se laissaient pas même soupçonner, il était réellement plus plausible de considérer les fossiles comme une sorte de cristallisation particulière de la substance minérale que comme de vrais restes d'animaux. Les physiciens du XVIe siècle ne niaient pas la possibilité des pétrifications; mais ils ne pouvaient se prêter à l'idée que ce phénomène, si extraordinaire qu'il est une des curiosités les plus rares de ce monde, eût été à une autre époque si commun, que ses produits fussent répandus partout. Lors même qu'on aurait admis que toutes les eaux, dans les siècles passés, eussent joui de cette faculté singulière, comment aurait-on expliqué l'existence des pétrifications marines dans l'intérieur des continents, même sur les sommets les plus abrupts des montagnes? L'eût-on fait pour celles qui sont disséminées à la surface de la terre, comment y serait-on parvenu pour celles qui se rencontrent dans le milieu des roches les plus solides, complétement entourées, sans aucune communication à l'extérieur? Enfin que dire de celles qui se montrent dans la profondeur de la terre, qui, entassées par assises, constituent en quelques points le corps énorme des montagnes, et qui, unies par une loi presque constante à la substance de la pierre, semblent former, aussi bien que cette substance même, le fonds essentiel du globe? Dans quelle région toute pleine de perspectives fantastiques et de chimères, l'esprit ne se trouvait-il pas tout de suite emporté par le seul effet de ce point de départ? Était-il d'une saine philosophie, en présence de si étranges nouveautés, arrivant comme en foule, et de plus en plus incroyables, de se rendre sur le seul argument de l'interprétation arbitraire d'un phénomène obscur? Pourquoi refuser de concevoir que la vertu plastique de la nature, qui est si profondément inhérente au principe des choses et qui s'est si manifestement témoignée à la surface de la terre comme dans le sein de l'Océan par les types primordiaux de l'animalité, n'ait dû prendre cours pareillement dans les entrailles du globe par des configurations du même genre? Toute la différence consisterait donc en ce que les premières, placées dans de meilleures circonstances, se seraient trouvées en mesure de prendre vie et de se perpétuer, tandis que les autres, gênées par le milieu où la nature, dans son exubérance infinie, les faisait naître, y sont demeurées dès leur création immobiles et frappées de mort. En même temps que le bon sens invitait à cette idée si simple, toutes les autorités le commandaient, non-seulement celles du moyen âge, mais celles de l'antiquité également, Théophraste, Pline, Platon, etc. Ce sentiment, d'ailleurs, ne semblait-il pas confirmé expressément par le texte sacré? C'est à la masse minérale elle-même que Dieu, suivant la parole de Moïse, donne l'ordre et confère la faculté d'engendrer les animaux : *Que la terre produise*, dit-il, tant qu'il est question de ces êtres inférieurs, et il ne se réserve, pour le produire directement, que l'homme seul. Dès lors n'était-il pas tout naturel que la terre eût conservé dans ses entrailles les types dont elle s'était imprégnée dans son empressement à répondre à cette voix suprême, et qu'elle aurait continué à mettre au jour s'il n'avait plu au divin Ordonnateur de l'arrêter?

CHAPITRE III

DES TERRAINS, ET PARTICULIÈREMENT DES FORMATIONS SECONDAIRES ET TERTIAIRES, DANS LEURS RAPPORTS AVEC LES PRODUCTIONS VÉGÉTALES ET L'AGRICULTURE. — SEL GEMME ; MINES DE VIELITSKA.

> Ne nous pressons pas de prononcer sur l'irrégularité que nous voyons sur la surface de la terre, et sur le désordre apparent qui se trouve à son intérieur : car nous en reconnaîtrons bientôt l'utilité et même la nécessité.
>
> BUFFON.

Il est un point de vue sous lequel nous ne devons pas omettre de considérer les grandes divisions géologiques de l'écorce terrestre, c'est celui de leurs rapports généraux avec l'état actuel et les besoins de l'espèce humaine. Si nous étudions d'abord les matériaux dont se compose le globe dans leurs relations avec l'état de l'agriculture, nous verrons qu'ils ont pris entre eux les dispositions les plus diverses et les plus compliquées, et par cela même les plus utiles à l'homme. Supposez un arrangement plus simple, par exemple une surface homogène de granit, ou bien une série d'enveloppes concentriques de roches stratifiées, une seule de ces enveloppes sera accessible aux êtres qui l'habiteront, et il n'y aura plus de ces mélanges de calcaire, d'argile et de sable, qui, dans la disposition précédente, contribuent si puissamment à faire du globe terrestre un séjour à la fois beau, fertile et habitable.

Une preuve remarquable du plan qui a dirigé l'arrangement des matériaux dont se compose la surface de notre planète, c'est de voir les roches primitives ou granitiques, qui de leur nature sont les moins propres à se convertir en un sol fertile, reléguées dans les districts montagneux, lesquels, à cause de leur élévation et de leur irrégularité, ne se prêtent que difficilement à l'habitation de l'homme. Au contraire, les régions plus basses et plus tempérées sont ordinairement composées de couches secondaires ou tertiaires, qui, par la nature complexe de leurs ingrédients, présentent les conditions les plus favorables au développement des productions végétales dont l'homme a besoin pour sa propre existence et pour celle des animaux domestiques qu'il a réunis autour de lui.

C'est à l'action prolongée des agents atmosphériques qu'on doit attribuer la conversion de la substance des roches même les plus solides en un sol propre à l'entretien de la végétation. La désagrégation produite par les vicissitudes du chaud et du froid, de la sécheresse et de l'humidité, suffit à réduire la portion superficielle de la plupart des couches en une terre végétale pulvérisée, en un terreau dont la fertilité est ordinairement en rapport avec la nature intime des éléments qui entrent dans leur composition. Les mouvements des masses liquides qui ont transporté les matériaux des différentes couches secondaires et tertiaires à la place qu'ils occupent maintenant, les ont mélangés suivant un ordre et dans des proportions les plus avantageux au travail du laboureur. Les éléments qui prédominent dans toutes ces couches sont les sables siliceux, les argiles et les calcaires. C'est du mélange bien entendu de ces matières que résulte la meilleure terre à labour, la plus favorable aux produits de l'agriculture. Lorsque ces substances ne se trouvent point associées dans les proportions les plus productives, les terrains dont nous parlons présentent la ressource de grandes masses de calcaires ou de marnes qui permettent d'ajouter artificiellement au sol celui des éléments qui lui manque. C'est ce qui fait que les plus vastes terrains à blé, les grandes capitales (Paris, Londres, Vienne), les sociétés les plus populeuses du globe, sont placés au-dessus des couches de formation secondaire ou tertiaire, ou sur les détritus de ces couches auxquels doivent leur origine les dépôts d'alluvion, plus composés et par conséquent plus fertiles encore.

C'est ici le lieu de mentionner une nouvelle source de bienfaits offerte à l'homme dans l'abondance avec laquelle le chlorure de sodium ou sel marin se trouve répandu dans certaines parties des couches secondaires, et en particulier dans la formation du nouveau grès rouge. Le principal emploi du sel, celui qui est le plus généralement répandu, qui est devenu un besoin réel pour toute l'espèce humaine, est l'usage que nous avons contracté de temps immémorial d'en assaisonner nos aliments. Non-seulement il leur communique une saveur agréable, mais, en stimulant légèrement les glandes salivaires et les parois de l'estomac, il en facilite infiniment la digestion. Cet usage journalier est général, il se retrouve chez tous les peuples, sous toutes les latitudes, remonte aux premiers âges du monde et se perd dans les époques nébuleuses de l'histoire. Les armées romaines recevaient en sel une partie de leur paie ; ce qui a donné naissance au mot *salaire*, que nous avons adopté. Le besoin de manger du sel est si pressant, que les habitants les plus pauvres des campagnes ne s'en privent jamais : aussi la cherté de cette denrée est-elle un vrai malheur pour eux, et l'on assure que l'une des grandes calamités qui accablèrent les armées françaises, dans la funeste campagne de Moscou, fut la privation totale de sel.

Si donc on réfléchit à la position géographique des vastes régions continentales, aux grandes distances qu'il faudrait franchir pour approvisionner l'intérieur des terres de cette substance si éminemment utile ; si l'on songe aux abus et aux vexations qui s'exerceraient sur les peuples qui en seraient totalement privés en temps de guerre, on ne pourra s'empêcher de bénir la providence bienveillante du Créateur, qui a déposé des magasins de sel dans les entrailles de la terre pour l'usage des pays situés à une grande distance de la mer, où une grande partie de l'espèce humaine eût été privée de cette substance de première nécessité. Grâce à la sage répartition qui en a été faite, la présence de ce minéral précieux au sein des couches dispersées généralement dans tout l'intérieur de nos continents et de nos grandes îles, est une source de santé et de jouissances journalières pour les habitants de presque toutes les contrées du globe.

Les plus célèbres mines de sel gemme sont celles de Wielistka près Cracovie, en Pologne. Les travaux sont distribués sur trois étages, qui correspondent chacun à une couche de sel. Le premier atelier existe à soixante-cinq mètres de la surface, et le plus profond à deux cent cinquante mètres. C'est ce dernier amas qui fournit le sel le plus pur. Les travaux s'étendent à près de deux kilomètres en longueur, sur environ un kilomètre de large. Ils consistent en galeries et en chambres d'une hauteur énorme, entièrement taillées dans sel, et soutenues, lorsque la sûreté l'exige, par des piliers de sel réservés dans la masse. On cite de ces excavations qui ont jusqu'à cent mètres de hauteur. On extrait le sel à l'aide de coins, de leviers, ou du tirage à la poudre, et l'on en détache des blocs dont les parties les plus pures sont taillées sur place en cylindres d'un mètre de haut sur soixante-cinq centimètres de diamètre, qui s'exportent au loin. Douze puits sont destinés au service de cette grande exploitation, soit pour l'extraction du sel, soit pour l'entrée et la sortie des mineurs. On communique du premier aux étages inférieurs par des escaliers en bois, doux et commodes, dont l'un est réservé pour les visites des personnages de haute distinction.

Ces mines occupent quatorze cents ouvriers et quarante chevaux, qui y séjournent six à sept ans sans y éprouver d'autre incommodité que celle de perdre la vue. Ces mines sont exploitées depuis le commencement du seizième siècle; elles produisent annuellement sept cent cinquante mille quintaux de sel.

On trouve au premier étage une chapelle sculptée dans la masse du sel, dédiée à saint Antoine; elle a dix mètres sur huit, et six de hauteur; l'autel, ses degrés, les candélabres, les colonnes torses qui soutiennent la voûte, la chaire à prêcher, le crucifix et les statues de la sainte Vierge et de saint Antoine sont sculptés en sel, ainsi que la figure en pied de Sigismond, roi de Pologne.

CHAPITRE IV

MINÉRAUX EMPLOYÉS DANS L'ARCHITECTURE. — PIERRES D'APPAREIL, CALCAIRES, GRANITS, ETC.

> Disons hardiment qu'avant d'arriver à la composition d'un misérable schiste, si l'on se reposait de cette œuvre sur le hasard, il faudrait épuiser une infinité de chances.
>
> KÉRATRY.

Nous venons d'envisager d'une manière générale le rôle que les masses minérales remplissent dans la composition des couches extérieures du globe; nous allons maintenant passer en revue les principales matières utiles que fournissent à l'industrie humaine ces immenses souterrains qui renferment des provisions sans nombre destinées à notre usage.

Parmi ces substances, celles qui sont mises en œuvre dans la construction des monuments publics et des édifices particuliers, telles que les différentes espèces de calcaires, les granits, les grès, les laves, ne sont pas les moins importantes.

Les pierres d'appareil les plus généralement répandues dans la nature sont les pierres calcaires; elles constituent le sol des plus vastes contrées et la masse entière d'une infinité de montagnes; aussi, quoiqu'elles résistent moins bien à l'action destructive de l'air, des pluies et des gelées, que les granits et les laves, elles sont cependant regardées comme les pierres de taille par excellence, et ce sont elles qu'on emploie le plus généralement en Europe.

La dureté des pierres calcaires varie depuis celles qui se laissent couper avec la scie dentée, jusqu'à celles qui exigent le secours du sable et de l'eau. On a remarqué que, dans les mêmes espèces, ce sont toujours celles qui ont la couleur la plus foncée qui sont les plus dures.

Les principales villes de France, Paris, Lyon, Bordeaux, Marseille, Rouen, Orléans, Tours, Avignon, Montpellier, etc., sont bâties en pierres calcaires, et la France, en général, renferme un nombre infini de belles carrières qui fournissent abondamment aux besoins des nouvelles constructions.

L'Italie le dispute à la France pour la beauté et la variété des pierres qui ont servi à élever ses monuments : mais ce sont toujours les pierres calcaires auxquelles on semble avoir donné la préférence. L'Italie possède un calcaire caverneux blanc ou jaunâtre, appelé *travertin*, qui se forme à la manière des tufs, et dont il existe de vastes carrières au pied de la montagne de Tivoli. Ces carrières ont été exploitées par les anciens Romains, et continuent à l'être encore de nos jours. L'immense coupole de Saint-Pierre, le Colisée, etc., tous les temples antiques et la plupart des églises modernes, sont construits avec cette pierre, qui acquiert de la dureté par une longue exposition à l'air, en même temps qu'elle se couvre d'une teinte rougeâtre agréable à l'œil, et qui contribue beaucoup à donner à ces beaux restes de la splendeur romaine ce caractère sévère et majestueux qui nous frappe toujours au premier abord.

Nous devons dire, à la louange de la pierre calcaire et pour nouvelle preuve de sa grande durée, que les énormes pyramides d'Égypte, et particulièrement les trois plus remarquables, qui se voient à Ghizé, sont construites avec une pierre à grain fin d'un gris blanc, facile à tailler, qui renferme des coquilles appelées Nummulithes, et dont le rocher libyque est entièrement composé.

Passons aux pierres d'appareil granitiques.

Le *granit* est une roche composée de plusieurs substances réunies et fortement agrégées, qui se sont cristallisées simultanément, sans aucun vide entre elles.

Le granit doit être considéré comme la pierre la plus solide et la plus inaltérable de toutes celles qu'on peut mettre en œuvre. C'est incontestablement la roche qui peut fournir les plus grandes masses monumentales ou les plus grands quartiers d'appareil; et, quoiqu'il soit excessivement dur, on parvient cependant à le tailler à la pointe et au ciseau, à le décorer des ornements les plus délicats et du plus précieux fini. Les tableaux hiéroglyphiques qui couvrent les murs des temples et les monuments de toute l'Égypte sont, il est vrai, des preuves de la patience la plus inouïe; mais leur conservation parfaite devrait engager les nations modernes à ne confier les inscriptions de leurs édifices qu'à cette roche indestructible, qui résiste au temps même, et qui ne peut jamais tenter la cupidité des hommes. On sait qu'un nombre infini de statues grecques furent réduites à Rome en chaux vive, et qu'une aussi grande perte pour l'histoire et les arts n'a tenu qu'à la nature particulière du marbre blanc, qui produit l'une des meilleures chaux connues.

Les ruines de la Syrie, et particulièrement celles du temple du Soleil à Balbeck, présentent des blocs immenses de granit blanc. La seconde assise de l'un des murs est composée de pierres qui ont jusqu'à douze mètres de long sur trois de hauteur; et dans une autre partie du monument, trois de ces pierres occupent à elles seules un espace de cinquante-huit mètres, sur une épaisseur commune de quatre mètres. La masse la plus imposante de granit qui ait été transportée depuis l'époque reculée où l'Égypte élevait ses obélisques monolithes, est le rocher de granit qui sert de piédestal à la statue équestre du czar Pierre, à Saint-Pétersbourg. Cette masse, du poids d'un million et demi de kilogrammes, a été extraite d'un marais éloigné de trente-six kilomètres de cette capitale.

La solidité étant la principale propriété que l'on doit rechercher dans les pierres d'appareil, cette qualité a dû fixer l'attention des savants architectes de tous les temps. Pour l'apprécier plus sûrement, on a cherché quel était le poids que les différentes espèces de pierres sont capables de supporter avant de s'écraser. On en a ainsi éprouvé deux cents espèces, dont on avait fait tailler des cubes de vingt-cinq centimètres carrés de base; et il est résulté de ces nombreuses épreuves que ce sont les pierres les plus compactes, dont le grain est le plus fin et dont la couleur est la plus foncée, qui résistent le plus, abstraction faite de leur pesanteur spécifique. Ces épreuves ont conduit à faire remarquer que les colonnes gothiques les plus élevées sont loin de supporter le poids dont elles pourraient être chargées avant de s'écraser. On cite à cet égard, et comme preuve à l'appui, celles de l'église de Toussaint d'Angers, qui sont ce que l'on connaît de plus hardi dans ce genre, et qui ne supportent que les trois huitièmes de ce que pourrait soutenir la pierre tendre de Givry. A l'occasion du carrelage en granit des Vosges du grand péristyle de Sainte-Geneviève (Panthéon), on a constaté qu'un pavé de granit des Vosges doit durer au moins sept fois autant qu'un pavé de marbre.

Nous passons ici sous silence une foule d'autres substances employées chaque jour par l'architecture, comme les *pierres à chaux,* les *gypses* ou *plâtres,* les *pouzzolanes,* les *ardoises,* etc. etc.

CHAPITRE V

MINÉRAUX EMPLOYÉS DANS LA DÉCORATION

> C'est là, c'est encore là que, cachant sa puissance,
> L'éternel ouvrier, dans un profond silence,
> Compose lentement et décompose tout :
> Il colore, il distille, il unit, il dissout.
>
> DELILLE.

Les granits, les porphyres, les marbres et les autres pierres colorées, si précieuses d'ailleurs par leur solidité extrême, ne doivent point être employées comme ornement à l'extérieur des monuments, mais comme matières durables et indestructibles. Ces belles substances, avec leurs marbrures ou leurs riches teintes, ne conviennent qu'à la décoration intérieure des édifices. Leur couleur, leur éclatant poli, sont en harmonie avec les tapisseries, les bronzes, les porcelaines, les cristaux, les glaces, et avec tous les beaux produits de l'art que l'on se plaît à y rassembler. La rareté des marbres, des granits et de toutes les roches qui sont propres à ce genre de décoration, ajoute infiniment à leur valeur réelle; aussi les palais, les musées et les maisons des particuliers opulents, sont-ils décorés avec des roches et des marbres de l'Égypte, de la Grèce, de l'Italie, que l'on transporte à grands frais, ou que l'on arrache aux ruines de la splendeur romaine.

§ Ier

Les porphyres et les granits.

Les *porphyres* sont composés d'une pâte trappéenne qui renferme des cristaux de feldspath plus ou moins prononcés, dont la couleur tranche ordinairement sur celle du fond, et dont la longueur varie depuis deux jusqu'à dix et quinze millimètres. Les couleurs des porphyres sont très-variées; mais elles tirent toujours sur des nuances foncées, ce qui tient au grand degré d'oxydation du fer qui colore leur base. Il y a des porphyres noirs, verts, rouges, bruns, violets, gris, et leurs variétés. Le porphyre rouge antique est le plus précieux : la plus grande masse connue de ce magnifique porphyre est l'obélisque de Sixte-Quint à Rome; puis viennent les colonnes de Sainte-Sophie de Constantinople, qui ont treize mètres d'une seule pièce; l'église Saint-Marc, à Venise, en est ornée avec profusion. En France, on cite la cuve qui sert de fonts baptismaux dans la cathédrale de Metz, qui fut découverte dans les ruines des bains antiques de cette ville.

Parmi les granits qu'on emploie à la décoration, on distingue le granit *noir antique*, les granits *noirs* et *blancs*, les granits *gris*, qui sont les plus communs et les plus variés, les granits *verts* des Alpes, enfin les granits *rouges*, composés de gros grains de feldspath rouge foncé ou rose, de feldspath gris, de quartz transparent, etc.

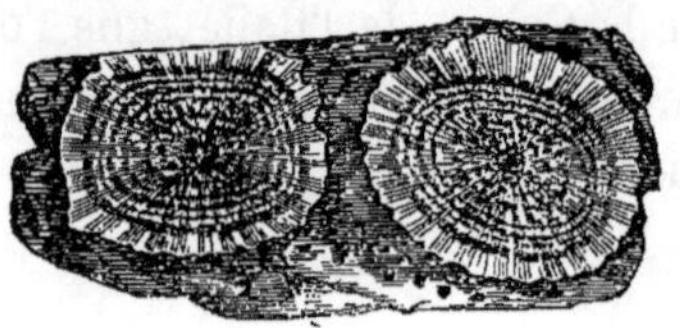

Fig. 2 *.

On trouve ce magnifique granit dans la partie supérieure de l'Égypte, à Sienne, à Éléphantine, etc. On y voit encore les carrières qui ont fourni les principaux monuments d'une seule pièce qui ont été élevés en Égypte même ou transportés à Rome. On cite la fameuse colonne dite de Pompée, au haut de laquelle on fit planter l'étendard français lors de l'expédition d'Égypte. Le granit rose, employé avec tant de profusion dans la construction des monuments de l'Égypte, est extrêmement recherché en France et dans toute l'Europe. Le pied cube brut vaut, à Paris, deux cent cinquante francs.

Nous omettons de parler ici des poudingues, des différentes brèches, des trapps et des laves, qui servent aussi à la décoration; et nous passons aux roches tendres, les marbres, les albâtres, les serpentines, dont le caractère est de se laisser entamer aisément par une pointe de fer.

* Granit orbiculaire de Corse.

§ II

Les marbres.

Tous les marbres, sans exception, font effervescence avec l'eau forte (acide nitrique); ce seul caractère suffit pour les distinguer des granits, des porphyres, etc.; les albâtres se distinguent des marbres par leurs translucidité.

On a établi six espèces distinctes de marbres, auxquelles se rapportent toutes les variétés qui existent dans la nature :

1° Les *marbres unis*, qui comprennent les marbres blancs et les marbres noirs de teinte uniforme.

2° Les *marbres bariolés*. Ce sont les marbres dont les taches et les veines sont irrégulières et entrelacées. On les appelle aussi *madréporiques*, à cause des traces de corps organisés (*madrépores*) qu'ils renferment.

3° Les *marbres coquilliers* et *lumachelles*, dont les uns renferment quelques coquilles, et dont les autres en sont totalement formés.

4° Les *marbres cipolins*, qui contiennent des veines de talc verdâtre.

5° Les *marbres brèches*, qui sont formés par une multitude de fragments anguleux de différents marbres réunis par un ciment d'une couleur quelconque. Il y a les *petites brèches* et les *grandes brèches*, suivant la dimension des fragments.

6° Enfin les *marbres poudingues*, qui sont, comme les brèches, formés de fragments réunis par un ciment, mais qui, au lieu d'être anguleux, sont généralement arrondis dans tous leurs contours.

On a encore divisé les marbes en marbres *antiques* et en marbres *modernes*. On appelle *marbres antiques* ceux qui ont été employés par les anciens, et ceux dont les carrières sont épuisées ou perdues pour nous. Les plus célèbres sont les marbres blancs de Paros (la Vénus de Médicis, la Minerve colossale, les marbres d'Arundel, etc.), du mont Pentèles (le torse du Belvédère, etc. etc., et, parmi les monuments, le Parthénon, les Propylées etc.); le marbre blanc de Luni (Apollon du Belvédère et beaucoup d'autres statues); les beaux marbres rouges *antiques* et verts *antiques*, etc.

On nomme *cipolins* tous les marbres blancs dans lesquels on aperçoit des veines ou des zones verdâtres, qui sont dues à du talc. Ces marbres sont magnifiques en grandes colonnes, en grandes plaques, et peu convenables à l'ameublement domestique; ils ont été employés avec une sorte de prédilection par les anciens. Parmi les marbres coquilliers, le luchamelle *noir et blanc antique*, dont la localité est inconnue, est un des plus beaux que l'on puisse voir, tant par l'intensité de sa couleur et la netteté de ses taches, que par le brillant de son poli.

Parmi les marbres *modernes* de France, nous devons distinguer le marbre *griotte*, beau marbre d'un brun foncé avec des taches ovales, longues environ d'un pouce et d'un rouge de sang. Ces taches sont toutes dues à des coquilles, dont le trait se dessine en noir. La griotte est un des marbres les plus à la mode; on l'emploie beaucoup dans les monuments publics et à la décoration des meubles précieux. On le trouve dans les environs de Caunes (Hérault). La plate-bande de l'arc de triomphe du Carrousel est en griotte, ainsi que les lambris qui terminent les stalles de Notre-Dame de Paris.

Un autre marbre de France très-estimé est le *marbre campan,* qui présente trois couleurs, vert, isabelle et rouge, accolées les unes aux autres et formant de grandes bandes qui ont depuis quelques centimètres jusqu'à un et même deux mètres de largeur, et qui font un fort bel effet lorsqu'on les observe sur des masses où elles peuvent se développer dans toute leur étendue, contraster les unes avec les autres, et se faire valoir mutuellement. C'est un des plus beaux et des plus riches marbres qui existent.

L'Italie, et particulièrement l'Italie septentrionale, est de toute l'Europe la contrée la plus riche en marbres. Outre qu'ils y sont répandus avec une sorte de profusion, ils sont encore remarquables et par la finesse de leur pâte, et par la vivacité de leurs couleurs. C'est aussi le pays où l'on connaît le mieux les marbres et où on les travaille avec le plus de perfection. Les principaux marbres d'Italie sont le célèbre marbre blanc de *Carrare,* le *Portor,* le marbre de *Florence,* etc.

Les carrières de marbre de Carrare sont situées dans le duché de Modène. L'exploitation de ces carrières, dont l'origine remonte au temps de Jules César, est dans l'état le plus florissant; mais le beau marbre statuaire y devient tous les jours plus rare. La première qualité s'exploite pour la France, et pour Paris surtout, où le gouvernement en possède un dépôt magnifique.

Le *marbre Portor* est célèbre par la richesse de ses veines jaunes d'or et par l'intensité de son fond noir. C'est, après le marbre blanc, celui qui est le plus digne de figurer dans les ameublements les plus somptueux et les plus recherchés. Il s'exploite dans les Apennins, au cap de Porto-Venere, et dans les îles voisines. Il y constitue des couches qui ont depuis quatre à cinq mètres d'épaisseur jusqu'à trente et quarante.

Le marbre *de Florence,* vulgairement *pierre de Florence,* est remarquable par les figures anguleuses d'un brun jaunâtre qu'il présente sur un fond d'une teinte plus claire. Vues à une certaine distance, les plaques de cette pierre ressemblent à des dessins faits au bistre, et figurent des espèces de ruines, un château gothique à moitié détruit, de vieux bastions; et ce qui ajoute à l'illusion, c'est que, dans ces sortes de peintures naturelles,

Fig. 3 *.

il existe une espèce de perspective aérienne et comme divers plans caractérisés par des tons et des nuances qui contribuent à tromper l'œil. Si l'on s'approche, tout s'efface. Ce jeu de la nature est dû à des infiltrations ferrugineuses qui se sont faites dans les fissures de ce marbre.

Je regrette de ne pouvoir vous parler des marbres d'Espagne, qui ne sont ni moins beaux ni moins abondants que ceux de l'Italie. Les ruines du palais des Maures, l'architecture pompeuse de leurs édifices, le nombre infini de colonnes qui en soutiennent les por-

* Marbre ruiniforme de Florence.

tiques, les bassins, les pavés, les lambris qui en décorent les cours, sont là pour attester la richesse et la variété des marbres que l'on pourrait encore exploiter du sein de cette belle partie de l'Europe. La voûte du théâtre romain de Tolède est soutenue par trois cent cinquante colonnes de marbre. La mosquée de Cordoue est ornée de douze cents colonnes. L'église et le château de l'Escurial sont enrichis des plus beaux placages de marbre. On en peut dire autant de la plupart des églises de Madrid.

On connaît aujourd'hui environ trois cent cinquante variétés de marbre.

§ III

Albâtre. — Stalactite et stalagmite. — Serpentine.

Il y a deux espèces d'albâtres, l'albâtre calcaire et l'albâtre gypseux : le premier fait effervescence avec l'acide nitrique, et est assez dur pour entamer le marbre blanc, tandis que l'albâtre gypseux ne fait aucune effervescence et peut toujours se laisser rayer par l'ongle.

L'albâtre calcaire tend à remplir les cavernes ou excavations qui se rencontrent si fréquemment dans certains terrains; il y est transporté par les eaux qui s'infiltrent dans le sein de la terre, en partant de la surface du sol, et qui traversent tour à tour des couches calcaires et ferrugineuses, en se chargeant de tout ce qu'elles peuvent dissoudre depuis leur départ de la surface jusqu'au moment où elles parviennent au plafond des cavernes. Arrivées à ce point, elles s'y arrêtent jusqu'à ce que de nouvelles eaux viennent les forcer à tomber sur le sol de la grotte; et comme ce liquide est plus ou moins saturé de la matière de l'albâtre, que l'air qui circule dans ces entre-souterrains doit nécessairement en diminuer la masse par l'évaporation pendant tout le temps qu'il reste suspendu à la voûte, il résulte qu'il commence à y déposer un atome de véritable albâtre; mais comme l'eau est forcée de tomber avant d'avoir abandonné tout ce qu'elle tient en dissolution, elle finit par déposer sur le sol le reste des molécules pierreuses dont elle était chargée; c'est pourquoi, au bout d'un certain temps, il se forme à la voûte une grande concrétion qui croît de haut en bas, et qui porte le nom de *stalactite*, en même temps qu'il s'en

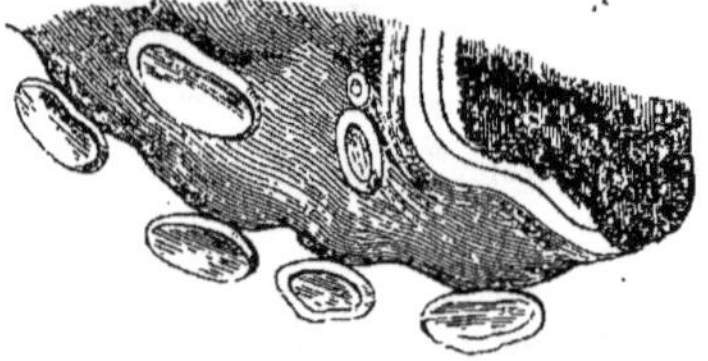

Fig. 5 *.

forme une autre sur le sol, qui s'élève de bas en haut, et qui s'appelle *stalagmite*. Bientôt elles se rencontrent, se réunissent, se collent bout à bout, croissent et augmentent de concert, et se changent en piliers énormes qui semblent destinés à soutenir la voûte. Mais comme il suinte également sur toutes les parois de l'intérieur de la caverne de l'eau saturée des mêmes molécules, et qu'elle passe sur toutes les inégalités qui existent sur ces murs, il en résulte que les dépôts d'albâtre qui s'y forment se replient sur eux-mêmes en contours ondoyants qui les font res-

* Stalactite en champignon.

sembler à d'immenses draperies largement relevées et à d'élégants festons.

C'est alors que ces grottes prennent un aspect imposant; le naturaliste y admire et y suit en silence les travaux souterrains de la nature inerte, tandis que celui qui y pénètre pour satisfaire sa simple curiosité se livre à toutes sortes d'illusions. Pour lui tout s'anime et prend une ressemblance avec des objets familiers; il voit, dans son enthousiasme, des animaux, des meubles, des figures humaines, des fleuves pétrifiés, etc. Mais, à mesure que ces concrétions grossissent dans tous les sens, la décoration de ces grottes merveilleuses change d'aspect: la voûte s'abaisse, le sol s'élève, les défilés se rétrécissent, les colonnes se joignent, les arcades se bouchent, et cette caverne qui fut visitée par les savants et les curieux se change insensiblement en une carrière d'albâtre exploitable.

On cite en France les grottes d'*Arcy* (Yonne), visitées deux fois par Buffon à un intervalle de dix-neuf ans.

Les *serpentines* sont des roches dont la couleur tire toujours plus ou moins sur le vert sombre, et dont la poussière est douce et savonneuse au toucher. Leur surface est souvent tachée ou bariolée de différentes couleurs rouges, brunes, noires ou blanchâtres. Ces roches forment quelquefois à elles seules des montagnes entières.

CONCLUSION

Les hommes, pour se loger convenablement, ont besoin de bien des provisions et de bien des matériaux. Dieu pouvait placer ces matériaux à la surface de la terre, en sorte qu'ils se présentassent partout sous notre main. Mais l'amas en eût été si grand, que la terre en serait couverte; notre séjour s'en trouve heureusement débarrassé; la surface de la terre est libre; elle a été mise en état d'être cultivée et parcourue sans obstacle par ses habitants. Mais les métaux, les pierres, une infinité d'autres matières, que nous mettons sans cesse en œuvre, et qui devaient servir à des ouvrages toujours nouveaux dans la longue durée des siècles, ont été renfermés sous nos pieds dans de vastes souterrains où nous les trouvons au besoin. Ces matières ne sont point cachées à une profondeur qui nous les rende inaccessibles; mais elles ont été rapprochées à dessein vers la surface, et logées sous une voûte assez épaisse pour suffire au support et à la nourriture des plantes et des animaux, et assez mince pour être percée au besoin; en sorte que l'homme puisse descendre, quand il veut, dans le magasin des provisions sans nombre qui ont été préparées pour son service. Nous recevons tout le profit de cette économie qui a si bien fait valoir le dehors et l'intérieur de notre séjour; c'est un double présent qui nous a été fait dans un même terrain. Qui ne serait touché des soins de cette Providence bienveillante qui ne nous perd jamais de vue, et qui, en répandant la fertilité et l'agrément sur les dehors de notre demeure, en a partagé l'intérieur en une infinité de couches où elle a logé, comme dans des tablettes, les richesses dont elle nous a pourvus sans nous embarrasser!

lence des vents, par les tourbillons et les tempêtes, ou enfin à l'abri de ces accidents dans le fond des vallées : autant de circonstances particulières qui influent tellement sur la végétation, que celle-ci ne pourrait s'y maintenir sans une modification particulière, relative à ces diverses natures du sol. Ainsi les plantes destinées à croître sur les rochers, parmi les pierres, dans les lieux élevés, seront pourvues de racines dures, ligneuses, divisées de manière à ce que leurs ramifications puissent pénétrer à travers les fentes des rochers et résister aux ouragans et aux tempêtes. Dans des terres fortes et profondes, les racines droites, pivotantes, peu rameuses, conviennent davantage aux végétaux qui s'y établissent. Cette sorte de racines serait nuisible aux plantes des terres compactes, gazonneuses, peu profondes; alors les racines deviennent traçantes, peu enfoncées, étalées presque à la surface du terrain. Dans les terres maigres, sablonneuses, elles sont épaisses, charnues, tubéreuses ou bulbeuses ; abondantes en chevelus dans les sols humides, etc.

Les racines, considérées dans leurs formes générales, sont pivotantes, traçantes, fibreuses, tubéreuses, et bulbeuses. Les racines pivotantes pénètrent verticalement en terre; par exemple la Carotte. Les traçantes sont celles qui s'allongent horizontalement; tels sont le Chiendent, la Réglisse, etc. Les fibreuses sont formées de fibres attachées à un centre commun plus ou moins solide, comme le Fraisier. Les tubéreuses sont charnues et sont plus ou moins volumineuses : la Pomme de terre, etc. Les racines bulbeuses se divisent en écailleuses : le lis; en solides, composées d'une substance charnue : la Tulipe; en tuniquées, formées de couches ou tuniques qui s'enveloppent les unes dans les autres : l'Oignon, etc.

§ II

La tige. — La Joubarbe. — Dimensions de certains végétaux. — — Le Figuier des Indes.

Tout ce que le Créateur expose à nos yeux il l'embellit; il en fait pour nous un objet de jouissance, tandis qu'il semble avoir refusé l'élégance à tout ce qu'il dérobe à nos regards. Quelle différence entre la cime fleurie et verdoyante d'un bel arbrisseau et la masse grossière de ses racines, divisées en rameaux informes, tortueux, chargés d'une chevelure en désordre?

Nous venons de voir la racine tendre généralement à s'enfoncer vers le centre de la terre. La tige, au contraire, est cette partie de la plante qui, croissant en sens inverse de la racine, cherche l'air et la lumière, et s'élève vers le ciel[1]. C'est elle qui produit et soutient les branches, les rameaux, les feuilles, les fleurs et les fruits. Les tiges varient dans leurs formes suivant les exigences de situation ou de constitution de chaque espèce de végétal. Les plantes ont-elles besoin d'un air vif et pur, un tronc droit et robuste porte leur cime presque jusque dans les nues; un air humide ou dense leur convient-il, leur tige

[1] Les phénomènes les plus généraux de la nature, ceux qu'elle présente sans cesse à nos yeux, sont ceux que la plupart des hommes remarquent le moins. Celui qui n'a pas appris à méditer sur les phénomènes naturels, se persuade avec peine, par exemple, qu'il existe un mystère profond dans l'ascension des tiges des végétaux et dans la progression descendante de leurs racines; ce phénomène, cependant, est un des plus curieux parmi ceux que nous offre la vie végétale. On reconnaît généralement que c'est l'action de la lumière qui produit la direction des tiges et de la face supérieure des feuilles et des fleurs vers le lieu duquel cette lumière arrive; que c'est la gravitation et le besoin de fuir la lumière qui provoquent le mouvement descendant des racines, et portent la surface inférieure des feuilles et des fleurs à s'éloigner du lieu d'où la lumière émane. Mais pourquoi en est-il ainsi? La cause nous en est tout à fait inconnue.

s'élève peu ou se courbe vers la terre ; doivent-elles couvrir les rochers, se répandre en guirlandes sur les autres arbres, pendre en festons de leurs rameaux, elles ont alors des tiges grêles, souples, pliantes, constituées de manière à embrasser par leurs circonvolutions le tronc des grands arbres, à s'y cramponner par des vrilles ou par de petites racines sorties de leurs articulations. Il est d'autres plantes destinées à ramper sur la terre, à se glisser sous les broussailles : elles sont pourvues de tiges longues, flexueuses, traînantes, toujours attachées au sol qui les nourrit. Si les tiges sont longues ou courtes, droites ou rampantes, cette direction est la suite des fonctions qu'elles ont à remplir, étant chargées de porter la cime des plantes dans la partie de l'atmosphère qui leur est le plus favorable. Ainsi les belles lois de convenance établies par le Créateur se manifestent dans toutes ses œuvres.

Fig. 9 *.

La tige de la Joubarbe *en arbre* présente une singularité remarquable que nous devons mentionner. Cette plante, qui croît parmi les rochers sur les rivages de

* Joubarbe en arbre.

la Méditerranée, produit des branches ou petites tiges secondaires qui, après s'être écartées de la tige principale un peu au-dessus du sol, se courbent vers la terre, y jettent des racines, puis se redressent pour croître et fleurir.

Il n'y a pas moins d'élégance que de variété dans le port de la plupart des tiges : les unes sont lisses, cylindriques, pyramidales; les autres creusées par de profondes cannelures, ou torses, anguleuses, quadrangulaires; d'autres divisées et fortifiées par des anneaux, par des nœuds habilement ménagés. Les unes, fières de leurs forces, bravent par leur masse colossale l'impétuosité des tempêtes; d'autres semblent y céder par leur souplesse; elles se courbent, mais pour se relever triomphantes. Presque toutes fournissent aux arts les modèles de la plus élégante comme de la plus majestueuse architecture; celle-ci trouve ses plus riches ornements et cette variété de formes propres aux divers genres de construction. Les pampres de la Vigne s'étendent en guirlandes sur les entablements; les amples feuilles de l'Acanthe, quelquefois celles du Dattier, couronnent les belles colonnes de l'ordre corinthien. Ainsi l'art se perfectionne, s'embellit par l'observation de la nature.

On distingue cinq espèces principales de tiges, fondées sur leur organisation et leur mode particulier de développement : le *tronc*, le *stipe*, le *chaume*, la *souche* et la *tige* proprement dite.

Le tronc appartient aux arbres dicotylédonés, c'est-à-dire dont la graine est divisible en deux parties ou cotylédons, tels que le Chêne, l'Oranger, etc. — Le stipe est particulier aux arbres monocotylédonés, dont la graine est indivisible en deux parties, tels que les Palmiers, les

Cycas, etc. Il est formé par une sorte de colonne cylindrique aussi grosse au sommet qu'à la base, couronnée par un bouquet de feuilles, d'où partent les pédoncules des fleurs. — Le chaume est une tige simple, souvent creuse dans son intérieur, séparée de distance en distance par des nœuds d'où partent des feuilles alternes et engaînantes : le Blé, l'Avoine, les Joncs, les Roseaux, etc. — La souche est la tige souterraine et horizontale des plantes vivaces; exemple : l'Iris, le Sceau de Salomon, etc. — Les tiges proprement dites sont celles qui ne peuvent être rapportées à aucune des quatre espèces que nous venons de mentionner [1].

Certains arbres n'acquièrent que par une longue suite d'années une hauteur et un diamètre considérables; tel est, par exemple, le Chêne; d'autres, au contraire, prennent leur accroissement dans un temps bien plus court, comme le Peuplier. Les plantes sarmenteuses, la Vigne, le Houblon, etc., se développent rapidement; mais aucune ne s'allonge avec autant de vitesse que l'Agavé américain, qui, dans l'espace de quarante jours, pousse une hampe de dix mètres et plus de hauteur. En général, les arbres les plus hauts de nos forêts ne s'élèvent que de quarante à quarante-cinq mètres; dans l'Amérique, les Palmiers et d'autres arbres dépassent souvent cinquante mètres [2]. Cette élévation des tiges est

1 On appelle *acaules* les plantes dont la tige est si peu développée, qu'elle paraît ne pas exister : telles sont la Primevère, la Jacinthe, etc. Une *hampe* est un pédoncule qui part du collet de la racine, qui ne porte pas de feuilles, mais une ou plusieurs fleurs : le Pissenlit, etc.

2 Au rapport de M. de Humboldt, les tiges élancées et lisses du Palmier *jagua* atteignent une hauteur de cinquante-cinq à soixante mètres. Peyron attribue à quelques *Eucalyptus* de la Nouvelle-Hollande la même hauteur sur une circonférence de huit et jusqu'à douze mètres. Si de ces géants des forêts,

encore surpassée par l'allongement de certaines plantes sarmenteuses, dont les circonvolutions ont de cent quarante à cent soixante mètres; les fragments du Fucus gigantesque, qu'on retire de la mer, ont quelquefois plus de deux cent quatre-vingts mètres de long.

Le grosseur des arbres n'est pas moins variée que leur hauteur. Il en est qui acquièrent des dimensions prodigieuses. Les Baobabs des îles du Cap-Vert et du Sénégal ont trente mètres de circonférence, et il n'est pas rare de voir dans nos climats des Chênes, des Ormes, etc., qui ont jusqu'à dix et douze mètres de tour[1].

de ces arbres à grandes dimensions, nous descendons jusqu'aux plus petites, nous verrons les végétaux diminuer, par des nuances successives, de grandeur, de dureté, de mollesse, et nous arriverons jusqu'à des individus qui ont à peine quelques millimètres, tels que plusieurs espèces d'Uredo, d'Œcidium, de Sphéries, toutes plantes parasites, qui se montrent sur les tiges et les feuilles des autres comme autant de points ou de petites pustules qu'on a longtemps méconnus, et qui semblent à peine mériter le nom de plantes.

[1] Un Palmier de l'île de Ceylan, le *Corypha umbraculifera*, présente des frondes ou feuilles de près de quatre mètres de long sans le pétiole, avec un périmètre de seize mètres, pouvant se développer comme un dais et mettre à l'abri des rayons du soleil six personnes à la fois assises autour d'une table. On s'en sert pour parasol et pour la toiture des maisons.

Sur les rives de l'Ohio, le Platane d'Occident présente quelquefois un tronc qui n'a pas moins de seize mètres de périmètre et six mètres d'élévation.

Au Mexique, un *Schubertia disticha*, de trente-neuf mètres de périmètre, est entouré de plusieurs autres arbres de son espèce, qui ont trois mètres d'épaisseur.

Les arbres ou végétaux qui, dans toutes les régions connues, acquièrent les plus grandes dimensions, sont les Courbarils, les Figuiers intertropicaux, les Acacias, les Cæsalpiniers, les Bambous, l'Acajou-planche, dont on a tiré des planches de trois mètres de large et près de douze de long, l'If, le Châtaignier, et quelquefois l'Orme et le Chêne.

Le *Ficus racemosa*, des côtes de Malabar, atteint jusqu'à six mètres de diamètre. Avec les troncs du *Bombax Ceiba*, les indigènes du Congo construisent des canots d'une seule pièce ayant vingt mètres de long sur quatre de large, portant deux cents hommes et vingt-cinq tonneaux de charge.

Au-dessus des forêts ses branches étendues
Semblent d'autres forêts dans les airs suspendues.

Un arbre curieux par sa tige est le Figuier des Indes, ou l'arbre sacré des Indous, que les Indiens plantent

Fig. 1 *.

souvent près de leurs temples et de leurs tombeaux. Ses branches énormes s'étendent majestueusement et donnent

> Combien de fois la terre a changé d'habitants,
> Combien ont disparu d'empires florissants,
> Depuis que ce géant, vers l'astre qui l'éclaire,
> Lève avec majesté sa tête séculaire.
>
> CASTEL, *les Plantes*.

Dans quelques végétaux grêles, tels que ceux désignés généralement sous les tropiques par le terme de Lianes, il y a quelquefois un prolongement qui dépasse l'imagination, et qui va jusqu'à trois cents mètres. On dit même que la Liane à tonnelles (*Ipomœa tuberosa*) s'étend réellement à plus de six cents mètres.

Si nous passons aux dimensions remarquables et extraordinaires des fleurs, nous signalerons deux Aristoloches véritablement à grandes fleurs, habitant les terres équinoxiales, dont les enfants peuvent se faire des sortes de casques, la forme singulière de cette fleur étant prédisposée à cet effet; ce sont les *Aristolochia gigantea* et *cordiflora*, qui ont un mètre trois décimètres de pourtour et plus. Mais rien n'approche de l'ampleur de la fleur du *Rafflesia Arnoldi*, trouvée dans les solitudes de l'île de Sumatra, et observée depuis un petit nombre d'années (1818); elle a près de trois mètres de circonférence et pèse jusqu'à sept kilogrammes; son épaisseur est de douze à quinze millimètres. Ce végétal extraordinaire est une espèce parasite qui croît sans tige ni feuilles sur les racines du *Cissus angustifolia*.

* Figuier des Indes. — Sur les bords du Nerbuddad existe, au dire du voyageur Forbes, une forêt qui n'est en réalité formée que d'un seul de ces arbres, mais qui se décompose de fait en trois cent cinquante troncs, sans compter trois mille petites souches, de façon à occuper une superficie de six cents mètres.

naissance à de longs jets pendants, assez semblables à des cordes ou à des baguettes, qui descendent jusqu'à terre comme des lianes, s'enfoncent dans le sol, deviennent de nouveaux troncs, et s'environnent à leur tour de rejetons innombrables formant bientôt une espèce de forêt. Un seul arbre s'étendant et se multipliant ainsi de tous les côtés sans interruption, offre une seule cime d'une étendue prodigieuse, et qui semble posée sur un grand nombre de troncs de diverses grosseurs, comme le serait la voûte d'un vaste édifice, soutenue par beaucoup de colonnes. Souvent ces racines aériennes recouvrent une portion d'édifices dont elles conservent la forme; elles prennent naissance près d'énormes pilastres qu'elles ornent de leur végétation; quelquefois elles trouvent une humidité bienfaisante dans le sein d'arbres étrangers qui marient leurs fleurs à leur feuillage; elles vont chercher la vie jusque dans les crevasses des antiques murailles, jusque dans les portiques des anciens monuments; mais elles détruisent après avoir embelli, et leurs voûtes mystérieuses, qui survivent aux siècles, attestent la puissance de la nature, en même temps que les ruines sur lesquelles on les voit s'élever prouvent notre faiblesse. Ce Figuier, surnommé *admirable*, a quelque chose de si majestueux, qu'il est devenu l'objet d'une espèce de culte à Sumatra, et que les habitants le regardent comme la forme matérielle de l'*Esprit* des bois.

Placés dans un terrain et une exposition qui leur conviennent, les arbres peuvent vivre des siècles. Le Chêne peut vivre pendant six cents ans, l'Olivier pendant trois cents ans. Les Cèdres du Liban paraissent indestructibles. Sur la place publique de Cos il existe un énorme Platane déjà célèbre du temps de Pline, qui en parle comme d'un monument admirable de végétation, dont le tronc a douze mètres de circonférence à trois mètres au-dessus du sol, et dont l'origine paraît remonter à l'ère brillante des Hippocratides; et l'on sait que vingt-deux siècles pèsent sur les cendres d'Hippocrate.

§ III

Les feuilles.

La renaissance des feuilles est peut-être, de tous les phénomènes de la nature, celui qui a le plus d'influence sur la plénitude de l'existence dans tous les êtres animés; celui qui inspire avec le plus de force l'étonnement et l'admiration; chacun en attend, avec l'annonce des beaux jours, le brillant cortége des fleurs, et les fruits qu'elles produisent, et les richesses qu'elles promettent; enfin les feuilles se montrent, et la nature renouvelée offre à nos regards le plus imposant comme le plus brillant des spectacles. Si elles n'ont point le coloris séduisant et le parfum des fleurs, elles sont plus durables, plus nombreuses; leur couleur, d'un vert gai, amie de l'œil, repose agréablement la vue. Soutenues la plupart par une queue mince, légère et flexible, elles se jouent au gré de l'air, qu'elles purifient en l'aspirant, qu'elles renouvellent en le rejetant. Mais les feuilles ne sont pas seulement destinées à faire l'ornement de nos forêts, à nous procurer des ombrages, ou à récréer nos regards par la variété de leurs formes; elles ont des usages plus directs, des fonctions plus importantes à remplir dans l'acte de la végétation.

Les feuilles sont les organes principaux de la nutrition

dans les plantes. En effet, par les pores nombreux [1] qu'elles présentent à leur surface, elles servent à l'absorption ou à l'exhalation des fluides nécessaires ou devenus inutiles à la nutrition de la plante. Elles suppléent encore, dans les végétaux, au mouvement progressif et spontané des animaux, en donnant prise au vent pour agiter les plantes et les rendre plus robustes. Les plantes alpines, sans cesse battues du vent et des ouragans, sont toutes fortes et vigoureuses; au contraire, celles qu'on élève dans un jardin ont un air trop calme, y prospèrent moins, et souvent languissent et dégénèrent.

Les feuilles remplissent dans l'atmosphère les mêmes fonctions que les racines dans la terre; on les a donc nommées, avec raison, des racines aériennes. Ce sont aussi des espèces de poumons; car les fluides contenus dans le végétal se portent dans les nervures des feuilles, et y subissent, par le contact de l'air ambiant, les élaborations qui les rendent propres à la nutrition. Les poils, et ce qu'on nomme les glandes miliaires, paraissent être autant de suçoirs au moyen desquels le gaz et les fluides sont introduits dans le tissu des feuilles. Les feuilles des arbres reçoivent et aspirent par leur face inférieure les vapeurs aqueuses qui s'élèvent de la terre. Les feuilles des herbes, plus voisines du sol et tout entières plongées dans une atmosphère humide, pompent indifféremment leur nourriture par l'une et l'autre surface. Si l'on pose des feuilles d'arbre sur l'eau par leur face inférieure, elles se conservent saines pendant plusieurs mois; mais si on les y pose par leur face supérieure, elles se fanent en peu de jours. Les feuilles des herbes

[1] Dans une espèce de Buis appelé *Palma Cereris*, on a compté au delà de cent soixante-douze mille pores sur un seul côté de feuille.

se conservent longtemps saines dans les deux positions.

Les feuilles ont été disposées sur les tiges de la manière la plus avantageuse pour qu'elles pussent s'acquitter avec facilité de leurs importantes fonctions. Placées la plupart dans une position horizontale, elles présentent à l'air libre leur surface supérieure, et à la terre leur surface inférieure. Cette position est tellement essentielle, que si l'on courbe les rameaux d'une plante quelconque de manière que la face inférieure des feuilles soit tournée vers le ciel, bientôt toutes ses feuilles se retourneront et reprendront leur première situation. Et, ce qu'il est important de remarquer, afin que les feuilles ne se nuisent pas dans cette fonction de pomper dans l'atmosphère des sucs nourriciers, elles sont arrangées sur les branches avec un tel art, que celles qui précèdent immédiatement ne recouvrent pas celles qui suivent; tantôt elles sont placées alternativement sur deux lignes opposées et parallèles; tantôt elles sont distribuées par paires qui se croisent à angles droits; d'autres fois elles montent le long de la tige ou des branches sur une ou plusieurs spirales; enfin la surface inférieure des feuilles, surtout dans celles des arbres, est ordinairement moins lisse, moins lustrée, d'une couleur plus pâle que la surface opposée; elle est couverte d'aspérités ou garnie de poils avec des nervures plus relevées, plus propres à arrêter les vapeurs et à en favoriser l'absorption, tandis que la surface supérieure, lisse, vernisseé, sans nervures saillantes, semble être plus particulièrement destinées aux excrétions, et à s'imbiber des fluides caloriques et lumineux [1].

1 Dans les Metalosia et quelques autres Gnaphaliées (famille des synanthérées), la face supérieure de la feuille est organisée précisément comme la face inférieure de la feuille des autres plantes, et réciproquement la face inférieure

Les feuilles sont, de tous les organes de la plante, ceux qui offrent le plus grand nombre de modifications, et fournissent le plus de signes caractéristiques pour distinguer les espèces [1]. Considérées anatomiquement, elles sont composées de trois parties élémentaires, savoir : un faisceau de vaisseaux provenant de la tige; le parenchyme vert, prolongement de l'enveloppe herbacée de l'écorce; et enfin une portion d'épiderme qui les recouvre dans toute leur étendue.

Il existe des plantes dans les feuilles desquelles il n'y a que des fibres et point de parenchyme : telle est, par exemple, la petite Renoncule aquatique *à fleur blanche*, dont les rameaux, sans cesse lavés par l'eau, se réduisent

offre l'organisation ordinairement propre à la face supérieure; mais, dans ce cas singulier, pour que les deux faces de la feuille exercent convenablement les fonctions qui leur sont attribuées, cette feuille se retourne spontanément sens dessus dessous, au moyen d'une torsion de sa base.

1 On remarque, dans un grand nombre de végétaux, des organes accessoires, appelées *vrilles* ou *mains*, qui ont avec les feuilles de très-grands rapports, sinon de forme, du moins d'organisation. Toutes les plantes n'ont pas la faculté de diriger leur ascension vers le ciel : les unes, dépourvues de tout moyen pour s'élever, sont destinées à ramper sur la terre; beaucoup d'autres, trop faibles pour conserver une position verticale, éprouveraient le même sort si la nature ne les eût pourvues d'organes à l'aide desquels elles parviennent souvent, malgré leur faiblesse, à rivaliser en hauteur avec la plante qui leur sert d'appui. Leurs fleurs, dont, faute de protecteur, l'éclat eût été souillé dans la poussière, tombent en guirlandes du sommet des arbres, et semblent, dans certaines espèces, produites par l'arbre même qui les soutient. Pour leur procurer cet avantage, il n'a fallu qu'une légère modification dans les pétioles, et, au lieu de façonner la feuille en lame, il a suffi de la prolonger en longs filets contournés en spirale. C'est ainsi que derrière ces êtres inintelligents et automates se trouve l'intelligence suprême qui a créé leur admirable machine suivant des lois mystérieuses, en vertu desquelles ils exécutent ces mouvements divers, et les dirigent vers les objets correspondants à leurs besoins : intelligence prévoyante, qui n'a donné des organes destinés à chercher les corps solides et à s'y accrocher, qu'à des plantes précisément qui, à raison de la longueur et de la faiblesse de leurs tiges, ont besoin d'appui pour pouvoir s'élever.

à de longs filaments verts, que l'on voit ondoyer dans le courant des ruisseaux; telle est l'Hydrogéton *fenestrale*, autre plante aquatique dont les feuilles sont percées de trous, et forment un réseau très-élégant de mailles parallélogrammes, qui ne sont autre chose que des fibres sans parenchyme.

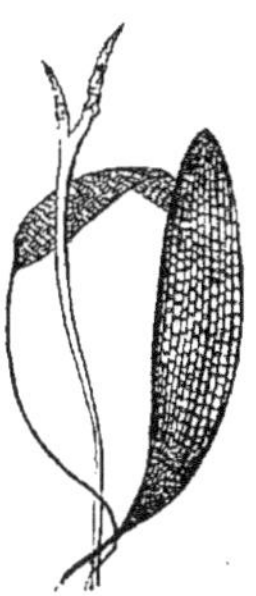

Fig. 11*.

Enfin les feuilles, si utiles pour la conservation des plantes, le sont encore pour celle de notre propre existence. Tandis que l'air atmosphérique est continuellement altéré et vicié par notre respiration, par les décompositions putrides, par les vapeurs qui s'élèvent du sein de la terre, et qui portent dans les organes de la vie la destruction et la mort, les feuilles des arbres le purifient, le rendent plus salubre, en absorbant toutes ses parties non respirables, en décomposant et en laissant échapper de leurs pores, surtout lorsqu'elles sont frappées par le soleil, une grande abondance d'air vital ou d'oxygène, si précieux pour l'entretien de notre santé.

Il arrive chaque année une époque où la plupart des végétaux se dépouillent de leur feuillage. C'est ordinairement à la fin de l'été ou au commencement de l'automne que les arbres perdent leurs feuilles. Leur chute alors nous attriste autant que leur retour nous a réjouis au printemps. Le spectacle n'est plus le même; leurs couleurs sont plus variées, plus nuancées; elles sont d'un rouge éclatant dans le Sumac, le Cornouiller, etc.; d'un beau jaune dans plusieurs espèces d'Érables, panachées dans d'autres, d'un jaune pâle dans la plupart. Le vert,

* Hydrogeton *fenestrale*.

lorsqu'il persiste, devient plus foncé, presque noir; les feuilles du Noyer brunissent; elles bleuissent dans le Chèvrefeuille; mais au milieu de cette variété de couleurs, qui paraîtrait devoir encore plaire à l'œil, règne un certain ton de tristesse et de mélancolie, qui annonce que dans peu vont disparaître ces derniers ornements de la nature végétale, et que nous entrons dans la saison des brouillards, des frimats et des vents. Toutes ont perdu cette fraîcheur de jeunesse, ce ton de santé et de force qui leur donnait, sur leur pétiole, une position si gracieuse : maintenant flétries, décolorées, leur forme est changée; le contour de leur limbe s'affaisse, son centre s'élève, leur pétiole fléchit. Tristement inclinées vers la terre, le moindre vent les abat; le froid, l'humidité hâtent encore leur destruction. Mais consolons-nous : le bouton est à côté de la feuille décolorée, et la terre a reçu dans son sein la semence échappée de ses valves. Ainsi cette apparente destruction est, dans l'ordre des choses, une nouvelle source de fécondité.

§ IV

Les Fleurs.

> Le Chardon même a une sorte de beauté quand il est en fleur.

Tout cet appareil d'organes dont nous venons de tracer un aperçu, ces racines, avec leurs chevelus, ces tiges, ces rameaux, destinés à placer le végétal au milieu des fluides nourriciers; ces feuilles, organes d'absorption et de sécrétion; ces innombrables pores, sans cesse aspirants; enfin cet assemblage de tubes, de cellules, d'utricules, dans lesquels s'élaborent les fluides générateurs, tous ces merveilleux mécanismes vivants qui mettent en jeu tant d'instruments sous des formes si variées, pour développer, entretenir et conserver la végétation : voilà une série de créations et d'opérations admirables qui manifestent avec évidence la puissance et la sagesse du Créateur. Que d'avantages offerts à l'homme et aux autres animaux ! Ce gazon naissant, ce vert nuancé des prairies, le sombre asile des forêts rétabli par le retour des feuilles, toute la nature champêtre dans un état de fraîcheur et de jeunesse, d'abondants pâturages pour les troupeaux, des plantes potagères et des racines succulentes offertes aux besoins de l'homme; tels sont les biens précieux que nous assure la végétation nouvelle. Dans la plénitude de son bonheur, l'homme s'en tiendrait avec reconnaissance à ces bienfaits, s'il n'en connaissait pas, s'il n'en attendait pas de plus grands; mais le Créateur, prodigue de ses dons, les lui a promis: son but n'est pas encore atteint, et tous ces attributs de la végétation n'ont été produits que pour le développement et l'entretien de ceux qui vont se montrer dans peu à nos regards étonnés : en un mot, les feuilles n'existent que pour les fleurs, celles-ci pour les fruits, et ces derniers pour les semences, source inépuisable d'abondance et de reproduction.

Le spectacle le plus digne de l'admiration d'un homme sensible qui se plaît à contempler les merveilles de la nature, est sans contredit celui d'une campagne ou d'un jardin décoré de ces fleurs magnifiques dans lesquelles s'offre réuni tout ce qu'il y a de plus brillant, de plus vif et de plus varié en couleurs. Les fleurs! ces productions aimables qui ne peuvent être comparées à aucun des autres êtres, mais qui servent elles-mêmes de comparaison pour tout ce qui brille par les formes, les grâces et la beauté. Quels charmes, en effet, les premiers beaux jours de printemps ne répandent-ils pas sur les végétaux divers qui, comme au jour de leur création, semblent éclore au souffle de la Toute-Puissance éternelle ! Avec quel art magique cette même Puissance ne sait-elle pas mêler les couleurs qu'elle leur distribue, et les opposer l'une à l'autre pour en former un contraste surprenant ! Jamais de ces mélanges maladroits, de ces écarts qui sont le fruit de notre ignorance, toujours des beautés et de l'intelligence ! sur un fond de verdure différemment nuancé, la nature a disséminé ses groupes de couleurs avec une variété qui saisit d'admiration. L'imagination, toujours occupée de lier le moral au physique, a donné à la plupart des fleurs un attribut particulier qui leur sert d'emblème. Elles sont un des plus brillants objets de la nature qui puissent s'offrir à l'imitation des peintres; on ne peut guère comparer à leurs couleurs unies et variées que l'émail nuancé dont brillent certains coquillages, certains oiseaux, et les plus beaux papillons.

« La fleur donne le miel; elle est la fille du matin, le charme du printemps, la source des parfums, la grâce des vierges, l'amour des poëtes; elle passe vite comme l'homme; mais elle rend doucement ses feuilles à la terre. Chez les anciens, elle couronnait la coupe du banquet et les cheveux blancs du sage; les premiers chrétiens en couvraient les martyrs et l'autel des catacombes; aujourd'hui, et en mémoire de ces antiques jours, nous la mettons dans nos temples. Dans le monde nous attribuons nos affections à ces couleurs : l'espérance à sa verdure, l'innocence à sa blancheur, la pudeur à ses teintes de rose; il y a des nations entières où elle est l'interprète

CHAPITRE VI

GEMMES OU PIERRES PRÉCIEUSES. — BELLES LOI DE LA CRISTALLISATION. — COLORISATION DES CRISTAUX. — ÉNUMÉRATION DES PRINCIPALES GEMMES. — PREUVES PHYSIQUES DE LA NON-ÉTERNITÉ DU GLOBE.

Le monde souterrain a ses merveilles non moins surprenantes que celles qui nous frappent dans le spectacle des plantes et des animaux, ou dans la contemplation des astres qui rayonnent au firmament. Jetez les yeux sur cette robe éblouissante de la nature, toute brodée de métaux précieux et de pierreries qui reflètent toutes les couleurs du prisme et surpassent l'éclat des plus belles fleurs.

Quelle variété dans leurs riches couleurs !
Le bleu teint le saphir, le jaune la topaze,
D'un pourpre ensanglanté l'ardent grenat s'embrase ;
D'un incarnat plus doux le rubis est empreint.
Du plus aimable vert l'émeraude se peint.
Du sol, des éléments, les vives influences
A ces couleurs encor joignent mille nuances :
Tous ont leur propre éclat, et dans leur noir séjour
Se partagent entre eux les sept rayons du jour [1].

La nature, avare de ces belles productions du règne minéral, n'enfante les *gemmes* que dans les contrées du globe qu'elle a le plus favorisées à tous égards : ce n'est

[1] Delille, *les Trois Règnes*, chant IV.

qu'entre les tropiques, et même dans un très-petit nombre de localités, qu'on trouve celles qui jouissent de la plus grande perfection.

C'est un sujet d'étonnement et d'admiration pour les personnes étrangères à l'étude des sciences naturelles, que ces formes régulières et variées sous lesquelles se présentent ces substances minérales, cristallisées naturellement. Ces formes identiques aux solides polyédriques de la géométrie, offrent des faces, des arêtes et des angles tellement bien définis, qu'elles semblent être le produit de l'industrie humaine et avoir été travaillées par le lapidaire. La cristallisation a lieu toutes les fois que les particules destinées à former un solide, étant d'abord écartées les unes des autres, sont ensuite parfaitement libres de se réunir lentement et suivant les lois naturelles, sans qu'aucune action mécanique vienne déranger l'influence de ces lois. On connaît trois moyens généraux de donner lieu à ces circonstances nécessaires : l'un est la dissolution, l'autre la volatilisation, le troisième la fusion.

Tout corps que la cristallisation a marqué de son empreinte est susceptible d'être divisé mécaniquement, ou de se séparer par la percussion en une multitude de lames parallèle entre elles : c'est ce mode particulier de division ou de cassure que l'on désigne communément sous le nom de *clivage*.

Tout minéral est donc composé de molécules d'une petitesse extrême et pourtant composées elles-mêmes d'autres molécules encore plus petites et plus simples, se combinant suivant des proportions fixes et définies, et possédant, d'après ce qu'indiquent tous les moyens d'analyse qu'on leur fait subir, des figures géométriques déterminées; et, loin que ces combinaisons et ces figures paraissent être de purs résultats du hasard, elles sont coordonnées, au contraire, suivant les lois les plus précises et dans les proportions les plus mathématiquement exactes. « Ainsi, dit un célèbre physicien et le premier des cristallographes, au lieu qu'une étude superficielle des cristaux n'y laissait voir que des singularités de la nature, une étude approfondie nous conduit à cette conséquence que le même Dieu, dont la puissance et la sagesse ont soumis la course des astres à des lois qui ne se démentent jamais, en a aussi établi auxquelles ont obéi avec la même fidélité les molécules qui se sont réunies pour donner naissance aux corps cachés dans les retraites du globe que nous habitons[1]. »

Toutes les pierres gemmes sans exception sont susceptibles de se présenter sous des formes régulières naturelles, qui sont particulières à chacune d'elles; car il est plus que probable que toutes ces substances rares et précieuses ont cristallisé, dans la nature, à la manière des sels que nous préparons dans nos laboratoires. Or il est de l'essence de la cristallographie de produire toujours la même forme dans la même substance avec une constance et une régularité qui ne souffrent aucune exception. Ce caractère est donc toujours décisif, toujours certain; mais il est à regretter qu'on ne puisse l'observer que très-rarement dans le commerce; car la plupart des pierres fines qui nous arrivent de l'Inde, de Ceylan, de Pégu, du Brésil, etc., ont perdu jusqu'à la plus légère trace de leurs figures primitives, soit par le frottement des courants d'eau qui les ont charriées et arrondies, soit par le travail des lapidaires indiens.

[1] Haüy, *Tableau comparatif des résultats de la cristallographie et de l'analyse chimique*, p. 17.

Les couleurs des pierres sont dues à des parties colorantes divisées à l'infini et interposées entre leurs molécules. Un grand nombre sont colorées par l'oxyde de fer, métal susceptible de prendre une multitude de nuances et de tons divers. Les autres principes colorants sont :

1° L'*oxyde de chrome*, qui communique à l'émeraude du Pérou sa belle couleur verte ;

2° L'*oxyde de nickel*, qui produit cette couleur d'un vert tendre par laquelle la *chrysoprase* se distingue des autres pierres vertes ;

3° L'*oxyde de manganèse*, qui colore le quartz violet (améthyste), et donne une belle couleur de rose à diverses autres substances minérales ;

4° Enfin l'*oxyde chromique*, qui donne au rubis sa couleur d'un rouge vermeil.

Malgré la vivacité remarquable des couleurs de plusieurs gemmes, les principes colorants qui les produisent n'y sont combinés le plus souvent que dans le rapport de deux à trois centièmes. Susceptibles, comme les fleurs, d'offrir une suite de nuances vives et variées, les gemmes forment des groupes composés de variétés qui diffèrent de couleur, mais qui appartiennent toutes à une seule et même famille.

Les différents reflets des pierres ne sont points dus, comme les couleurs, à des substances étrangères interposées entre leurs lames : ils tiennent à un arrangement particulier de leurs molécules, qui est tel, que, lorsque les rayons lumineux tombent à leur surface sous une certaine direction, ils sont réfléchis vers l'œil d'une manière tumultueuse, qui donne naissance à différents jeux de lumière, que l'on appelle reflets. Ces reflets sont nacrés, soyeux, irisés, métalliques, chatoyants, etc.

Parmi les pierres précieuses nous nous bornerons à citer :

Le **Diamant.** C'est le plus dur de tous les corps; taillé et poli, il devient le plus brillant. Exposé à une haute température, il brûle avec une lumière rouge et vive, et ne laisse pour résidu que du carbone. Une partie de la presqu'île de l'Inde et une partie du Brésil sont les deux seules contrées qui recèlent des mines de diamant exploitées[1].

Le **Saphir.** Il raie tous les corps, excepté le diamant. Par sa dureté, la vivacité de ses couleurs et de son brillant éclat, il tient le premier rang parmi les gemmes. On le trouve dans le sable des ruisseaux qui avoisinent les montagnes granitiques de l'Inde. (Décan, Ceylan, Pégu, etc.)

Le **Rubis** ou **Spinelle.** Sa couleur par excellence est le rouge tirant un peu sur le rose. Il se trouve à Ceylan et au Pégu, dans le sable des torrents et des rivières.

La **Topaze.** Sa couleur ordinaire est le jaune, qui varie depuis la teinte la plus légère jusqu'au jaune roussâtre le plus foncé. Cette pierre est commune dans la nature. (Brésil, Sibérie, etc.)

L'**Émeraude.** Elle est d'un vert pur qui se modifie différemment et produit des nuances plus ou moins agréables. Les émeraudes dites *aigues-marines,* ou *béryls,* se trouvent en Daourie, sur les frontières de la Chine, et en Sibérie. Les émeraudes vertes viennent du Pérou. L'émeraude noble est une des pierres les plus estimées.

[1] De 1807 à 1817, le district de Tijuco (Brésil) a fourni 18,000 karats de cette précieuse pierre; il y a un siècle, il en donnait annuellement pour environ 700,000 piastres. Le plus gros diamant connu est celui d'Agrah, pesant 133 grammes.

Comme on a remarqué que cette belle pierre perd de son lustre aux lumières, on l'entoure souvent de diamants, qui en soutiennent l'éclat.

Le QUARTZ-CRISTAL DE ROCHE et ses variétés colorées, améthyste, hyacinthe, aventurine, etc.

Le QUARTZ-AGATE, dont les nombreuses variétés ne diffèrent entre elles que par leurs couleurs : calcédoine,

Fig. 5*.

sardoine, onyx, agates arborisées ou mousseuses[1], opale, etc.

Les JASPES. Ils se distinguent des pierres précédentes par leur cassure terne et leur opacité parfaite. Leur principal emploi est de servir aux tableaux de rapport dits mosaïques de Florence, dans lesquels on imite avec une grande vérité tous les objets familiers qui nous entourent. Les jaspes présentent une grande variété de couleurs.

Mentionnons encore le péridot, la tourmaline, les va-

* Calcédoines œillées.

1 On pense avec assez de vraisemblance que ces arborisations des agates, qui figurent des mousses, des conferves et autres végétaux microscopiques, sont dues à des matières colorantes introduites par les fractures principales qui existaient dans ces pierres : ces principes colorants se sont répandus de là dans les ramifications de ces mêmes fissures, ce qui a donné naissance aux mousses, aux troncs, et aux rameaux qui s'y rattachent. On reconnaît dans ces jolis accidents le jeu des tubes capillaires et l'effet d'une cristallisation analogue à celle de l'eau sur les vitres, des sels sur les parois des vases, etc.

riétés du feldspath, le jade, le lapis à la belle couleur bleue, dont on extrait l'*outremer;* la chaux fluatée ou spath-fluor, qui présente quelquefois sur la même pièce le bleu royal, le violet pourpré, le vert céladon, le jaune de topaze, avec des parties incolores et vitreuses, le tout composant des zones parallèles et contournées de l'effet le plus riche et le plus gracieux; l'obsidienne, verre naturel produit par les volcans; le spath, d'un blanc soyeux et nacré; le jayet ou jais, espèce de charbon de terre; le succin, résine fossile qui a découlé anciennement d'un arbre dont nous ne connaissons plus l'analogue vivant.

Nous ne nous arrêterons pas ici à des considérations, qui se présenteront d'elles-mêmes au lecteur attentif, sur la bienveillance du Créateur, qui n'a pas seulement donné à l'homme les choses nécessaires ou utiles, mais encore celles qui pouvaient servir à le parer, ou à relever par leur éclat les ouvrages de ses mains; nous nous bornerons à exposer un argument décisif que le phénomène de la cristallisation nous fournit contre l'opinion qui veut que le globe terrestre ait existé de toute éternité dans l'état où nous le voyons. L'analyse chimique démontre que les substances minérales sont composées d'autres substances qui les ont précédées en existence à un état de plus grande simplicité, avant de se combiner pour former les minéraux ou roches cristallines qui constituent aujourd'hui l'écorce de notre globe. Ainsi, par exemple, le granit est composé de trois minéraux simples et dissemblables entre eux, le quartz, le feldspath et le mica, dont chacun offre certaines combinaisons régulières de forme extérieure et de structure interne, en même temps que certaines propriétés physiques qui lui sont propres. Mais ces trois minéraux sont eux-mêmes composés de substances plus simples encore ou de molécules élémentaires. Ainsi le quartz est composé de silicium et d'oxygène, deux corps simples ou derniers atomes indivisibles de la matière. Il est donc évident qu'il fut un temps où les roches cristallines qui forment l'enveloppe de notre planète n'étaient pas encore dans les conditions où nous les voyons aujourd'hui, et par conséquent il n'en est aucune qui puisse avoir existé de toute éternité sur le point où nous la rencontrons à l'époque actuelle.

CHAPITRE VII

MINÉRAUX EMPLOYÉS DANS L'ÉCONOMIE DOMESTIQUE

Houille [1].

La houille ne se trouve que dans les terrains dont l'ancienneté relative est intermédiaire entre les formations antiques et les formations récentes. On peut dire que généralement, et même assez constamment, les dépôts qui alternent avec les couches de ce combustible sont des grès, des argiles et des schistes. L'épaisseur des couches de houille est presque aussi variable que leur nombre, qui dépasse quelquefois soixante (Liége, etc.), et elle devient parfois si considérable, qu'on doit la regarder

[1] Dans les mines du Nord, on nomme *houille* le charbon réduit en poussière. Ce nom a été adopté par les minéralogistes pour remplacer *charbon de terre*, qui donne une fausse idée de cette substance fossile.

soit comme l'assemblage de plusieurs couches très-voisines, soit comme des masses et non plus comme de simples couches. Les houillères qui fournissent souvent les qualités les plus parfaites de charbon sont généralement situées sur le bord des larges vallées qui servent de lit à quelque fleuve, ou dans les anses, gorges ou vallons qui s'y rattachent. (Mines de Saint-Étienne, de l'Anjou, du Bourbonnais, etc.)

On distingue trois espèces de houilles bien tranchées : la houille *grasse*, la houille *sèche*, et la houille *compacte*. La houille grasse est la plus estimée ; elle est d'un noir éclatant, facilement combustible, et pèse environ quarante-cinq kilogrammes le pied cube. En brûlant elle se gonfle, se ramollit, semble couler, se fondre et s'agglutiner de manière à ne former qu'une seule masse, qu'on est forcé de briser pour donner passage à l'air, propriété très-favorable à l'usage de la forge. La flamme est blanche et longue ; la chaleur qu'elle produit est très-forte, et sa fumée, quoique noire et abondante, est plutôt aromatique que fétide. Le bitume est la partie qui brûle au moment où la houille s'allume ; c'est lui qui entretient la flamme et la fumée, conjointement avec l'ammoniaque et le soufre, qu'elle renferme ordinairement. Le carbone ne commence guère à brûler qu'à l'instant où la flamme cesse de se manifester. Le résidu de la distillation de la houille grasse, ou la partie qui brûle sans flamme, ni fumée, ni odeur, est un véritable *charbon de houille*, appelé coke en Angleterre. Cette substance est à la houille ce que le charbon de bois est au bois ; elle est légère, très-poreuse, sonnante, et d'un gris de fer éclatant.

L'Angleterre et l'Écosse renferment les plus grandes exploitations de houille qui existent au monde. Les seules mines de Newcastle emploient plus de soixante mille individus, et produisent annuellement trente-six millions de quintaux métriques de houille.

On. connaît, en France, quarante départements qui renferment des couches ou des mines de houille. On y compte deux cent trente-six mines, d'où l'on extrait annuellement neuf millions de quintaux métriques de houille, ayant une valeur de quarante millions de francs au moins pour la masse des consommateurs. Ces neuf millions de quintaux sont peu de chose en comparaison de la consommation de l'Angleterre, qui s'élève à soixante-quinze millions de quintaux métriques par année.

Tous les naturalistes sont d'accord sur l'origine végétale de la houille; ils ne diffèrent entre eux que dans l'explication du fait. Les plantes qui ont essentiellement contribué à la formation de la houille se rapportent principalement à des équisétacées gigantesques, à des fougères arborescentes, à des lycopodiacées, et à plusieurs autres espèces de végétaux, tels que les stigmaires et les sigillaires, familles singulières, inconnues dans notre végétation moderne. C'est dans les couches carbonifères de l'Europe que ces plantes ont été recueillies; mais on rencontre les mêmes espèces dans les mines de houille du nord de l'Amérique, et l'on a des raisons de penser que de semblables débris existent dans toutes les formations houillères de la même époque, sous des latitudes très-différentes et dans des points du globe fort éloignés, comme dans l'Inde, à la Nouvelle-Hollande, dans l'île Melville, et dans la baie de Baffin. Arrachées au sol qui les avait vues naître par les tempêtes et les inondations d'un climat chaud et humide, ces plantes furent entraînées dans un lac, dans un golfe ou dans quelque mer peu éloignée. Là, après avoir flotté à la surface jusqu'à ce que, saturées par l'eau, elles soient tombées au fond, elles y ont été enveloppées par les détritus des terres adjacentes, et, changeant de condition, elles ont pris place parmi les minéraux. Depuis lors elles sont demeurées longtemps dans leur sépulture, où, soumises à une longue série d'actions chimiques et à de nouvelles combinaisons dans leurs éléments végétaux, elles ont passé à la forme minérale de la houille. Puis l'expansion des feux internes a soulevé ces lits du fond des eaux pour les élever à la position qu'ils occupent maintenant sur les montagnes et les collines où l'industrie, brisant leur linceul de pierre, va les chercher pour les mettre au service des besoins et du bien-être de l'espèce humaine. Aujourd'hui nous préparons nos repas, nous alimentons nos forges, nos fourneaux, nos machines à vapeur, avec les dépouilles de ces végétaux de formes primitives et d'espèces éteintes, qui ont été, à des périodes reculées, balayés de la surface du globe.

La disposition de ces restes précieux d'un monde ancien dans des conditions qui nous en permettent l'exploitation, nous démontre que l'état actuel de cette portion de la croûte du globe est une œuvre de prévoyance et de sagesse. Il ne suffisait pas, en effet, que ces débris végétaux fussent entraînés dans leurs forêts natales, et ensevelis au fond des lacs et des mers primitives pour y être convertis en houille; il fallait, en outre, que des changements de niveau d'une grande étendue vinssent soulever et convertir en terres habitables ces couches où gisaient tant de richesses qui n'eussent eu aucune utilité tant qu'elles seraient demeurées ensevelies dans les profondeurs inaccessibles où elles s'étaient entassées. De ces soulèvements en des collines ou montagnes variant entre elles par leur hauteur, leur direction, ou leur degré divers de continuité, il est résulté une série de dépressions irrégulières ou bassins séparés les uns des autres, de chaque côté desquels les couches plongent, par une pente plus ou moins rapide, vers les vallées qui séparent chaque chaîne. Les couches carbonifères viennent ainsi toutes à la surface, sur la circonférence de chaque bassin, ce qui permet à l'homme d'y pénétrer en y creusant des mines sur presque tous les points de leur étendue, et d'en extraire abondamment ces puissants éléments d'art et d'industrie. L'étude des plantes fossiles, les détails merveilleux d'organisation que le microscope découvre dans ce qui n'est pour les yeux abandonnés à eux-mêmes qu'un bloc informe de houille, nous démontrent la constance avec laquelle les mêmes moyens ont été employés pour arriver aux mêmes fins dans toute la série des créations diverses qui ont modifié les formes végétales. Ces combinaisons d'arrangements, qui varient avec les diverses conditions du globe, prouvent l'existence d'un architecte par l'existence d'un plan. En voyant la connexion des parties et l'unité du but pour lequel elles ont été faites, dans ce tout si vaste et si complexe et en même temps si harmonieux, nous sommes conduits à conclure que c'est une intelligence unique et toujours la même qui a créé et qui maintient toutes ces admirables dispositions.

CHAPITRE VIII

MINERAIS MÉTALLIFÈRES

> Tous, destinés pour nous, passent à nos regards
> Des ateliers du temps aux ateliers des arts.
> Et notre œil voit sortir de cette nuit profonde
> L'espoir, les biens, les maux, et les crimes du monde.
>
> DELILLE.

On appelle *minerais* toutes les substances minérales qui renferment quelques principes utiles: ainsi l'on dit minerais de fer, de plomb, de soufre, pour désigner les minéraux dont on peut extraire du fer, du plomb, du soufre. Cependant, pour que le terme ne soit point équivoque, on est convenu de ne l'employer que pour désigner les minéraux qui peuvent être exploités ou traités avec bénéfice. Ainsi les terres à briques, les ardoises, les grès rouges, etc., qui renferment d'assez fortes doses d'oxyde de fer, ne sont point cependant pour cela des minerais, parce qu'ils ne pourraient être fondus d'une manière lucrative.

§ Ier

Fer.

Un des plus remarquables minerais de fer est celui que les minéralogistes ont appelé *fer oxydulé*, et qui est plus généralement connu sous le nom d'*aimant;*

> . . . . . . L'aimant vainqueur de l'onde,
> Le lien, le miracle, et l'énigme du monde.
>
> DELILLE.

Le fer oxydulé, bien caractérisé par sa forte action sur l'aiguille ou le barreau aimanté et par la couleur noire de sa poussière se trouve dans les terrains primordiaux, où il forme des filons, des couches, et même des montagnes entières; d'autres fois il fait partie constituante des roches ou de certains amas sablonneux. Il y en a des variétés qui rendent de quatre-vingts à quatre-vingt-dix pour cent. En Suède, dans le Smoland, l'Uplande, la Dalécarlie, la Laponie, etc., le fer oxydulé fait l'objet d'un grand nombre d'exploitations importantes. La richesse du minerai, l'abondance des bois, la facilité des transports, et la bonne qualité des produits, tout concourt à la prospérité de ces établissements du Nord. C'est avec ce fer de Suède que les Anglais fabriquent leur excellent acier. Ce minerai est très-rare en France.

On sait que tout aimant ou fer aimanté a deux pôles, qui, aussitôt que l'aimant est libre de se mouvoir, prennent constamment vers les pôles de la terre une direction plus ou moins parallèle au méridien du lieu où l'on se trouve. C'est par le secours d'une simple aiguille aimantée que le navigateur peut se hasarder au milieu du vaste Océan; il ne craint plus qu'un temps obscur, en lui dérobant la vue des astres, ne lui fasse perdre sa route; il a dans sa main un guide fidèle qui lui montre sans cesse la constellation de l'Ourse.

Le minerai de fer le plus commun en France est celui du fer hydraté granuleux, composé de la réunion d'une immense quantité de globules assez exactement sphériques, dont la grosseur varie depuis le volume d'une chevrotine jusqu'à celui d'un grain de chanvre. Ce minerai se trouve dans les terrains secondaires, formant des couches ou remplissant des fentes et de vastes cavités qui existent dans les montagnes calcaires. C'est ce minerai qui alimente les usines de la Normandie, du Berry, de la Bourgogne, et, entre autres, la magnifique fonderie du Creuzot. L'extraction en est facile et peu coûteuse.

On rencontre dans tous les terrains houillers un autre riche minerai, le fer carbonaté terreux ou lithoïde, dont la réduction est facilitée par le voisinage de la houille et par la proximité du calcaire, que l'art emploie comme flux pour séparer le métal du minerai, et qui abonde ordinairement dans les couches les plus inférieures de la formation houillère. Nos instruments de coutellerie, les outils de nos mécaniciens, et les machines sans nombre que nous construisons à l'aide du fer et en en variant à l'infini les applications, nous les devons à ces minerais qui accompagnent les matériaux combustibles à l'aide desquels nous les réduisons à l'état métallique, pour les appliquer ensuite aux innombrables usages de l'économie humaine. C'est ainsi que les ruines des forêts qui se balancèrent sur les terrains des premiers âges, et la boue ferrugineuse qui, à ces époques, se déposait au fond des eaux, nous fournissent aujourd'hui des mines abondantes de houille et de fer, ces deux substances qui contribuent plus qu'aucune production minérale que ce soit à multiplier les richesses, à augmenter le bien-être, et à améliorer la condition générale de l'espèce humaine [1].

[1] En France, on estime la masse de fer forgé en grosses barres qui provient annuellement du sol lui-même, et sur laquelle s'exerce notre industrie, à sept cent quatre-vingt-dix mille quintaux métriques, ou environ un million six cent mille quintaux de cent livres; à quoi il faut ajouter cent quarante-cinq mille quintaux métriques de fonte moulée, qui sont versés immédiatement dans le commerce. Cette masse de fer est produite par le travail de plus de trois cent

Nous sommes tellement familiarisés avec ce métal, nous le trouvons si souvent autour de nous, qu'il nous semble indispensable à la vie, et que nous serions tentés de croire qu'il est né avec le genre humain, ou que l'art de l'extraire des minerais qui le cachent sous des traits si méconnaissables fut une inspiration divine et un bienfait de l'auteur de toutes choses. Mais les monuments historiques attestent que le cuivre fut connu et employé avant le fer, puisque les armes véritablement antiques, les tenons des statues et des monuments très-anciens, sont en cuivre ou en bronze; ce qui n'empêche point qu'on ne fasse remonter la connaissance du fer à une époque antérieure à celle du déluge [1].

§ II

Plomb et cuivre.

On ne connaît réellement qu'un seul minerai de plomb, c'est le plomb sulfuré, parce que c'est lui seul qui constitue des filons, des couches ou des amas assez considérables pour donner naissance à des exploitations lucratives. Il se trouve également dans les terrains primitifs et dans les terrains secondaires, où il est associé à beaucoup d'autres substances pierreuses ou métallifères.

cinquante hauts fourneaux, et d'environ cent forges catalanes qui sont répandues dans plus de cinquante départements. Sa valeur vénale, y compris celle d'environ cent mille quintaux métriques d'acier, est évaluée à environ soixante-huit millions de francs; et l'on peut admettre que ces usines où l'on traite simplement les minerais de fer, occupent immédiatement douze mille hommes, et que plus de cent mille individus sont employés à leur procurer les minerais, les combustibles et les fondants qui les alimentent, ainsi qu'à transporter leurs produits.

[1] Voyez Goguet, *Origine des arts*, t. I.

On pourrait à peine indiquer tous les usages du plomb à l'état métallique; il serait plus difficile encore de rappeler tous ceux de ses oxydes ou des sels qui l'ont pour base. Il suffira de nommer la litharge, le minium, le massicot, qui sont des oxydes de plomb diversement préparés, et dont les usages en peinture et dans l'art de fabriquer le verre-cristal, le flint-glass, sont si connus; la céruse, dont les applications sont si nombreuses; enfin beaucoup d'autres sels à base de plomb qui servent dans la teinture des étoffes, dans la médecine externe, etc.

Les mines de plomb les plus importantes que possède la France sont celles de Poulaouen et du Huelgoët (Finistère). On estime le produit annuel du plomb métallique, en France, à environ huit mille quintaux métriques.

Les minerais de cuivre exploitables sont assez nombreux. Non-seulement ce métal existe tout formé dans la nature, mais il se rencontre aussi à l'état de combinaison dans des minerais qui forment des filons, des couches et des amas assez importants. La variété appelée cuivre *gris* est peut-être le minerai le plus communément exploité. Il se trouve en filons très-puissants dans les montagnes composées de roches feuilletées, talqueuses ou micacées.

Fig.. 6*.

Après le fer, le cuivre est le métal le plus tenace, puisqu'un fil de deux millimètres de diamètre porte sans se rompre un poids de près de cent quarante kilogrammes. Le cuivre pur sert à la fabrication d'une foule de

* Cuivre natif de Sibérie.

vases domestiques et de chaudières destinées à des manufactures; c'est là un de ses principaux emplois. Les usages du cuivre allié à d'autres métaux sont innombrables. Uni au zinc, il forme le *laiton* employé pour l'horlogerie, la construction des instruments de physique, les épingles, et une foule de vases et d'ustensiles de ménage. Le *similor* ou l'*or de Manheim* est un alliage en parties égales de cuivre et de zinc métallique. Le *bronze* ou l'*airain* est un alliage de cuivre et d'étain en différentes proportions. Le bronze des cloches est généralement composé de cent parties de cuivre sur vingt à vingt-quatre parties d'étain[1]. Le *potin* est un mélange impur de cuivre, d'étain, de plomb, de zinc, de fer et d'antimoine. Il entre aussi pour une forte proportion dans les monnaies d'or et d'argent, et dans les ouvrages d'orfévrerie, etc.

La France ne possède que les mines de Chessy et de Saint-Bel, à vingt-quatre kilomètres de Lyon. Le produit annuel des principales mines de cuivre d'Europe s'élève à deux cent mille quintaux métriques.

§ III

Étain et mercure.

L'étain oxydé est le seul minerai qui soit exploité et traité métallurgiquement. On le trouve en filons, en couches et en amas dans le granit, le gneiss, le porphyre et le micachiste, et l'on remarque, à l'appui de son antique origine, qu'il est coupé par les autres filons métal-

1 On a évalué à douze mille les communautés religieuses et les couvents supprimés par la révolution française, et à un total d'environ six cent mille quintaux le métal de cloche mis à la disposition du gouvernement de la république.

liques et qu'il ne les coupe jamais. Les substances qui lui sont ordinairement associées appartiennent aussi presque exclusivement aux terrains primitifs de la plus ancienne formation.

Les usages de l'étain sont très-intéressants : à l'état de métal pur, il nous fournit un nombre infini d'ustensiles de ménage. Cette vaisselle, véritablement économique, ne saurait trop être recommandée ; car, après avoir servi pendant nombre d'années, elle conserve encore sa valeur réelle, comme l'argenterie.

L'étain allié au mercure est la composition dont on double les glaces, et qui leur donne la facilité de répéter tous les objets qui passent devant elles.

L'étain fondu avec une addition d'antimoine, dans lequel on plonge des feuilles de fer laminées, constitue le *fer-blanc*, dont les usages sont innombrables. Le fer-blanc, arrosé de différentes liqueurs acides (nitrique, muriatique, etc.) prend un aspect nacré des plus agréables à la vue, et c'est ainsi que se prépare le *moiré métallique*. On sait à combien d'objets d'ornement l'on a appliqué cette charmante découverte, qui reçoit tous les jours de nouveaux perfectionnements.

L'oxyde d'étain entre dans la composition des émaux blancs et des verres destinés à imiter l'*opale*, le *girasol*, etc. Plusieurs préparations du même métal servent dans l'art de peindre en rouge et surtout en écarlate.

Les mines d'étain d'Angleterre, et surtout celles de Cornouailles, sont les plus importantes qui soient exploitées en Europe. On estime le produit total annuel à dix-huit mille blocks ; chaque block égalant cent quatre-vingts kilogrammes.

Le mercure est un métal généralement peu répandu

dans la nature. Les mines qui le fournissent se trouvent plus communément dans les terrains secondaires que dans les filons qui traversent les roches primordiales, où il ne se rencontre qu'en très-petite quantité. Les principales sont celles d'Idria, dans la Carniole, dont les travaux d'exploitation sont poussés jusqu'à la profondeur de deux cent soixante mètres. Elles peuvent fournir annuellement jusqu'à six mille quintaux métriques de métal.

On sait qu'une colonne de mercure d'un diamètre donné, et de soixante-dix-sept centimètres de hauteur, fait équilibre à une colonne d'air de même diamètre et qui a pour hauteur toute l'épaisseur de la couche atmosphérique qui enveloppe la terre, qu'on estime assez généralement à cinquante-deux kilomètres de hauteur, et qui n'est balancée que par dix mètres soixante-cinq centimètres d'eau. C'est sur ce principe qu'est fondée la construction du baromètre, dont l'usage domestique consiste à annoncer avec plus ou moins d'exactitude les variations atmosphériques par des abaissements et des élévations de mercure, qui sont causés par la densité plus ou moins grande de l'air. Le mercure, étant le seul corps dont on puisse construire des baromètres portatifs, rend aujourd'hui les plus grands services aux sciences physiques, en leur assurant les moyens d'estimer rigoureusement la hauteur des différents points du globe au-dessus du niveau de la mer.

Le mercure s'amalgame avec plusieurs métaux, tels que l'or, l'argent, le zinc, l'étain, etc.; il les dissout, pour ainsi dire, et les abandonne ensuite quand une forte chaleur vient à le volatiliser. Les arts ont su tirer le plus grand parti de cette propriété, soit pour extraire l'or et l'argent des substances avec lesquelles on les trouve mélangées, soit pour dorer ou argenter les autres métaux, pour mettre au *tain* les glaces et les miroirs, etc.

§ IV

Argent.

L'argent pur est le métal blanc par excellence. Son brillant éclat est connu de tout le monde; et le son clair et prolongé qu'il fait entendre lorsqu'on le frappe est comme le diapason de la voix fraîche et sonore du jeune âge. L'argent reçoit un magnifique poli; il est très-doux, très-pliant, très-ductile. On connaît l'extrême division qu'on donne à l'argent en recouvrant de ses feuilles une foule de corps divers. Il n'a ni odeur ni saveur. Frappé en monnaie, il représente toutes les marchandises, toutes les valeurs possibles. Il sert à faire un grand nombre d'ustensiles et de vases utiles aux besoins de la vie et surtout à la préparation des aliments et des médicaments. Il est employé comme ornement dans un grand nombre de circonstances, sur les vêtements, sur les meubles. Il ne se ternit point dans l'air pur; mais les exhalaisons putrides ou hydrosulfureuses le noircissent presque instantanément; de même que le contact avec les œufs cuits. Il est très-malléable : après l'or, c'est le métal qui s'étend avec le plus de facilité sous les cylindres du laminoir, et l'on peut le tirer en fils d'une telle finesse, que cent trente mètres de long ne pèsent que cinquante-trois milligrammes.

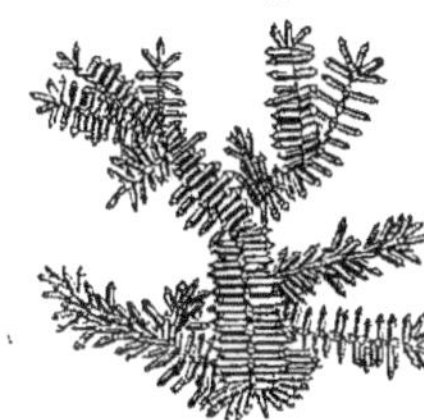

Fig. 1*.

* Argent en végétation.

Le but qu'on se propose en introduisant un dixième de cuivre dans presque tout l'argent qui circule en Europe, est d'augmenter sa dureté et sa consistance, de rendre les ouvrages fabriqués avec ce métal plus solides et moins sujets à s'altérer, enfin de retarder dans les monnaies l'effet destructif du frai, qui, à la longue, diminue considérablement leur valeur. Outre son usage comme signe représentatif, il sert de matière première à cette infinité d'ateliers d'orfévrerie d'où l'argent sort sous les formes les plus appropriées à nos besoins, les plus variées et les plus élégantes, et où le travail du ciseleur et du graveur se marie à celui du planeur, du fondeur, et de plusieurs autres artistes qui font contraster le blanc mat du métal ciselé avec le poli brillant de l'argent bruni.

Les mines qui fournissent annuellement tout l'argent qui circule dans le commerce sont assez nombreuses. Il existe au Mexique trois mille exploitations qui produisent 125,500,000 francs. Le gîte le plus riche en argent du monde entier est la montagne du *Potosi* (Bolivia), dont les mines, découvertes en 1545, ont produit jusqu'à nos jours une masse d'argent de la valeur de 5,750,000,000 francs. On croit avoir remarqué que l'argent se trouve plus ordinairement dans les régions froides qu'ailleurs, bien différent en cela de l'or, qui est plus commun dans les pays chauds. En effet, les principales mines d'argent sont en Suède, en Norwége, dans les environs du pôle; et celles qu'on trouve dans les climats plus chauds sont pour la plupart situées vers les sommets glacés et couverts de neiges presque habituelles des montagnes alpines de l'Europe et de l'Amérique : telles sont les mines d'Allemont (Isère), celles du Potosi, dans les Cordillières.

§ V

Or.

L'or se trouve engagé en cristaux, en filaments contournés ou branchus, en paillettes, en lames ou en petites masses irrégulières, dans les roches de la plus ancienne formation, telles que les granits, les gneiss, le calcaire primitif, etc. On le trouve aussi, et en plus grande abondance encore, disséminé dans les sables, dans les terrains d'alluvion des plaines, où les torrents, les ruisseaux et les fleuves le détachent par le lavage et le déposent dans les angles de leurs lits. Dans cet état, il se présente en paillettes ou en grains, dont la grosseur varie depuis la finesse la plus extrême et la plus impalpable jusqu'à la grosseur de la graine de lin et au delà. On nomme *pepites* les grains d'or qui atteignent le volume d'une aveline, d'une amande, etc.

L'or est le métal qui réunit le plus de propriétés utiles et agréables, sans mélange d'aucune qualité nuisible; aussi fut-il dans tous les temps regardé comme le plus parfait et le plus précieux des métaux. De temps immémorial, l'or a servi de signe représentatif; c'est encore son principal usage, et tous les peuples civilisés sont convenus de le regarder comme l'équivalent ou la représentation de leur temps, de leur industrie et de leur richesse territoriale.

Ductile et malléable au suprême degré, il prend avec facilité toutes les formes que peut lui donner une main habile; il est susceptible du poli le plus éclatant, et sa couleur, aussi flatteuse à l'œil qu'elle est inaltérable, le rend propre à former les ornements les plus brillants et les plus recherchés.

La malléabilité et la divisibilité de l'or sont extrêmes. Un seul grain, réduit en feuilles, peut couvrir une surface de cinquante pouces carrés; chacun de ces pouces carrés peut se sous-diviser en quarante-six mille six cent cinquante-six autres petits carrés; et par conséquent, la feuille entière de cinquante pouces peut fournir deux millions trois cent vingt-deux mille huit cents petites feuilles d'or visibles à l'œil nu. Une once d'or peut se développer en une lame de deux cent vingt-deux lieues de longueur, sur environ un neuvième de ligne de largeur; et l'on trouve, par le calcul, que ce ruban est divisible en quatorze billions de parties visibles à l'œil nu. On est parvenu à réduire l'or à une épaisseur de $\frac{1}{200000}$ de millimètre.

Les mines d'or les plus célèbres sont celles du nouveau monde. On estime le produit total annuel des mines et des lavages d'or de l'Amérique à 17,291 kilog. d'or fin, ayant une valeur de 59,582,694 fr., dont le Brésil à lui seul fournit près de 24 millions. L'or est répandu assez généralement en Europe; mais chacun de ses gîtes est trop pauvre pour qu'on puisse continuer à les exploiter[1]. Les mines d'or que l'on trouve dans les contrées septentrionales, et même dans les régions tempérées, y sont en quelque sorte étrangères; aussi sont-elles rares

1 Les quantités d'or et d'argent qu'on peut supposer être versées annuellement dans le commerce européen s'élèvent, pour l'or, à 54,300,000 fr., et, pour l'argent, à 189,500,000 fr. Cette énorme quantité d'or et d'argent, qui vient augmenter la masse qui circule dans le commerce, doit nécessairement diminuer la valeur relative de ces métaux, comparativement au travail et aux denrées qu'ils représentent. En effet, comme la destruction de ces métaux est presque nulle, puisqu'on recueille même celui des vieilles dorures et des objets argentés, il en résulte que tout est plus cher aujourd'hui qu'autrefois, et qu'il y a une augmentation considérable dans le prix des denrées et de la main-d'œuvre.

et peu riches. La véritable patrie de ce métal est placée entre les tropiques. La nature a décoré la terre d'une ceinture dorée, parsemée de diamants et de toutes sortes de pierres précieuses : il ne faut pas moins que la toute-puissance des rayons perpendiculaires du soleil pour former ces belles productions du règne minéral.

Ce n'est point par caprice ou par prévention que nous préférons l'or à tous les autres métaux. L'idée avantageuse que nous en avons est fondée sur une excellence réelle. Il suffit qu'il laisse la plus légère portion de sa substance, une simple trace de son passage sur un autre corps, pour y répandre l'éclat : il embellit tout ce qu'il touche. Lorsque l'on considère la pureté de ce précieux métal, la flexibilité, la vivacité, la beauté de sa couleur, son aptitude à toutes sortes d'ouvrages et son incorruptibilité, on n'est point étonné qu'il ait été, dans tous les temps et chez tous les peuples, l'objet des recherches les plus actives, et que les hommes soient convenus de choisir une matière si parfaite et si constante dans son état, pour en faire le paiement et la compensation de ce qu'ils voulaient acquérir.

CHAPITRE IX

UTILITÉ DES MÉTAUX. — ÉLOGE DU FER. — PREUVES DE L'EXISTENCE D'UN PLAN ET D'UNE BONTÉ PROVIDENTIELLE DANS LA PRODUCTION ET LA DISPOSITION DES VEINES MÉTALLIFÈRES

L'importance des métaux pour l'espèce humaine, et les usages divers auxquels on les emploie, sont connus de tout le monde. Sans eux toute culture et toute civilisation seraient impossibles; il n'y aurait ni charrues, ni faux, ni bêches, ni serpes, et par conséquent point d'agriculture, point de récoltes, point de jardinage, point de greffe ni de culture des arbres, point d'ustensiles ni de meubles de ménage, point de maisons commodes ni d'édifices publics, point de vaisseaux ni de navigation. Il est remarquable que, parmi les métaux, ceux qui sont d'un usage plus fréquent et plus nécessaire, comme le fer, le cuivre, le plomb, sont aussi ceux qui se rencontrent en plus grande abondance dans la nature.

Tous les métaux ont des propriétés qui nous les rendent précieux; mais le plus vil de tous, le plus grossier, le plus plein d'alliage, le plus triste en sa couleur, le plus sujet à s'altérer par la rouille, en un mot, le fer, est réellement le plus utile de tous. Il a une qualité qui seule suffit pour le relever et le placer au premier rang; il est de tous le plus dur et le plus tenace; trempé chaud dans l'eau froide, il acquiert une augmentation de dureté qui rend ses services sûrs et permanents. Par cette dureté qui résiste aux plus grands efforts, il est le défenseur de nos demeures et le dépositaire de tout ce qui nous est cher. En unissant inséparablement le bois et les pierres, il met nos personnes à couvert des intempéries des saisons et des entreprises des voleurs. Les pierreries et l'or même ne sont en sûreté que sous la garde du fer. C'est le fer qui fournit à la navigation, aux charrois, à l'horlogerie, et à tous les arts mécaniques et libéraux, les outils dont ils ont besoin pour abattre, affermir, creuser, tailler, limer, pour embellir, pour produire, en un mot, toutes les commodités de la vie. En vain aurions-nous de l'or, de l'argent et d'autres métaux, s'il nous manquait du fer pour les fabriquer : ils mollissent tous les uns contre les autres. Le fer seul les traite impérieusement et les dompte sans fléchir. De cette multitude innombrable d'objets, de meubles, de machines qui nous offrent leurs services, il n'y en a peut-être pas un qui ne soit redevable au fer de la forme qu'il a prise pour nous servir. Vous pouvez à présent faire le juste discernement du mérite du fer d'avec celui des autres métaux; ceux-ci nous sont d'une extrême commodité; il n'y a que le fer qui nous soit d'une indispensable nécessité.

La complaisance du Créateur pour l'homme, si marquée dans les excellentes qualités des métaux qu'il a placés pour nous sous terre, se montre encore évidemment dans la juste proportion qu'il a mise entre la quantité de ces métaux et la mesure de nos besoins. Si un homme avait été chargé de créer les métaux et de les distribuer au genre humain, il n'aurait pas manqué de répandre plus d'or que de fer; il aurait cru illustrer sa libéralité en donnant avec réserve le métal le plus méprisable et en prodiguant les métaux que nous admirons. Dieu a fait tout le contraire. Comme le mérite et la grande commodité de l'or proviennent de sa rareté, Dieu nous l'a donné avec économie, et cette épargne, dont l'ingratitude se plaint, est un nouveau présent. Le fer entre généralement dans tous les besoins de notre vie; c'est pour nous mettre en état d'y pourvoir sans peine qu'il a mis le fer partout sous notre main. Ainsi nulle ostentation dans ses dons. Le caractère de la véritable libéralité est d'étudier, non ce qui peut faire un vain honneur à la main qui donne, mais ce qui est solidement avantageux à celui qui reçoit.

Parmi les preuves sans nombre qu'on peut produire

pour démontrer l'existence d'un plan rempli de bienfaisance et de sagesse dans l'économie de notre globe, celles qu'on tire de la position même qu'occupent les métaux dans le sein de la terre méritent surtout de fixer notre attention. Si les métaux avaient été répandus abondamment dans les terrains de toutes les formations, ils auraient nui à la végétation; s'ils avaient été disséminés par petites quantités dans la substance même des couches, leur extraction eût été trop dispendieuse. Tous ces inconvénients ont été prévenus par la disposition actuelle. L'action violente des commotions souterraines et des forces perturbatrices sur l'écorce du globe a produit dans les roches des déchirements ou fissures, des fentes et des crevasses, qui sont devenus comme autant de réservoirs où se sont rassemblés, à la portée de l'homme, les minéraux métalliques.

La formation de ces dépôts minéraux, le mécanisme des filons qui les contiennent, et la disposition qui leur a été donnée, les proportions relatives suivant lesquelles ces substances ont été réparties, les mesures qui ont été prises pour les rendre accessibles, moyennant certaines dépenses, à l'industrie de l'homme, et pour les mettre à l'abri d'un gaspillage insensé et d'une destruction occasionnée par les agents naturels, la dispersion plus générale de ceux de ces métaux qui sont les plus importants, et la rareté comparative de ceux qui le sont moins, enfin les soins qui ont été pris pour placer à notre portée les moyens de réduire à l'état métallique les minerais qui les renferment, voilà autant d'arguments qui nous autorisent à conclure qu'il dut entrer dans les desseins du Créateur, à l'époque où il déchaîna les forces physiques auxquelles les filons métalliques doivent leur origine, un souci providentiel des besoins et du bien-être de la créature qu'il devait former à son image, et à laquelle il destinait la terre pour domaine. Nous ne pouvons porter les yeux en haut, ni faire un pas sur la terre, ni creuser sous nos pieds, que nous ne trouvions partout des richesses qui n'y ont été disposées que pour nous. Nous voyons partout que nous sommes l'objet d'une complaisance tendre qui a prévu tous nos besoins, qui a placé partout de quoi occuper nos mains, exercer notre industrie, exciter notre reconnaissance et notre amour.

DEUXIÈME PARTIE

Écoutez-moi, germes divins : fructifiez comme les rosiers plantés près du courant des eaux. Répandez des parfums comme le Liban. Fleurissez comme des fleurs de lis, exhalez une douce odeur : parez-vous de vos rameaux : chantez des cantiques et bénissez le Seigneur dans ses œuvres. Donnez à son nom la magnificence, confessez-le par les paroles de vos lèvres, par vos chants, par le son des instruments, et vous direz dans vos bénédictions :

Les ouvrages du Seigneur sont tous excellents.

L'Ecclésiastique, xxxix, 17, etc.

RÈGNE VÉGÉTAL

CHAPITRE I

L'HOMME SEUL CONTEMPLATEUR INTELLIGENT DES OUVRAGES DE LA NATURE; — NE PEUT EMBRASSER L'ENSEMBLE DES ÊTRES. — UTILITÉ DES PLANTES; CHARMES DE LEUR ÉTUDE

La vertu des plantes est faite pour être connue des hommes, et le Très-Haut leur a donné la science, afin d'être honoré dans ses merveilles.
L'ECCLÉSIASTIQUE, XXXVIII, 6.

Sortons des royaumes ténébreux de la nature inorganique. Remontons, des profondeurs souterraines de l'empire de la mort, au séjour de la lumière et de la vie, du mouvement et de la fécondité. Parcourons ce jardin immense, magnifique, que la main du Créateur a planté pour orner notre demeure, édifice merveilleux qui frappe d'admiration l'observateur attentif et attire puissamment sa contemplation. Au milieu de ces rayonnantes harmonies que nous apercevons sur la terre, dans les eaux, dans les airs, dans les cieux, nos sens, ouverts à toutes les impressions de la nature, sont en quelque sorte enivrés de sa pompe, de ses parfums, de cet univers d'êtres qu'elle présente de toutes parts à notre domination et à nos jouissances.

De tous les êtres qui couvrent la surface de notre globe,

l'homme seul est doué d'une intelligence supérieure à l'instinct qui guide le reste des animaux. Ceux-ci sont aveuglément esclaves de leurs besoins; l'homme seul ne reçoit des lois que de sa volonté; il peut s'examiner lui-même, observer les ressorts qui le font agir, reporter les yeux à l'extérieur et jouir du spectacle qui l'environne. La forme variée, l'ensemble imposant de tant d'objets qui partagent avec lui l'existence, lui offrent un continuel sujet d'admiration; mais il ne s'en tient pas là, il étudie leurs caractères, combine leurs rapports, et, profitant des connaissances qu'il acquiert, il sait s'entourer de ceux qui peuvent lui être de quelque utilité, tandis qu'il écarte les autres dont il aurait à craindre quelque dommage. Cela seul suffirait pour montrer combien il est supérieur à ces animaux qu'il a domptés ou qu'il a forcés de fuir à son aspect; un sentiment plus noble est venu mettre le comble à sa grandeur : il s'élève, par la contemplation, à l'Auteur de tant de merveilles, et, pénétré de reconnaissance, il lui offre le tribut de ses hommages. Dieu, l'intelligence, l'univers, voilà le triple objet des méditations de l'homme; mais, s'il voulait les embrasser d'un seul coup d'œil et en saisir l'ensemble, le sentiment de sa faiblesse succèderait bientôt à cet effort présomptueux, et son esprit se trouverait accablé sous le fardeau qu'il aurait voulu soulever. Il a donc fallu le partager. Au moyen de l'analyse, fruit de l'observation, les connaissances humaines ont été divisées en différentes branches, qui ont pris le nom de science. Leur domaine s'est trouvé circonscrit; mais elles ne se sont isolées que pour se porter mutuellement des secours plus efficaces.

Nous ne pourrons donc jamais saisir le plan vaste et

magnifique qui a dirigé l'Être suprême dans la formation de cet univers. Nos conceptions les plus étendues sont renfermées dans les limites de quelques orbes particuliers qui se trouvent plus à notre portée que les autres; et pour assigner même à chaque individu la place qu'il doit occuper dans son orbe, il nous manque encore bien des données, soit parce que, ne connaissant pas tous les êtres qui composent cet orbe, nous ne pouvons fixer d'une manière assez précise la loi des rapports, soit parce qu'il y a dans le fond même de chaque être des aspects qui nous échappent. Mais le véritable plan de la nature embrasse à la fois l'immensité de l'ensemble et celle des détails; il consiste dans des relations qu'une sagesse infinie a ménagées entre les qualités tant extérieures qu'intérieures de chaque individu et la destination de cet individu, considéré soit en lui-même, soit à l'égard de l'univers entier, auquel il tient par une infinité de fils dont la plupart sont imperceptibles pour nous.

Au défaut de cette connaissance, qui nous sera toujours interdite, il faut nous en tenir à ce qui est le plus proportionné à nos lumières, et borner nos recherches à arranger les individus relativement à notre manière de voir et de comparer les objets, quand nous voulons les rapprocher ou les éloigner les uns des autres, selon qu'ils ont entre eux plus ou moins de ressemblance : c'est-à-dire qu'ayant déterminé, par exemple, une plante quelconque pour être la première de l'ordre, immédiatement après on placera celle de toutes les plantes connues qui paraîtra avoir le plus de rapports avec elle, et l'on continuera la même gradation de nuances jusqu'à ce qu'on soit parvenu à la plante qui différera le plus de la première, et qui, par cette raison, formera comme le dernier anneau de la chaîne.

La science qui va nous occuper est, de toutes les parties qu'embrasse l'histoire naturelle, celle qui présente en même temps et les objets d'utilité les plus nombreux et les agréments les plus variés. Est-il une étude plus attrayante que celle de ces productions innombrables et si diversifiées qui parent nos prairies et font l'ornement de nos jardins et de nos forêts? La botanique est la science de tous les temps, de tous les lieux. Partout on trouve des plantes : la nature en fait la parure de la terre, et toutes les saisons, l'hiver même, malgré ses glaces et ses frimas, voient naître et se reproduire de nouveaux végétaux. Sur quelque point de la terre que nous portions nos regards, nous le trouverons décoré de quelque plante particulière. Mêlant ensemble leurs feuillages, entrelaçant leurs tiges, leurs formes variées semblent destinées à ne laisser aucun espace vide; les sables les plus mobiles, les marais les plus fangeux, les roches même les plus dures, toute la surface du globe tend, par le moyen des plantes, à se revêtir de verdure.

L'utilité de la botanique n'est pas moins grande que le charme attaché à son étude. Les usages auxquels l'homme fait servir les plantes sont innombrables [1]. Ce n'est pas

[1] Qu'on juge, par un seul fait, de l'immense quantité des végétaux qui sont consommés pour l'usage de l'homme et des animaux : on a calculé à 50,000 fr. par an la consommation qu'on fait, à Paris, de la Morgeline *intermédiaire* ou *Mouron des oiseaux*, pendant le cours de presque toute l'année, pour la nourriture des petits oiseaux, et surtout des serins.

Je viens de nommer la Morgeline ou Mouron *blanc* des petits oiseaux; cette plante fait pour eux toute l'année de la terre une table bien servie; et, pour qu'ils n'en manquent jamais, le Mouron est doué d'une fécondité que ne possède aucune plante; pendant l'espace d'une année, le Mouron a le temps de germer, de laisser tomber ses graines, et d'en porter d'autres sept ou huit

ici le lieu de s'appesantir sur cet objet, quelque important qu'il soit; nous nous contenterons d'observer que chacune de leurs parties ou de leurs organes présente en général une façon particulière de nous être utile. C'est ainsi que les racines fournissent des aliments également salubres et savoureux; les graines, plus substantielles encore, font la base habituelle de la nourriture de presque tous les peuples; l'écorce et le liber, par leurs fibres liantes et souples, donnent la matière de ces tissus légers qui servent à nous défendre des injures de l'air. Le bois, cette substance légère et solide, dont les Indiens ont fait un cinquième élément, nous procure encore de plus grandes ressources : par la construction des maisons il nous met à l'abri des intempéries des saisons, et par celle des vaisseaux il nous soumet un élément qui nous semble interdit par la nature.

Les sucs particuliers qui circulent dans les feuilles et les autres parties des plantes nous servent de différentes manières : ce sont eux surtout qui nous fournissent des armes puissantes pour repousser les maladies auxquelles nous sommes sujets. Le plus souvent il faut acheter ces services par une préparation quelconque. Il est un petit nombre de présents que la nature nous fait plus gratuitement : tels sont les fruits, dont la pulpe savoureuse flatte agréablement notre palais; mais, en général peu nourrissants, ils semblent plutôt créés pour notre agrément que pour satisfaire à nos besoins.

fois. Sept ou huit générations de Mouron couvrent la terre chaque année; il occupe naturellement les champs, et il envahit nos jardins; il est impossible de le détruire : d'ailleurs, de toutes les herbes habitantes naturelles de la terre, qui disputent le sol aux usurpatrices que nous y introduisons, le Mouron est celle qui fait le moins de mal à nos cultures; on dirait qu'il veut se faire tolérer; à peine s'il tient à la terre par quelques racines fines et déliées.

Les fleurs attirent nos regards et notre admiration par l'élégance de leurs formes et par l'éclat et le mélange de leurs couleurs; elles flattent notre odorat par la douceur de leurs parfums. Cet attrait que nous éprouvons pour un plaisir indépendant de nos besoins suffirait pour nous distinguer des autres animaux; une foule d'autres traits établissent d'une manière évidente la supériorité que nous donne sur eux notre intelligence. Chaque espèce d'entre eux n'a de rapport qu'avec un petit nombre de plantes; l'animal, conduit par son appétit, s'approche de celles qui peuvent le satisfaire, et s'éloigne de celles qui lui seraient nuisibles; il broute l'herbe ou ronge le fruit qui lui convient : tout le reste lui est indifférent. L'homme seul, planant sur l'ensemble, prévoit de loin ce qui pourra lui être nécessaire, le met à sa portée longtemps avant que la nécessité le lui commande. A l'homme seul il a été accordé de jouir dans toute sa plénitude du beau spectacle de la nature; lui seul en est affecté par tous les sens; lui seul peut en saisir la sublime ordonnance, le suivre dans ses détails, le contempler dans son ensemble. Les sites variés des paysages, les bords riants des ruisseaux, la verdure nuancée des prairies, ne sont que pour lui. Quel autre que lui est pénétré d'une sorte de sentiment religieux à l'aspect d'une antique forêt? Si le Papillon voltige de fleur en fleur dans nos parterres, ce n'est ni pour jouir de leur éclat, ni pour admirer cette variété si séduisante de couleurs et de formes, mais pour s'y abreuver de nectar et y déposer sa postérité; l'Abeille ne se montre dans les plaines fleuries que pour y recueillir la cire et le miel. Si l'oiseau s'engage à l'ombre des bois, c'est parce qu'il y trouve sa sûreté, un asile, des aliments.

L'étude des plantes est une source de jouissances pures; elle fait le charme des cœurs sensibles. Que d'émotions à la rencontre des fleurs, même les plus communes! que de souvenirs délicieux elles renouvellent toutes les fois que nous nous reportons dans ces promenades champêtres où nous ont si souvent attirés le retour des zéphyrs et celui de la verdure et des fleurs! Quel plaisir de retrouver l'Aubépine fleurie [1], de conquérir la Rose défendue par

[1] Qui ne connaît l'Aubépine? qui n'a admiré la pompe agreste de ses nombreux bouquets de fleurs? qui n'aime à en respirer l'odeur? Croissant spontanément dans nos contrées, où elle s'élève à la hauteur des grands arbrisseaux, déployant dans le plus beau mois de la plus belle saison une magnificence de floraison qu'aucun d'eux n'égale, et joignant à ce mérite celui de parfumer l'air, l'Aubépine, au moment où elle épanouit les rosaces de ses blanches corolles, est une des plantes qu'on salue avec le plus de plaisir dans les campagnes. Les pauvres villageois surtout, qui l'obtiennent sans frais des mains de la nature, s'empressent de la lui offrir en hommage dans les modestes solennités par lesquelles ils fêtent son réveil. En Savoie, les jeunes paysannes dont les parents gémissent dans l'indigence, s'habillent de leur mieux le premier dimanche de mai, et, prenant en main pour présage de fertiles moissons d'Aubépine fleurie, elles vont en chantant prédire aux riches qu'ils auront encore en abondance ce blé, ce pain dont la production leur coûte à elles-mêmes tant de peines, et dont cependant elles sont si souvent privées; pauvres enfants dont l'existence, habituellement malheureuse et traversée seulement par de rares éclairs de bonheur, se peint si bien dans ces guirlandes formées de fleurs promptement fanées et d'épines toujours subsistantes, toujours plus dures.

« Qu'il me soit permis de citer, parmi les variétés de l'Aubépine, dit l'auteur de l'*Histoire naturelle des plantes* (POIRET), un individu qui existe à une lieue de Saint-Quentin, sur la route de Paris. Il est placé sur un tertre, en face du chemin qui conduit au village de Dallon. Des souvenirs trop délicieux sont attachés à ce grand arbrisseau pour me refuser au plaisir de les rappeler ici. Ils intéresseront peu le lecteur; mais je ne le retiendrai pas longtemps. Cette épine est une des plus fortes que j'aie vues : on la regarde comme un *Rosni*. Sa cime est touffue, très-étalée : elle ombrage un beau gazon; l'ombre et la verdure engagent le voyageur à s'y reposer; il y respire l'air frais que procure l'élévation du lieu, qui permet à la vue de s'étendre au loin sur le grand chemin. C'était là que, dans le temps de mes études classiques, lorsque je revenais en vacances à Saint-Quentin, c'était là, dis-je, que plusieurs de mes parents et de mes amis m'attendaient dans une joie impatiente que je partageais avec eux. D'aussi loin qu'ils m'apercevaient, des mouchoirs placés au haut des cannes s'élevaient aussitôt en l'air comme un signal qui m'annonçait

ses épines, de découvrir la Violette trahie par son odeur! Il n'est pas une plante qui ne nous rappelle une jouissance, et avec elle l'âge heureux de notre première jeunesse. Pouvons-nous voir avec indifférence cette aigrette légère et argentée du Pissenlit, que nous avons si souvent dispersée de notre souffle et livrée au gré des vents? ces Primevères, développant dans les vallées leur panache doré? cette Brize *amourette,* dont nous examinions les épillets tremblants? ces baies succulentes de la Ronce, que ses épines n'ont pu garantir de nos larcins? ces Fraises parfumées, cueillies au milieu des bois? le Bluet, le Coquelicot, ornements des moissons? le Chèvrefeuille odorant, dont nous composions des guirlandes pour orner notre coiffure? ces buissons, ces taillis, si souvent battus pour y cueillir la Noisette savoureuse? les arbres de ces forêts, qui nous ont accueillis sous leur ombrage? et ces Hêtres, où nous avons essayé nos forces pour parvenir à leur sommet, ainsi que ces Noyers tant de fois attaqués pour en obtenir les fruits? Un buisson s'offre à nous : c'est là, c'est à la faveur de son ombre que des heures délicieuses se sont écoulées pour nous, livrés à un doux loisir, à des rêveries agréables. Ici se retrouve cette tendre pelouse où, assis à côté d'un ami, nous l'avons rendu le confident de nos secrets... Enfin il n'est point de parure sans bouquets, point de fête sans guirlandes, point d'époque heureuse dont le retour ne soit célébré par des fleurs... Combien donc doit être intéressante dans ses

leur présence. Mon cœur palpitait de joie; j'accélérais ma marche, et je me trouvais dans leurs bras.

« Épine de Dallon, je ne te verrai plus! Je ne saluerai plus de loin ta cime touffue : ton feuillage se convertirait pour moi en cyprès, ton ombrage en un crêpe de mort! Je n'ai plus de parents, je n'ai plus d'amis à presser contre mon cœur : tous m'ont précédé dans la nuit du tombeau!... »

détails cette étude qui se rattache aux grands phénomènes de l'univers, qui s'identifie avec nos plus douces habitudes, nous conduit de merveilles en merveilles, et nous transporte en quelque sorte dans un monde nouveau, que nous habitons sans le connaître et que nous regretterons d'avoir connu si tard[1] !

CHAPITRE II

DIFFÉRENCE ENTRE LES ÊTRES ORGANISÉS ET LES SUBSTANCES MINÉRALES. — LA VIE.

La puissance du Créateur ne s'est montrée nulle part avec autant de pompe, de profusion et de sagesse, que dans l'immense domaine des productions vivantes. Dans les matières brutes elle a prodigué les masses et les distances; elle a créé des lois immuables qui agissent dans de grands espaces et dans la proximité, dont la sphère

[1] « Rien de semblable à nos passions ne trouble la douce harmonie de l'existence des végétaux; leur vie silencieuse, leur développement uniforme, l'ordre immuable dans lequel ils se succèdent, offrent à l'homme fatigué des plus violentes émotions un tableau qui le console et qui le calme. Puissante et douce influence! une aimable verdure repose l'âme la plus agitée, efface de tristes souvenirs, change un funeste désespoir en douce mélancolie, et (peut-être qu'une même cause produit tout à la fois ces différents effets) rend à l'air sa pureté, à la raison son empire, à la pensée sa clarté, sa sérénité et son énergie... Animer sa retraite solitaire, inspirer de douces rêveries, charmer les peines les plus secrètes, voilà ce qui semble pour ces gracieuses productions de la nature un emploi de prédilection. Fuyant le tumulte des villes, oublié du monde entier, de ce monde qu'il veut oublier lui-même, l'infortuné auquel elles prodiguent sans réserve l'éclat de leurs couleurs, la suavité de leurs parfums, et jusqu'à la fraîcheur de leur ombre, se croit dédommagé de l'injustice des hommes ou de la destinée : la nature semble s'être parée pour lui plaire. » — PHILIBERT, *Introd. à la Botan.*, t. II, p. 151.

d'activité se répand dans les abîmes des cieux comme dans les profondeurs du globe. Les lois du mouvement, de l'attraction et des affinités qui lui sont analogues; celles de la chaleur et des propriétés inaliénables de toute matière, comme la figure, l'impénétrabilité, l'étendue, l'inertie, sont générales et invariables dans toutes les substances brutes. Celles-ci subsistent par elles-mêmes et indépendamment de l'ensemble; chacune de leurs molécules intégrantes, inaltérable dans son essence, est indépendante du tout et se suffit à elle-même; les modifications qu'elle éprouve lui viennent du dehors, et ses métamorphoses sont amenées par des causes étrangères à elle-même. Un atome de fer, de terre, de soufre, existe par sa propre nature, et resterait toujours le même jusqu'à la fin des siècles, si rien d'extérieur ne sollicitait un changement dans ses qualités par sa combinaison avec un ou plusieurs autres atomes. L'être brut est fixe, ses forces sont régulières, susceptibles d'être calculées, prévues, imitées; elles ont une invariabilité qui tient à leur nature simple et élémentaire; car plus les corps sont composés, plus leurs rapports se multiplient, et plus leurs actions se modifient réciproquement entre elles.

La nature a travaillé sur un plan bien différent dans le règne organisé; ici tout est soumis à une cause intérieure d'action qui modifie les propriétés des masses organiques; ici les molécules de chaque corps ne sont point indépendantes, elles ne subsistent point par elles-mêmes, mais elles ne vivent que par rapport au tout; elles ne sont rien sans l'ensemble; elles se détruisent d'elles-mêmes quand on les en sépare; elles n'ont qu'une existence corrélative; tout tient à tout; le corps vivant n'est qu'un assemblage d'harmonies, un cercle où tout s'enchaîne, où les rapports sont réciproques et continuels.

Le principal attribut qui distingue les êtres vivants des masses inanimées est celui de l'*organisation*, c'est-à-dire un assemblage de molécules disposées dans un ordre régulier, différent de la simple agrégation et de la cristallisation, ordre qui constitue des fibres, des vaisseaux, et un appareil de pièces diverses liées entre elles et concourant à des fonctions déterminées, dont l'ensemble harmonique est la première condition de la vie.

Nous avons nommé la vie. Qu'est-ce que la vie? quelle est cette puissance inconnue dans son essence, qui organise, qui meut, qui répare et perpétue les innombrables créatures qui peuplent la terre et qui embellissent les différents domaines de la nature? Quel est cet être fugitif que nous n'apercevons que dans ses effets, que nous ne pouvons imiter, qui fuit sous le scalpel, et qui échappe même à l'œil attentif de la pensée? La vie est de tous les mystères de la nature le plus incompréhensible, de toutes les merveilles la plus étonnante. La vie, elle circule dans toutes nos veines, elle coule dans tous les organes des végétaux. Nous la sentons en nous-mêmes, nous la retrouvons dans tous les êtres qui nous environnent; nous la sentons, mais nous ne pouvons la comprendre. Qu'on ne dise pas que la vie consiste dans la faculté que possèdent les êtres organiques de développer leurs organes par le moyen de la nutrition, de convertir en leur propre substance les aliments qu'ils reçoivent, ou enfin que la vie existe dans la libre circulation des liquides au milieu de cette foule innombrable de canaux distribués dans toute l'étendue des corps vivants, et dans l'exécution des diverses fonctions qu'ils ont à remplir. Je ne vois là que mouvement, combinaison de matière, changement de substances, déperditions, réparations; tout cela ne me donne aucune idée de la vie. Je reste froid au milieu d'une des plus grandes merveilles de la création. Mais quand mes yeux se portent sur ces vastes campagnes couvertes de prairies et de moissons, ou sur les fleurs d'un beau parterre, mon regard m'en a plus appris que les plus savantes dissertations. Mon cœur, pour sentir, pour être ému, n'a pas besoin du secours de la science; j'éprouve un plaisir de sentiment, d'admiration profonde au-dessus de toute définition.

Ici cesse l'empire de la matière; ici le naturaliste qui contemple la structure des productions organisées, qui rassemble leurs cadavres immobiles dans son cabinet ou dans un herbier, qui ne voit rien que des figures inanimées, des débris que le temps dissout lentement, ne peut admirer les causes profondes qui ont été les semences de leur vie, de leur organisation, de leurs habitudes, et de tout ce qui les distingue des masses informes de la terre. Ce n'est point l'étude de la conformation des animaux, des formes multipliées des plantes, ni même ces brillantes apparences des êtres créés, qui font la véritable science; c'est la connaissance de la vie et des mœurs, des allures, des mouvements, de l'instinct, de la nutrition, et des diverses fonctions de ces êtres organisés, qui est la véritable base de l'histoire naturelle. Voilà la science sublime qui ne s'apprend point dans les cabinets, au milieu de ces funèbres amas de végétaux et d'animaux insensibles et morts, de cette froide et insignifiante immobilité qu'on va visiter dans les musées; voilà la science qui charme le contemplateur, qui lui procure la plus pure, la plus douce jouissance qui puisse entrer dans le cœur d'un homme simple. Les reflets brillants des ailes d'un Papillon, les vives couleurs d'un oiseau, l'émail des fleurs, éblouissent la vue sans pénétrer l'âme, sans la nourrir de ces grandes et ravissantes vérités qu'on trouve dans la contemplation des êtres vivants. C'est ici la seule étude digne d'une âme noble et sensée; c'est ainsi qu'il est beau de s'élever, par de hautes conceptions, aux mystères les plus profonds de la nature, et à cet Être des êtres, dont la main toute-puissante verse sur le monde des trésors inépuisables de vie et de perfection.

Nous venons d'esquisser les traits les plus frappants qui distinguent les créatures organisées dans le vaste domaine de la nature; c'est ainsi qu'elle a établi leurs caractères et tracé les lignes éternelles de démarcation qui les séparent des autres substances qu'elle régit de sa puissance dans l'immensité des siècles. Elle n'a point donné à l'homme la faculté de tout connaître, mais elle nous a laissé entrevoir une lueur divine de son immortelle intelligence; elle a placé dans le cœur de l'homme un rayon de sa sagesse, et l'a séparé, par le don de l'esprit, de la foule innombrable de ses créatures. Quel plus digne usage pouvons-nous en faire, que de nous abandonner à sa ravissante étude et à la contemplation des merveilles sans nombre dont elle a parsemé le globe, et comme enveloppé les pas de l'homme! Soit qu'il descende dans les abîmes de son être, soit qu'il sonde la profondeur des cieux, les gouffres de l'Océan, ou les entrailles de la terre, il y trouve les prodiges de la Toute-Puissance, toujours jeune, toujours active, toujours plus admirable à mesure qu'on l'approfondit davantage.

CHAPITRE III

ORGANES EXTÉRIEURS DES VÉGÉTAUX

. . . . Heureux l'ami des plantes !
Il parcourt, il décrit leurs beautés ravissantes ;
Il admire, il adore, il chérit l'Éternel,
Il voit dans chaque mousse un chef-d'œuvre du Ciel.

A peine l'observateur de la nature est-il initié dans ses mystères, qu'une foule d'objets auxquels il était resté étranger deviennent pour lui une source d'intérêt et de jouissance. Il n'est pas une plante, pas une feuille, pas un seul brin d'herbe qu'il ne désire examiner ; et plus il avance dans ses recherches, plus son attention et sa curiosité sont excitées. Quelle ressource pour l'exercice de la pensée qu'une science qui place habituellement autour de nous des objets si dignes de notre contemplation ! Pour nous faire une idée de l'art inimitable qui se découvre dans le règne végétal, nous allons passer successivement en revue les principaux organes qui servent à la nutrition, à la végétation, à la reproduction ou fructification des plantes, tels que la racine, la tige, les feuilles et la fleur, ses différentes parties, et le fruit qui lui succède.

§ 1

La racine.

On entend communément par *racine* la partie du végétal située à son extrémité inférieure, cachée le plus souvent dans la terre, qui croît et se dirige en sens inverse de la tige, c'est-à-dire tend toujours à descendre perpendiculairement[1]. Mais, physiologiquement, on ne doit considérer comme de véritables racines que les ramifications capillaires du caudex descendant, cette réunion de fibrilles auxquelles, à cause de leur finesse, on a donné le nom de *chevelu*.

Presque tous les végétaux sont pourvus de racines, qui servent à les fixer au sol et à pomper ou puiser, dans le sein de la terre, une partie des substances nécessaires à leur accroissement. Les végétaux qui s'implantent sur d'autres végétaux, aux dépens desquels ils vivent, sont appelés *parasites*. Beaucoup de mousses et de lichens végètent sur les pierres et sur l'écorce; la Lentille d'eau nage à la surface du liquide sans adhérer à la terre; le Nénuphar, le Trèfle d'eau, et la plupart des plantes aquatiques, outre les racines qui les attachent au sol, en produisent d'autres qui sont libres et flottantes.

Fig. 8 *.

* Lentille d'eau.

1 La direction constante des racines vers le centre de la terre, celle des tiges vers le ciel, cette séparation en sens opposé qui s'établit au nœud vital entre des organes d'ailleurs assez semblables, est un de ces phénomènes dont on n'a pu jusqu'ici donner aucune explication satisfaisante. Un célèbre physicien anglais, M. Knight, a voulu s'assurer par l'expérience si cette tendance ne serait pas détruite par le mouvement rapide et circulaire imprimé à des graines germantes. Il fixa des graines de haricots dans les augets d'une roue mue continuellement par un filet d'eau dans un plan vertical, cette roue faisant cent cinquante révolutions en une minute. Toutes les radicules se dirigèrent vers la circonférence de la roue, et toutes les gemmules vers son centre. Une expérience analogue faite avec une roue mue horizontalement, et faisant deux cent cinquante révolutions par minute, amena des résultats semblables: toutes les radicules se portèrent vers la circonférence, et les gemmules vers le centre. M. Dutrochet, ayant répété les mêmes expériences, obtint les mêmes résultats. De ces expériences on a conclu que les racines se dirigent vers le centre de la

Dans les plantes grasses, comme les Cactus, etc., la racine n'a d'autre fonction que de fixer au sol le végétal, qui se nourrit uniquement par la succion des tiges et des feuilles.

Les racines se portent naturellement vers les lieux où la terre est plus meuble et plus substantielle; souvent elles s'allongent démesurément pour y arriver. On a vu une racine d'Acacia, après avoir traversé une cave à la profondeur de vingt-deux mètres, pénétrer dans un puits, où elle s'étendit encore. Une rangée d'Ormes dont les racines épuisaient un champ voisin en avait été séparée par une tranchée profonde; les nouvelles racines, arrivées sur le bord du fossé, en suivirent la pente jusqu'au fond, le traversèrent, puis, remontant le long du bord opposé, envahirent de nouveau le terrain dont on avait voulu les tenir éloignées. Il n'est point d'obstacles que les racines ne surmontent pour se procurer leur nourriture : elles se plient, s'enfoncent, se recourbent dans toutes les directions pour trouver un passage; elles percent, minent et renversent des murailles; elles s'insinuent dans les fentes des rochers, et quelquefois parviennent à les faire éclater.

Les formes extrêmement variées des racines ne sont point l'effet du hasard; elles tiennent au but général de la nature, qui est de couvrir de végétaux toutes les parties du globe terrestre, si différent par son enveloppe suivant les localités. Ici le terrain est dur ou pierreux, léger ou sablonneux; là, sec et humide; ailleurs, exposé aux ardeurs du soleil, ou frappé sur les hauteurs par la vio-

terre par un mouvement spontané, une force intérieure, une sorte de soumission aux lois générales de la gravitation.

Malgré la généralité de cette loi, la plupart des plantes parasites semblent s'y soustraire : tel est, par exemple, le Gui, qui croît horizontalement, latéralement, perpendiculairement, en un mot, dans toutes les directions, autour de la branche sur laquelle sa graine s'est développée.

des sentiments : livre charmant qui ne renferme aucune erreur dangereuse, et ne garde que l'histoire fugitive des révolutions du cœur[1].

La disposition des fleurs sur le végétal s'appelle *inflorescence*. Les fleurs sont ordinairement soutenues par un support auquel on a donné le nom de *pédoncule;* c'est la situation et la direction de ces pédoncules qui constituent l'inflorescence. La nature réunit dans ces productions l'élégance des formes à l'utilité des organes, et ce que nous regardons comme un simple agrément est souvent, dans la plante, la disposition la plus favorable pour la conduire au but de sa création. Nous chercherions en vain à rendre raison de cette belle variété de formes, la nature ne nous a pas toujours confié son secret; il nous arrive quelquefois de le deviner, plus souvent il nous échappe; du moins nous est-il accordé de jouir, sans étude et sans fatigue, de ces modèles gracieux que nous fournissent les pédoncules dans leur arrangement sur les plantes : ce sont des grappes, des épis, des bouquets, des aigrettes, des panaches, des pyramides, des girandoles, des guirlandes, etc., que l'art n'aurait jamais pu imaginer, s'il n'en eût trouvé le type dans les végétaux.

Les inflorescences les plus remarquables sont : le *chaton* (bouleau, saule, noisetier, etc.); l'*épi* (plantain, seigle, etc.); la *grappe* (cytise, etc.); le *thyrse* (marronnier d'Inde, etc.); la *panicule* (la plupart des graminées, la patience, etc.); la *cyme* (cornouiller, sureau, etc.); l'*ombelle:* les pédoncules partent tous du même point, arri-

[1] CHATEAUBRIAND, *Génie du christianisme*. — Il y a, dans cette belle page du grand écrivain, une inexactitude : les premiers chrétiens ne couvraient point de fleurs les martyrs ni les autels, au rapport de Tertullien.

vent à la même hauteur, divergent et s'écartent comme les rayons d'un parasol ouvert (carotte, cerfeuil, etc.).

Quand on y réfléchit, à peine peut-on croire jusqu'où a été portée l'attention de réjouir l'homme par la beauté et par la multitude des fleurs. Cette multitude tient du prodige : on dirait qu'elles ont reçu l'ordre de naître sous nos pas. Nulle partie dans la nature qui ne nous en offre tour à tour ; elles naissent au haut des arbres et sur l'herbe qui rampe ; elles embellissent les vallées et les montagnes ; les prairies en sont couvertes ; nous les cueillons au bord des bois et jusque dans les déserts ; la terre est un jardin qui en est tout émaillé ; et afin que l'homme ne soit point privé de cette vue délicieuse lorsqu'il se renferme dans les bornes étroites de sa demeure, elles semblent vouloir la lui rendre plus aimable en se réunissant dans son parterre, plus brillantes encore et plus parfumées.

« Que les fleurs sont une jolie chose ! s'écrie un naturaliste. Les fêtes ne peuvent s'en passer. La misère en égaie, en orne ses réduits. Comme la nature, comme tous ses sentiments, elles sont au-dessus des convenances sociales. Elles entrent dans tous les états ; et je ne puis m'expliquer si je leur prête ou si j'en reçois l'idée touchante de candeur ou de vertu dont leur seule présence me pénètre. »

§ V

La corolle.

Voici la partie la plus remarquable de la fleur. La délicatesse de son tissu, l'éclat et la fraîcheur de ses teintes, le parfum suave qu'elle exhale, la grâce et la variété de ses formes, tout en fait un des objets les plus aimables, les plus séduisants qui puissent s'offrir aux regards; c'est pour elle que la nature semble avoir épuisé toutes les ressources de ses pinceaux, toute la fécondité de ses dessins. Mais ces riches couleurs, ces belles formes que nous admirons, ne lui ont pas été données seulement pour briller à nos yeux; elles ont une autre destination plus relative au but de la végétation. La corolle sert d'enveloppe à des organes plus importants qu'elle doit protéger, sur lesquels elle doit réfléchir, concentrer, par le poli de ses surfaces, ces flots de lumière qui se réunissent comme dans un foyer de chaleur, pour accélérer la formation des ovaires et leur développement.

La corolle est ordinairement protégée elle-même par une enveloppe extérieure appelée *calice*, produite par un prolongement de l'écorce à l'extrémité du pédoncule et souvent divisée en plusieurs segments ou sépales. Ces formes rustiques du calice conviennent à ses fonctions; c'est par la puissance et la force qu'on protége et défend, et non par l'élégance des formes ou le prestige du luxe. Comme enveloppe extérieure de la corolle, le calice doit offrir plus de résistance aux dangers du dehors; sa constitution répond à son emploi : on trouve cependant quelques calices qui rivalisent en élégance et en beauté avec la corolle, et qui même quelquefois attirent seuls l'attention : tel est celui de l'Hortensia, du Fuchsia, etc.

Parmi les organes accessoires qui se rattachent à la corolle, nous devons mentionner certains renflements charnus, qui distillent des sucs particuliers et mielleux; on a donné à ces sortes de glandes végétales le nom de *nectaires*. La position des nectaires est tantôt entre les filaments des étamines, comme dans les Crucifères; tantôt à la base de l'ovaire, où ils forment une sorte de bourrelet, comme dans les Personnées, etc.; d'autres fois ils sont au fond des éperons dans les fleurs irrégulières. Dans l'élégante Parnassie, ornement de ce double mont où les poëtes ont placé le séjour d'Apollon et des Muses, on voit à la base de chacun des cinq grands pétales d'un blanc pur qui forment la corolle, un appendice nectarifère, bordé de cils rayonnants, chacun terminé par un globule jaunâtre et glanduleux [1].

Fig. 12 *.

Quelles sont les fonctions de ces glandes nectarifères? On peut les regarder comme la source féconde du parfum et de la suavité des fruits. Depuis l'instant où, faibles embryons, ils ont reçu dans l'ovaire le souffle de la vie, ils n'ont cessé d'être abreuvés et perfectionnés par ces sucs alimentaires. Souvent ces sucs se répandent au dehors sous la forme d'une liqueur douce et sucrée qui pourrait tenter la sensualité de l'homme, s'il lui était plus facile d'en disposer; mais comment pourrait-il convertir ces sucs à son usage? quels instruments inventera-t-il pour enlever ces parcelles à peine visibles? Ce que l'homme n'a pu faire, un faible insecte, une simple Abeille, l'exécute tous les jours. C'est à elle que la Providence a destiné ce superflu des sucs nourriciers du fruit; elle l'a en conséquence pourvue d'organes propres

* La Parnassie avec un nectaire détaché de la corolle.

1 La Parnassie ou *gazon du Parnasse* embellit nos pelouses montagneuses et humides, dont elle fait le principal ornement, sur la fin de l'été, par la simplicité de sa parure. Elle est de la famille des Capparidées (de *capparis*, caprier).

à exploiter ces biens précieux, auxquels son existence est attachée; elle lui a donné une trompe déliée pour pénétrer dans les moindres replis des fleurs; un estomac pour élaborer ce mélange de sucs divers, et les réduire en une substance homogène; elle y a ajouté la faculté de les dégorger et de les déposer dans des alvéoles pour alimenter la jeune Abeille près de sortir de l'œuf, tandis que l'industrie de l'homme est ici bornée à dérober et à s'approprier les magasins de cette petite troupe ailée.

C'est ainsi que la contemplation de la nature, étendant la pensée, nous fait découvrir à chaque pas quelques-uns de ces rapports admirables qui rendent les êtres dépendants les uns des autres. Nous venons de voir combien de simples glandes, à peine observées, nous sont devenues intéressantes : en même temps qu'elles alimentent dans les fruits cette chair savoureuse qui les enveloppe, elles sont une source féconde d'où découle cette substance sucrée, si délectable, que les anciens lui attribuaient une origine céleste. On aurait peine à concevoir son extrême abondance, si des milliers d'ouvriers n'étaient continuellement occupés à l'extraire de ses réservoirs, et à en former des magasins si considérables, qu'ils suffisent à l'immense consommation qu'on en fait tous les jours.

L'attention qu'il faut donner aux formes de la corolle pour la distinction des plantes est peut-être ce qu'il y a de plus attrayant dans une étude où tout est jouissance. Les botanistes dont la méthode se rattache à l'examen de la corolle ou des étamines et du pistil, comme celles de Tournefort et de Linné, ont plus fait pour mettre cette science à la portée de tous les esprits et pour en propager le goût, que les plus savants physiologistes par la profondeur de leurs recherches. Dans cette analyse de la corolle, tandis qu'au milieu d'une atmosphère parfumée, des doigts délicats en séparent toutes les pièces, la vue ne peut se détacher de ces formes gracieuses, de ces tons de couleurs si agréablement nuancés ; et quand, au milieu de ces jouissances qui semblent n'affecter que les sens, on parvient à connaître le jeu et la destination de toutes ces pièces, c'est alors que ce que nous regardions seulement comme une agréable distraction pénètre notre âme d'une profonde admiration pour la beauté et la grandeur des œuvres du Tout-Puissant.

La corolle est ***monopétale,*** c'est-à-dire d'une seule pièce ou pétale, ou bien ***polypétale,*** de plusieurs pièces. Parmi les corolles monopétales régulières on remarque les ***Campanulées,*** ayant la forme d'une cloche : le Liseron, etc. ; — la corolle *en roue :* la Morelle, la Pomme de terre, etc.

Parmi les corolles monopétales irrégulières nous citerons les ***Labiées*** ou à deux lèvres, comme la Sauge, la Lavande, la Menthe, etc. ; — les ***Personnées***[1], en masque ou en gueule : le Mufle de veau, etc.

Parmi les fleurs polypétales on distingue les ***Crucifères,*** ayant quatre pétales réguliers disposés en croix : le Chou, la Giroflée, etc. ; — les ***Rosacées,*** composées de cinq pétales à onglets courts, disposés comme dans la Rose à fleurs simples : le Pommier, le Fraisier, etc. ; — les ***Papilionacées,*** formées de cinq pétales très-irréguliers, dont le supérieur se nomme ***étendard*** ou ***pavillon;*** les deux latéraux portent le nom d'***ailes;*** les deux inférieurs,

[1] De *persona*, masque, « nom très-convenable assurément à la plupart des gens qui portent parmi nous le nom de personnes, » dit avec amertume Jean-Jacques Rousseau dans ses *Lettres sur la botanique*.

séparés ou soudés, s'appellent *carène:* les Pois, les Haricots, et la plupart des légumineuses.

Mentionnons encore les fleurs *Composées* ou *Synanthérées,* famille la plus nombreuse de toute la botanique, et qui ne comprend pas moins de neuf mille espèces, que l'on a rapportées à trois tribus, les *flosculeuses,* composées d'une réunion de *fleurons* ou petits tubes à cinq divisions régulières : le Chardon, le Bluet, etc.[1]; — les *semi-flosculeuses,* formées d'une réunion de *demi-fleurons* ou tubes grêles, dont le limbe se prolonge d'un seul côté en une sorte de languette : la Chicorée, le Pissenlit, la Laitue, etc.; — les *radiées,* qui réunissent des fleurons et des demi-fleurons en même temps : les premiers au centre, les seconds à la circonférence de la fleur : la Camomille, le Séneçon, le Dahlia, etc. Les Synanthérées se multiplient avec beaucoup de rapidité; comme leurs graines sont nombreuses et le plus souvent garnies d'un duvet fin, sur lequel le vent a beaucoup de prise, elles sont transportées par les courants d'air à des distances incroyables. Il est peu de personnes qui n'aient eu l'occasion de voir quelques-unes de ces graines voyageant dans l'atmosphère. De cette manière elles sont disséminées dans toutes les parties du globe; aussi est-il peu de pays où l'on n'en trouve un grand nombre d'espèces, différentes en cela des

[1] Parlant de l'Achillée-Millefeuille, plante vulgaire, obscure, dédaignée, appartenant à la famille des Synanthérées, un botaniste s'exprime ainsi :

« Chaque calice est imbriqué, c'est-à-dire composé de petites écailles fines, presque blanches, serrées, nombreuses. Quel travail dans un pied de Millefeuille ! La nature n'a combiné que son plan; elle semble se jouer du reste.

« Nous avons compté jusqu'à cent fleurettes au sommet d'une tige ordinaire, et chacune de ces fleurettes est elle-même composée de fleurons.

« Quel assemblage de vies ! que de mouvements, que d'opérations ! quelle productive colonie ! Il semblerait qu'en prêtant attention on dût entendre quelque bruit. »

autres plantes, dont la plupart sont bornées à certaines régions particulières.

§ VI

Étamines, Anthères, Pistil, Pollen.

> Le pistil de la Mauve n'est pas moins soigné que la trompe de l'Éléphant. MASSIAS.

La plupart des fleurs portent dans l'intérieur de la corolle, et autour d'un axe central, plusieurs filaments semblables à de petites colonnes, d'un blanc d'albâtre, rangées circulairement, soutenant à leur sommet un petit sachet ou une sorte de capsule d'un beau jaune, fixe ou balancé sur son pivot; on donne à cette capsule le nom d'*anthère*, à son support le nom de *filament*, aux deux ensemble celui d'*étamine*. L'axe central qu'entourent les étamines s'appelle *pistil*.

Fig. 5*.

Ces organes, peu apparents parce qu'ils sont ordinairement cachés par l'enveloppe florale, fixent peu l'attention; ils la méritent cependant tout entière. C'est de leur existence, c'est de leurs opérations que dépendent le développement des germes et la fécondité des fruits. Si ces filaments viennent à périr trop tôt, les semences sont frappées de stérilité, le fruit se dessèche, se flétrit et ne mûrit pas. Les anciens n'avaient presque point fait

* Lis blanc avec le pistil, une étamine et l'ovaire. Le stigmate est ce gonflement qui termine le pistil à l'extrémité supérieure.

attention à ces parties de la fleur; des botanistes plus modernes les avaient bien remarquées, mais ils n'avaient pu en deviner l'usage. Ce n'est qu'au siècle dernier qu'on en a découvert les fonctions admirables.

Les étamines, les pistils et leurs appendices sont donc les parties les plus essentielles des plantes, puisque sans elles il n'y aurait pas de fruit, pas de graine. Aussi rien de plus merveilleux que les précautions employées par la nature pour les garantir des nombreux accidents qui les environnent de toutes parts : c'est dans le centre de la fleur, c'est au milieu de la corolle qu'elles sont placées; elles y reçoivent avec plus d'avantage la chaleur d'un soleil bienfaisant dont les rayons se réunissent sur le disque poli et vernissé des pétales, comme dans le foyer d'un miroir poli. C'est pour recevoir les douces influences de cet astre qu'elles développent toute la beauté de leurs formes; mais à l'approche de la nuit ou d'un temps humide les pétales se réunissent, la corolle se ferme, et par ce moyen ces parties délicates se trouvent garanties des intempéries de l'atmosphère. C'est ainsi que dans un beau jour de printemps cette prairie émaillée de fleurs, toute couverte de Pâquerettes argentées, si nous la revoyons au coucher du soleil, ne nous offrira plus qu'une verdure uniforme. Ce phénomène a été très-ingénieusement désigné par Linné sous le nom de *sommeil* des plantes.

Toutes les fleurs, il est vrai, n'ont pas la faculté de fermer leur corolle, mais les étamines et les pistils n'en sont pas moins défendus. Les fleurs dont la corolle est évasée, comme le Lis, la Tulipe, etc., courbent leur pédoncule, s'inclinent, et présentent, par cette situation, un toit solide, sous lequel ces précieux organes sont en sûreté ; dans d'autres, comme dans les labiées et les papilionacées, les étamines et les pistils sont renfermés dans un des pétales, dont la forme est en casque ou en capuchon. Dans quelques-unes enfin, dont la corolle reste en tout temps ouverte sans changer de situation, telle que dans les Iris, les étamines, couchées sur les pétales, sont recouvertes par le stigmate, qui, dans ces sortes de plantes, est très-large et prend la forme d'un pétale.

Ces formes variées des fleurs, qui font l'objet de notre admiration, ne sont donc point uniquement destinées à récréer notre vue. C'est sous ces dehors brillants que la nature cache ses sublimes opérations. Mais la corolle, d'une substance fine et délicate, pourrait quelquefois être insuffisante pour garantir les organes qu'elle contient : une enveloppe extérieure, plus forte, plus épaisse, le calice, dont nous avons déjà parlé, vient à son appui. C'est entre ce double rempart que les étamines et les pistils exécutent leurs mystérieuses fonctions. Dès que ces parties ont atteint le but pour lequel elles ont été créées, aussitôt elles se fanent et se dessèchent. La corolle elle-même perd son éclat, se flétrit et meurt ; mais le calice, dont les services sont plus étendus, dure aussi plus longtemps ; il persiste souvent avec le fruit, qu'il enveloppe par la base, fait corps avec lui, en devient comme l'épiderme, ou bien il se gonfle, s'étend et forme une espèce de sac dans lequel le fruit est renfermé.

Nous avons dit que l'anthère se présentait à l'extérieur sous l'apparence d'une petite capsule ordinairement à deux loges ; c'est dans ces loges qu'est contenu le *pollen*, substance qui se présente ordinairement sous l'apparence d'une poussière composée de petits grains de couleur jaune, orange ou rougeâtre, et d'une ténuité extrême. Quand les valves des anthères s'ouvrent, cette poussière se répand au dehors. Les grains de cette poussière diffèrent souvent dans les diverses espèces de plantes. Pour les bien observer, il faut les mettre sur l'eau : l'humidité, en les dilatant, fait paraître leur véritable forme. Ils sont oblongs dans les ombellifères; globuleux dans les cucurbitacées, les malvacées; icosaèdres ou à vingt côtés dans le Salsifis : ils approchent plus ou moins de la forme pyramidale triangulaire dans les Onagraires, le Fuchsia, etc ; ils ont des côtes, comme le melon Cantaloup, dans la Consoude; ils sont attachés les uns aux autres par des fils d'une finesse extrême dans le Rhododendron, l'Épilobe, la Balsamine, etc. Chaque corpuscule, mis sur l'eau, s'enfle, se dilate et crève. On voit sortir alors par l'ouverture un jet de matière liquide qui s'allonge en serpentant, et s'élargit bientôt comme un léger nuage à la surface de l'eau. Cette matière paraît être de la nature des huiles : elle a, selon les espèces, plus ou moins de consistance. L'écrivain le plus récent, Fritzche, distingue trente-quatre variétés de pollens. La sage Providence, qui a façonné en poussière si ténue le principe de la fructification chez les plantes terrestres, parce qu'il est dans un fluide aussi léger que l'air, lui a donné dans les plantes marines la forme d'un fluide mucilagineux, approprié à l'élément dans lequel il doit déployer son action.

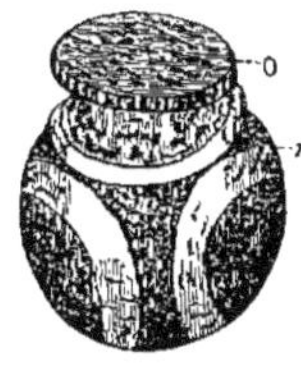

Fig. 14 *.

* Cette figure représente un grain de pollen de la Passiflore *bleue*. Sa grosseur naturelle est d'un dixième de millimètre. — *o*, opercule qui se détache naturellement. — *r*, bandes colorées selon lesquelles se coupe l'opercule.

Les insectes sont de précieux auxiliaires pour la fécondation des végétaux, soit en colportant le pollen d'une plante sur une autre, soit en favorisant la dispersion du pollen parmi les étamines d'une même fleur; c'est ce qui a fait dire que les insectes, ces contemporains des fleurs, étaient pour elles des messagers reconnaissants qui, pour payer l'hospitalité qu'ils avaient reçue, distribuaient, dans l'hôtellerie où ils arrivaient, le pollen recueilli dans l'hôtellerie qu'ils venaient de quitter.

C'est un Allemand, Conrad Sprengel, qui a fait connaître, par un grand nombre d'observations, le rôle physiologique de la corolle et des nectaires; c'est lui qui a découvert cet anneau de plus dans la grande chaîne qui lie le règne végétal au règne animal. Il allait, avec une patience toute germanique, passer des jours entiers dans la campagne, couché au pied d'une plante; il attendait, l'œil constamment fixé sur la fleur dont les anthères n'étaient pas encore ouvertes; enfin, après une surveillance immobile et silencieuse, qui se prolongeait souvent jusqu'au soir, il voyait arriver le messager aérien dont il avait entrepris d'explorer la manœuvre; l'insecte, après quelques évolutions préliminaires, pénétrait dans la corolle et y faisait son repas; puis, quand il était sorti, Sprengel voyait des grains de pollen attachés au stigmate, et il rentrait chez lui content de sa journée. C'est surtout depuis la venue du grand Linné que l'on rencontre de ces *âmes divines* pour qui seize heures sous le soleil ne sont qu'une minute, quand il s'agit d'observer les merveilles de la création[1].

[1] Les physiologistes admettaient universellement, il y a deux à trois ans, que le grain de pollen, tombé sur le stigmate, descendait le long du style, et qu'arrivé près de l'ovaire il y pénétrait par une ouverture spéciale appelée

§ VII

Les Fruits.

Le fruit succède à la fleur ; c'est le dernier produit de la végétation, le résultat vers lequel elle n'a cessé de tendre depuis le premier développement de l'embryon. Le fruit est le berceau dans lequel le germe sommeille ; il est éveillé par la germination, qui le livre à ses propres forces, et le met plus particulièrement en possession de la vie.

A mesure que les fleurs disparaissent, à mesure que s'efface cette brillante parure des beaux jours, un nouveau spectacle leur succède ; les gracieuses guirlandes du printemps ont été remplacées par de nouvelles décorations. Ce sont les Sorbiers, les Néfliers, les Nerpruns au vert feuillage, qui, dépouillés de leurs corolles, étalent avec luxe des fruits d'un rouge écarlate ; ce sont les pommes d'or des Hespérides succédant aux fleurs parfumées de l'Oranger. Qui n'a pas mille fois admiré le tendre duvet de la pêche, la cerise empourprée, les fruits monstrueux des cucurbitacées, la figue entr'ouverte, laissant couler son suc en gouttes de miel et de cristal ? Quel est cet alambic distillatoire qui amollit la chair des fruits pulpeux, et convertit en un acide doux et sucré leur substance acerbe ? C'est au milieu de cette

micropyle ; là se passait une opération mystérieuse, une excitation vitale suivant les uns, une greffe de deux utricules suivant les autres, et l'embryon se développait. M. Schleiden est venu récemment changer le rôle des organes ; suivant lui, l'ovaire n'est qu'un récipient, une enveloppe destinée à recevoir l'embryon : c'est le pollen qui contient l'embryon, et l'ovaire n'a d'autre rôle que d'en favoriser le développement. L'avenir décidera peut-être entre ces deux théories.

abondance et de cette diversité de fruits qu'éclate toute la munificence des dons de la nature; elle se montre dans cette chair épaisse et succulente, dans ces amandes savoureuses, dans la substance farineuse et nutritive des légumineuses, dans les grappes vermeilles de la Vigne; la belle verdure de nos moissons a disparu, mais que de richesses dans ces balles jaunissantes, dans ces épis courbés sous le poids de leurs trésors ! Et ces fruits sont des présents si évidemment faits pour l'homme, qu'ils n'ont point été placés, comme les semences des arbres des forêts, à une hauteur qu'il soit difficile d'atteindre; la même bonté qui a placé à la portée de la main le bouquet qui doit flatter son odorat, y a mis aussi le fruit destiné à le nourrir.

Lorsqu'un fruit est parvenu à sa parfaite maturité, la plante n'est plus parée que d'un reste d'ornement; la séve ne s'élève plus du collet de la racine dans la tige; les feuilles qui sont le plus près de la terre jaunissent, se flétrissent, et tombent les premières; bientôt celles qui sont dans les parties supérieures de la plante languissent et tombent à leur tour; la plante a rempli le vœu de la nature, elle périra si elle est annuelle, ou elle demeure dans un repos absolu si elle est vivace, jusqu'au réveil de la nature. Celle-ci toujours admirable, toujours prévoyante dans ses opérations, n'amène pas un fruit sans le pourvoir d'une enveloppe, sans lui donner une défense quelconque qui le protége contre l'intempérie des saisons, ou contre les attaques des insectes qui pourraient altérer et même détruire ses facultés reproductrices.

Tous les fruits sont donc enfermés dans une enveloppe appelée *péricarpe*. Ce péricarpe est plus ou moins charnu, plus ou moins solide et consistant, selon la disposition que le fruit proprement dit a d'être altéré par la pression ou de devenir l'objet de la voracité des animaux. Quelle immense variété ! quel trésor de richesses dont la nature est sagement prodigue envers nous ! Tout à la fois bienfaisante et sage, libérale et économe, elle nous offre ses dons les uns après les autres pour varier, pour multiplier nos jouissances. Elle produit des fruits printaniers, des fruits dans les premiers temps de l'été, quelques-uns au milieu de cette saison, d'autres qui n'arrivent à leur maturité que dans l'automne, d'autres enfin qui ne sont bons à manger que dans la saison de l'hiver.

La même convenance qui se trouve entre les fruits et les saisons se remarque entre les fruits et les climats. A mesure qu'on avance vers ces régions dont les habitants voient le soleil passer et repasser sur leur tête, on y trouve de toutes parts des fruits non-seulement fondants, comme le Melon, mais glacés, acides, et pleins d'un suc rafraîchissant, tels que les Grenades, les Citrons, les Oranges, les Ananas. Dans les régions brûlantes, où l'agriculture serait trop pénible, quelques arbres fournissent d'abondants produits qui suffisent à la nourriture de l'homme sans exiger de lui aucune culture; tels sont le Bananier, le Cocotier, l'Arbre à pain.

Le naturaliste ne compte pas les fruits par la distinction des genres; son œil, ébloui, enchanté, à la vue d'un spectacle aussi magnifique que celui que lui offre l'immense variété des produits de la nature, devient observateur et le dispose à la reconnaissance; il remercie le Créateur, qui a pourvu à ses besoins avec tant de magnificence; il reconnaît qu'il n'y a qu'un être infini qui ait pu opérer une si grande merveille, et qu'elle ne peut être l'ouvrage du hasard[1].

Fig. 15 *.

* Ananas. — Son fruit surmonté d'une touffe de feuilles. — Sa fleur au bas de la figure.

L'Ananas a fait l'admiration de tous les voyageurs qui l'ont observé dans les contrées les plus chaudes de l'Amérique, ainsi que dans celles de l'Afrique et des Indes orientales. L'auteur qui le premier en fait mention avec quelques détails est Gonsalve Hernandez d'Oviédo : les autres voyageurs se sont tous accordés pour en faire le plus grand éloge. Le désir de le posséder en Europe a excité le zèle des meilleurs cultivateurs. Malgré leurs soins, ce ne fut qu'en 1734 qu'on parvint, à Versailles, à en obtenir des fruits mûrs; mais combien ils sont inférieurs à ceux qui croissent dans leur pays natal, d'après le rapport de ceux qui ont pu en juger! Notre propre expérience nous apprend tous les jours que les fruits obtenus dans les serres au moyen d'une chaleur artificielle, perdent une partie de leurs bonnes qualités. Chez les Indiens, le fruit des Ananas l'emporte sur tous les autres par son goût exquis, son parfum délicieux. Il réunit l'arome et la saveur des pêches les plus succulentes, des meilleures fraises, des melons les plus délicats. Quoique les Ananas de nos serres ne possèdent ces qualités qu'à un degré très-inférieur, ils n'en font pas moins les délices et l'ornement des tables les plus somptueuses.

1 Que n'aurions-nous pas à dire si nous entreprenions de décrire la structure intime du fruit étudié au microscope? Cette structure diffère pour chaque fruit, et il y a variété là comme dans toutes les œuvres de la nature. La chair de la Poire, par exemple, est une masse formée par agglomération et par dévelop-

§ VIII

Les graines : leur dissémination.

Les pyramides doivent périr ; mais l'herbe qui croît entre leurs fragments déjoints se renouvellera d'année en année.

La graine est cette partie d'un fruit parfait qui se trouve contenue dans la cavité intérieure du péricarpe, et qui renferme le corps destiné à la reproduction d'un nouveau végétal. Son caractère essentiel est de contenir un corps organisé, qui, placé dans des circonstances favorables, se développe et devient un être parfaitement semblable à celui dont il a tiré son origine : c'est l'embryon.

L'amour que les animaux portent à leur progéniture, leur instinct admirable pour la préserver des dangers ou pour subvenir à ses premiers besoins, leur force, leur courage, leurs ruses, sont autant de moyens qui assurent la durée des espèces ; mais la sensibilité, aussi bien que les ressorts nécessaires pour les mouvements spontanés, a été refusée aux plantes, et cependant les races nombreuses du règne végétal se reproduisent annuellement sous nos yeux telles qu'elles durent se montrer aux premiers jours du monde.

En examinant les causes de cette admirable stabilité des races, nous trouvons que la cause la plus puissante est sans doute l'extrême fécondité des plantes. Un seul

pement partiel d'un nombre considérable de sphéroïdes rayonnants, lesquels, vus au microscope, simulent admirablement autant de fleurs radiées, semblables à des Marguerites, dont le centre ou le disque, plus coloré, serait formé par des pierres agglomérées, et les fleurons de la circonférence par des vésicules aqueuses et allongées.

pied de Maïs a donné jusqu'à deux mille graines ; on en a compté trente-deux mille sur un pied de Pavot[1], quarante mille sur une Massette, trois cent soixante mille sur un pied de Tabac ; selon Dodart, un Orme peut en fournir par an cinq cent quarante mille. Mais il s'en faut bien que ces végétaux soient les plus féconds ; le nombre de graines que produit un pied de Begonia, de Vanille et surtout de Fougère, étonne l'imagination.

S'il est beaucoup de graines, telles que celles de l'Angélique, de la Fraxinelle, du Caféier, qui se détériorent en peu de temps, et que, pour cette raison, on doit semer sans retard après la récolte, il en est un bien plus grand nombre qui conservent pendant des années, et même pendant des siècles, leur propriété germinative. Dernièrement on a vu germer des Haricots tirés de l'herbier de Tournefort. Home a semé avec un plein succès des grains d'Orge recueillis depuis cent quarante ans. On a découvert, dans des matamores oubliés depuis un temps immémorial, des blés aussi sains qu'au moment où ils avaient été détachés de l'épi.

La dissémination des graines, qui favorise le développement des individus en empêchant qu'ils ne se rassemblent en trop grand nombre sur un terrain trop resserré, s'opère par différents moyens. Les valves du péricarpe de la Balsamine, de la Dionée, de la Fraxinelle, etc., se disjoignent subitement par force de ressort

1 Supposez que ces 32,000 graines soient toutes semées convenablement et réussissent, elles en produiront la seconde année 1,024,000,000 ; en supposant toujours que ces graines soient toutes semées et rapportent chacune 32,000 autres graines, vous aurez au bout de quatre ans le chiffre énorme 1,048,576,000,000,000,000 ; d'où vous pourrez conclure que, si aucune graine ne périssait, la postérité d'une seule graine de Pavot couvrirait, dès la quatrième année, plus que la surface entière du globe.

et projettent les graines à quelque distance de la plante mère. Le pépon de la Momordique piquante se contracte au moment où il se détache du pédoncule, et, par une ouverture pratiquée à sa base, il lance ses graines et son suc corrosif. La graine de l'*Oxalis* est contenue dans un arille extensible, qui se dilate d'abord à proportion que le fruit se développe; mais il arrive enfin un moment où cette poche, ne pouvant plus s'étendre, se déchire et chasse la graine par un mouvement élastique. Les plantes d'un ordre inférieur, telles que les Champignons, ont aussi des moyens de disséminer leurs poussières régénératrices. Ainsi quelques Pezizes secouent leur chapeau quand les séminules dont il est couvert sont arrivées à maturité. Les Lycoperdons se percent à leur sommet

Fig. 16 *.

comme un cratère, et leurs séminules sont si nombreuses et si fines, qu'au moment où elle s'échappent elles ressemblent à une épaisse fumée. Les ovaires des Fougères s'ouvrent par secousses, effet naturel de la contraction de leur tissu quand il vient à se dessécher. Une cause analogue fait mouvoir les cils qui bordent l'orifice de l'urne

* Lycoperdon. — *a* Lycoperdon *recolligens; b* Lycoperdon *stellatum; c* Lycoperdon *coliforme.*

des Mousses. Ces phénomènes particuliers, très-curieux sans doute, ne jouent pourtant pas un grand rôle dans la dissémination. Il est des causes plus générales et plus puissantes, que nous allons examiner.

Beaucoup de semences sont fines et légères comme les grains du pollen; les vents les emportent et les déposent sur les plaines, les montagnes, les édifices, et jusque dans le fond des cavernes. Aucun réduit ne paraît assez clos pour interdire l'entrée aux séminules impalpables des Moisissures.

Des graines et des fruits plus pesants sont munis d'ailes, qui les soutiennent dans les airs et leur servent à franchir des distances considérables. La graine de l'Orme est bordée d'une aile circulaire; celle du Frêne se termine par une aile allongée; celle de l'érable a deux grandes ailes latérales. La cupule du Pin, du Sapin, du Cèdre, du Melèze, se prolonge à sa partie inférieure en une aile extrêmement mince. Le pédoncule du Tilleul est accolé à une sorte de bractée qui fait fonction d'aile.

Les aigrettes des synanthérées ressemblent à de petits volants. Les filets déliés qui les composent, s'écartant par l'effet de la dessiccation, leur servent de leviers pour sortir de l'involucre qui les environne, et de parachute pour se soutenir dans l'atmosphère.

Les graines de l'Apocin, de l'Asclépias, le calice de beaucoup de Valérianes et de Scabieuses, forment d'élégantes aigrettes, semblables à des synanthérées.

Les trombes de vent transportent bien loin du sol natal des graines de toute espèce. Quelquefois ces tourbillons impétueux couvrent tout à coup les campagnes maritimes du midi de l'Espagne de graines originaires des côtes septentrionales de l'Afrique.

Il y a des fruits fermés hermétiquement et construits de telle manière qu'ils peuvent voguer sur les eaux. Les torrents, les fleuves, la mer, les transportent à des distances plus ou moins considérables. Les drupes du Cocotier, les noix d'Acajou, les gousses du ***Mimosa scandens***, qui ont jusqu'à deux mètres de longueur, et beaucoup d'autres fruits des pays chauds, sont jetés quelquefois sur les grèves de la Norwége. Sans doute leurs graines se développeraient sur ce sol étranger, si la température des climats du Nord pouvait convenir à des végétaux originaires des contrées brûlantes de l'équateur.

Des courants réguliers portent les doubles cocos des Séchelles sur les côtes du Malabar, à quatre cents lieues de la terre sur laquelle ils ont pris naissance. Souvent les fruits nautiques ont indiqué aux peuples sauvages les îles situées au vent des contrées qu'ils habitaient. Ce fut à de pareils indices que Christophe Colomb, voguant vers l'Amérique, reconnut qu'il n'était pas éloigné du continent dont il avait deviné l'existence.

Les animaux eux-mêmes travaillent très-efficacement à la dissémination.

L'Écureuil et le Bec-Croisé sont très-friands de la graine des Pins; ils désunissent les écailles des cônes en les frappant à coups redoublés contre les rochers, et par ce moyen ils en dispersent les semences. Les Corbeaux, les Rats, les Marmottes, les Loirs, transportent des graines et des fruits dans les lieux écartés; ils en font des magasins sous la terre pour l'arrière-saison; mais souvent ces magasins sont oubliés et perdus, et les graines germent au retour du printemps. Les oiseaux avalent des baies dont ils digèrent la pulpe; ils rendent les graines intactes et prêtes à germer. C'est ainsi que les Grives et d'autres oiseaux déposent sur les arbres les graines du Gui, qui, privées comme elles le sont d'ailes et d'aigrettes et ne pouvant se développer sur la terre, ne se répandent que par ce moyen.

Fig. 17*

Les Hollandais, voulant s'assurer le commerce exclusif de la muscade, détruisirent les Muscadiers dans beaucoup d'îles sur lesquelles ils ne pouvaient exercer une surveillance active; mais on assure qu'en peu de temps les oiseaux repeuplèrent ces îles de Muscadiers, comme si la nature n'avait pas voulu permettre cette atteinte à ses droits[1].

* Muscadier.

[1] Le Muscadier est un arbre d'environ dix mètres de haut, très-touffu et ressemblant à un Oranger. Les feuilles varient sur le même arbre dans leur forme et surtout dans leur grandeur. Les fleurs, dioïques, sont disposées en faisceaux solitaires aux aisselles des feuilles, le long des petits rameaux.

Le fruit est une baie ou une drupe presque sphérique, ayant environ sept centimètres d'épaisseur. Son enveloppe extérieure ou brou, en s'ouvrant, laisse apercevoir la noix revêtue de son *macis*, d'un rouge écarlate fort vif, qui revêt la noix en la comprimant et la sillonnant par ses lanières. La noix se compose d'une coque et d'une semence ou amande; c'est cette dernière que l'on connaît dans le commerce de l'épicerie sous le nom de *muscade*. Elle est grosse, arrondie, recouverte d'une peau roussâtre vers le bout inférieur, et piquetée de points rouges vers son sommet.

Le macis et la muscade sont deux médicaments éminemment stimulants et qui entrent dans un grand nombre de préparations pharmaceutiques, mais ils sont bien plus employés encore comme aromates.

Le muscadier aromatique croît naturellement aux Moluques et particulièrement dans les îles de Banda. Il est continuellement en fleurs et en fruits de tout

Il est des plantes, telles que la Pariétaire, l'Ortie, l'Oseille, qui recherchent, pour ainsi dire, la société de l'homme, et qui s'attachent à ses pas. Elles croissent le long des murs, dans les villages et jusque dans les rues des villes; elles suivent les pasteurs, et s'élèvent avec eux sur les plus hautes montagnes. « Lorsque dans ma jeunesse, dit M. Mirbel, je parcourus les monts Pyrénées avec M. Ramond, plus d'une fois ce savant naturaliste me fit remarquer ces végétaux émigrés de la plaine, croissant sur les ruines des cabanes abandonnées, et se maintenant là malgré la rigueur des hivers, comme des monuments en témoignage du séjour des hommes et des troupeaux. »

Les distances, les chaînes des montagnes, les fleuves, les mers même, n'opposent que des obstacles insuffisants à la migration des graines. L'influence du climat met seule des bornes à la dispersion des végétaux : c'est le climat qui fixe des limites que les espèces ne peuvent franchir. Il est probable qu'un temps viendra où la plupart des végétaux croissant entre les mêmes parallèles seront communs à toutes les contrées de cette zone. Ce doit être un des beaux résultats de l'industrie et de la persévérance des nations civilisées. Mais aucune puissance humaine ne parviendra jamais à faire croître sous les pôles les végétaux des tropiques, et sous les tropiques les végétaux des pôles. En ceci la nature est plus forte que l'homme.

Les espèces ne se propagent pas d'elles-mêmes d'un

âge, et n'éprouve qu'une effeuillaison si faible, qu'elle est comme insensible. La noix semée reste à nourrir le jeune individu quelquefois pendant une année entière. Le muscadier a été transplanté à l'île de France en 1770 et 1772 par M. Poivre. On le cultive aussi depuis longtemps à Cayenne et dans les Antilles

pôle à l'autre, parce que la chaleur des contrées intermédiaires s'y oppose; mais nous pouvons favoriser leur migration, et c'est ce que nous avons fait déjà pour beaucoup d'espèces. Nous cultivons en ces climats les ***Eucaliptus***, les ***Métrosideros***, les ***Mimosa***, les ***Casuarina***, etc., des terres australes; et les jardins de Botany-Bey sont peuplés des légumes et des arbres fruitiers de l'Europe.

La dissémination des graines ferme le cercle de la végétation. Les arbrisseaux et les arbres ont perdu leur feuillage; les herbes desséchées se décomposent, et rendent à la terre les éléments qu'elles ont puisés dans son sein. Cette terre, dans sa triste nudité, semble privée pour toujours de sa brillante parure, et cependant d'innombrables germes n'attendent qu'un ciel favorable pour la décorer encore de verdure et de fleurs. Telle est la prodigieuse fécondité de la nature, qu'une surface mille fois plus étendue que celle de notre globe ne suffirait pas aux végétaux que produiraient les graines d'une seule année, si toutes venaient à se développer; mais la destruction des graines est immense, et ce n'est que le moindre nombre qui se conserve. Ces graines privilégiées, couvertes de terre ou de dépouilles végétales, ou cachées dans les fissures des rochers, enfin protégées par un abri quelconque, demeurent engourdies tant que règne la froide saison, et germent sitôt que les premières chaleurs du printemps se font sentir. Alors le botaniste diligent qui parcourt les campagnes et considère d'un œil curieux les espèces végétales dont la terre commence à se revêtir, voyant reparaître successivement tous les types des générations passées, admire la puissance, la libérale munificence du Créateur, et l'immutabilité des lois de la nature.

CHAPITRE IV

PHÉNOMÈNES REMARQUABLES OBSERVÉS DANS CERTAINES PLANTES

> L'œil observateur qui contemple tout, qui suit chaque détail, reconnaît des circonstances pleines d'intérêt, qui sont pour lui précieuses comme un trésor. Nous marchons sur un chemin de fleurs, mais, en général, nous marchons si vite, que nous faisons voler la poussière; elle brûle, elle obscurcit tout, nous arrivons les yeux malades, nous n'avons rien vu. Est-ce la faute de la route, ou de celui qui l'a parcourue?

§ Ier

Épanouissement des fleurs. — Horloge de Flore.

Le triomphe de la végétation pour la beauté du coup d'œil est l'instant où les extrémités délicates fournies par les dernières divisions de la fibre végétale et des rameaux laissent apparaître la fleur. C'est là que la nature, rompant la monotonie de ce vert qui l'enveloppe, produit des chefs-d'œuvre multipliés de souplesse et de grâce, d'éclat et de coloration; et l'instant le plus favorable pour l'observation de ce luxe étalé par la végétation est celui de l'anthèse ou épanouissement de la fleur[1].

Pour tout homme qui aime à observer, il n'est point d'occupation plus agréable que celle de suivre le déve-

[1] La floraison fut appelée par les anciens la joie des plantes. Toute la végétation participe à cette jouissance. Le plus humble gazon fleurit, et, quoiqu'il fleurisse sans corolle et sans coloris, il n'en ressent pas moins les bénédictions de la nature.

loppement des plantes, depuis le moment où elles commencent à sortir de terre jusqu'à l'époque où elles achèvent de mûrir leurs fruits. Il est peu de personnes qui ne se soient procuré cet innocent plaisir, cet aimable délassement par la culture de quelques fleurs. Avec quelle curiosité nous épions le moment où la jeune plante, déchirant les enveloppes qui l'enchaînent dans la semence, va percer le sol qui la recouvre et se montrer au grand jour ! Ce n'est point sans une douce émotion que nous voyons pointer les premières feuilles, celles qui leur succèdent, les tiges dans leur accroissement, le feuillage dont elles se parent, et enfin les fleurs, leur plus brillant ornement. Déjà le bouton est entr'ouvert; à chaque instant du jour nous en suivons les progrès; nous le voyons grossir, se développer; le matin, à notre réveil, une fleur dans toute sa fraîcheur, épanouie avec l'aurore, s'offre à nos regards dans tout son éclat; elle semble ajouter à la pureté d'un beau jour, et même influer sur nos dispositions morales, sans que nous nous doutions que cet état nous le devons souvent à l'épanouissement d'une fleur. En contemplant ce nouvel être sorti des mains de la nature, nous nous figurons avoir partagé ses travaux par les soins que nous en avons pris. Mais ces jouissances pures et simples, cette tranquillité d'âme, ne sont guère senties que par ceux dont l'existence est attachée à des occupations douces et paisibles; elles fuient ceux que des désirs immodérés de fortune et d'ambition entraînent dans le tourbillon d'une vie sans cesse inquiète et agitée.

Toutes les plantes ne fleurissent pas à la même époque de l'année. Il existe à cet égard des différences extrêmement remarquables, qui tiennent à la nature même de la plante, à l'influence plus ou moins grande du calorique et de la lumière, et enfin à la position géographique du végétal. Si les fleurs s'étaient montrées toutes dans la même saison et à la même époque, elles eussent disparu trop tôt, et les végétaux seraient restés trop longtemps sans parure; au lieu de cela, elles forment pendant les beaux mois de l'année un tableau varié de décorations qui se succèdent. Les Perce-neige, les Daphnés, les Ellébores, sont remplacés par la Violette et la Primevère; après ceux-ci paraissent l'Hépatique, la Giroflée jaune, le Lilas, jusqu'à ce que le Colchique dans les vallées et la Reine-Marguerite dans nos jardins nous annoncent la fin de la belle saison. Il en est même qui osent lutter contre les premiers frimas; et déjà la terre se couvre de neige, qu'on voit encore la belle Chrysanthème des Indes conserver, dans nos parterres, ses grosses têtes de fleurs panachées.

Voyez mai dans tout son éclat : qui pourrait peindre toutes les richesses dont vous êtes entouré? C'est le Marronnier d'Inde et ses feuilles en éventail; c'est l'Aubépine à fleur rose, riante variété. C'est l'Ancolie et ses coupes bleues renversées avec leurs cornets arrondis; C'est la Boule-de-neige ou Rose de Gueldre, exemple presque unique d'une multiplication, non de pétales, mais de fleurs, par la privation absolue des étamines et des pistils; c'est la grande Sauge des prés avec ses étamines à ressort; c'est la Vulnéraire avec ses calices gonflés et semblables à des cocons; c'est le Coquelicot, dont on admire la magnifique teinte; c'est le Polygala, cette fleur mystérieuse, ce chef-d'œuvre de la création, qui sourit au pied des grands arbres. Il est à remarquer que les plantes abritées comme le Polygala donnent les premières des fleurs au printemps, et semblent inviter leurs bienfaiteurs à en goûter les charmes. La chute des feuilles en automne préserve leurs tiges, les recouvre et les tient à l'abri des gelées et des frimas.

Au mois de juin, dans nos campagnes, la verdure fraîche et jeune des avoines et des orges remplace la verdure printanière des prairies. Sur l'herbe mûrie, brunie, grandie, ne se détachent plus que les fleurs rouges de la Jacée, de grandes ombelles blanches et quelques Jacobées jaunes. Les Vulnéraires, les Scabieuses violettes, bien d'autres fleurs ont perdu de leur éclat. Des gousses naissantes, des corolles flétries, annoncent l'accomplissement de leur destinée. Les fleurs en ce monde ne restent pas un moment de trop.

Mais si les prairies, ces filles du printemps, ont pâli dans les vallées, les champs sont maintenant émaillés. Entre les seigles, prêts à se récolter, on admire les nuances vives des Coquelicots, des Bluets, des Sauges, des Campanules, du Mélilot. Au-dessus des grains moins avancés on voit se balancer surtout une multitude de grandes Marguerites blanches, qui brillent sur ce beau tapis vert comme autant d'étoiles.

Les fleurs jaunes de la Rave, de quelques Raquettes, de mille herbes de la même nuance, varient encore ce fond vert bordé de blanc. Les buissons ont aussi leurs parfums, leurs guirlandes, les lianes qu'ils soutiennent, les petites fleurs qu'ils abritent. Les ruisseaux ont leurs herbes et leurs petites flottes fleuries. Les bois sont odorants; leur enceinte récèle les plus riants trésors de Flore; les bords des chemins sont semés de ses bienfaits, et les oiseaux chantent partout le cantique de la belle nature.

Outre les différentes époques de l'apparition des fleurs, il faut encore distinguer les diverses heures de la journée où elles s'ouvrent et se ferment alternativement pendant toute la durée de leur existence, quelques-unes exceptées, qui se maintiennent constamment dans le même état. Nos prairies ont leurs merveilles comme les plaines de l'Asie et de l'Amérique. Voyez le Liseron se coucher avec le soleil et s'éveiller avec l'aurore; le Souci des champs s'épanouir lorsque le ciel est serein, et se mettre à l'abri de l'orage, qu'il prévoit, en repliant doucement ses voiles. D'autres fleurs semblent s'animer à tous les instants de la journée : chaque heure a la sienne; elles s'ouvrent, elles se ferment, et c'est au doux spectacle de leurs veilles et de leur sommeil que Linné conçut l'idée ingénieuse de son ***Horloge de Flore***. Longtemps avant lui, les villageois devinaient les heures du jour en jetant les yeux sur une prairie, et ils observaient sans le savoir l'harmonie inexplicable qui existe entre le mouvement d'une petite fleur et le mouvement des astres qui mesure le passage du temps.

C'est ainsi que les paysans du Languedoc et de l'Auvergne attachent à la porte de leur chaumière la corolle d'une espèce de *Carline*, qui leur annonce par son sommeil les approches de l'orage, et par son réveil le retour du beau temps. Une fleur est en même temps leur thermomètre, leur almanach et leur horloge; il est douteux que l'excellent livre où de Saussure a traité de l'hygrométrie pût mieux les éclairer sur les variations de l'atmosphère. Si l'étude de ces phénomènes est utile au simple laboureur, elle l'est bien davantage au naturaliste, qui ne peut s'empêcher d'y reconnaître le dessein secret de la Providence. L'histoire naturelle devient alors une science d'enchantements où chaque prodige cache un bienfait, où chaque bienfait décèle un Dieu.

§ II

Formes, positions, rapports des organes dans les fleurs.

L'homme éclairé par les arts, guidé par le bon goût, a cherché, tant dans les grands monuments que dans les objets d'agrément, à varier les formes, à les mettre en harmonie ou en opposition, de manière à plaire aux yeux; il crée des chefs-d'œuvre tant qu'il imite la nature; il ne produit que des grotesques dès qu'il s'en écarte. Par cette imitation, l'homme n'a souvent d'autre but que de flatter le goût et d'exciter l'admiration; une voûte soutenue par d'élégantes colonnes ne serait pas moins bien soutenue par un massif de pierres informes; mais la demeure du premier être de la création ne serait alors qu'une carrière arrachée du sein de la terre et transportée à sa surface. Le génie de l'homme est trop élevé, trop actif, le sentiment du beau trop développé en lui par l'observation, pour qu'il n'ait point cherché à revêtir son habitation et ses monuments de ces belles formes dont la nature lui offre le modèle. La nature, dans la variété des formes, a un autre dessein que celui de plaire. A la vérité, c'est un de ses bienfaits d'avoir mis en nous un sentiment d'admiration et de plaisir dans la contemplation de ses œuvres : mais ces formes élégantes et variées dont elle a revêtu les organes extérieurs des végétaux, répondent aux fonctions auxquelles ils ont été destinés. La recherche de ces fonctions est un des charmes les plus séduisants de l'étude des plantes; elle en devrait être un des principaux objets. Cette recherche nous apprendrait quels sont les rapports des organes entre eux, quelles sont les causes qui déterminent les formes différentes du même organe dans les différentes espèces : d'où vient, par exemple, qu'une corolle est campanulée dans les unes, papilionacée ou labiée dans d'autres; quels rapports il y a entre la position, la longueur respective des étamines et du pistil, entre la situation des anthères et celle du stigmate; d'où vient qu'ici les filaments sont libres, qu'ailleurs ils sont réunis en un seul corps, etc. On reconnaîtrait alors qu'aucune forme n'est arbitraire ni indifférente, que toutes les parties d'une même fleur influent nécessairement les unes sur les autres, et que, pour changer la disposition d'un seul organe, il faudrait que tous ceux qui y correspondent fussent également modifiés.

Pour confirmer ces remarques, nous choisirons quelques exemples parmi les fleurs, lesquelles, par l'importance de leurs fonctions et le nombre de leurs organes, nous offrent bien plus de faits à observer. Parmi les enveloppes florales, le calice tubulé ou campanulé, entier ou divisé, régulier ou inégal, caduc ou persistant, etc., nous présente dans ces différentes formes autant de modifications relatives aux autres parties de la fleur : essayons d'en examiner quelques-unes. Sans la consistance coriace, sans la forme allongée et tubulée du calice dans l'Œillet, dans les Silènes et dans la plupart des caryophyllées, comment pourraient se soutenir leurs pétales, pourvus de longs onglets et ne tenant au réceptacle que par la pointe étroite de leur base? Le calice des corolles monopétales est assez généralement court et peu divisé; mais, dans ce cas, la nature a fortifié la partie extérieure de cette corolle, dont le limbe, avant l'épanouissement, est plissé en éventail; le calice est de la longueur du tube quand celui-ci est grêle, faible, incapable de se soutenir par lui-même. Plus divisé dans les corolles polypétales et à courts onglets, le calice nous offre ses divisions presque toujours alternes avec les pétales. D'où vient cette disposition? Dans ces sortes de fleurs, les étamines sont également alternes avec les pétales et en opposition avec les divisions du calice : il est évident qu'alors les étamines se trouvent dans la ligne qui sépare un pétale d'un autre, qu'elles ne peuvent être que faiblement garanties par ces derniers ; elles le sont par les divisions du calice, qui s'appliquent sur la ligne de jonction des deux pétales.

Dans les fleurs à une seule enveloppe, mais à plusieurs divisions, les étamines, n'ayant point d'autre protecteur que la corolle, sont ordinairement placées vis-à-vis de ses divisions. Si ces étamines étaient alternes, elles manqueraient d'abri ; quand il en est autrement, la corolle les défend par d'autres moyens. Dans certaines fleurs, les étamines sont courtes, et ne s'élèvent pas au delà de la portion entière de la corolle, comme dans plusieurs liliacées ; dans d'autres, la corolle s'incline vers la terre et tient les bords de son limbe courbés en gouttière, garantissant ainsi les étamines de la pluie.

La plupart des fleurs monopétales régulières ont les filaments des étamines soudés en partie sur la corolle. Celle-ci se ferme assez généralement à l'approche de la nuit et des temps humides, tandis que les corolles monopétales irrégulières, telles que les labiées, les personnées, ne se ferment jamais ; mais leurs étamines, placées sous la lèvre supérieure, concave et en voûte, sont en tout temps à l'abri des influences de l'atmosphère. Il en est de même de quelques fleurs polypétales irrégulières, telles que les Gesses, les Pois, les Fèves, et en général la plupart des papilionacées : leur pétale supérieur, profondément concave, courbé en carène, renferme dans sa concavité le paquet des étamines; enfin, dans beaucoup d'autres corolles, les appendices dont elles sont pourvues, tels que des plis, des fossettes, des écailles, etc., sont presque toujours destinés pour la défense des organes de la fructification. Les trois étamines des Iris pourraient difficilement se conserver sans accident, si les stigmates, élargis en forme de pétales, ne les recouvraient en totalité.

§ III

Pissenlit. — Réveil et sommeil des plantes.

Parmi les faits pleins d'intérêt que présente le genre d'investigation qui nous occupe, nous mentionnerons encore ceux qu'on a observés dans la plupart des fleurs *composées*. Prenons pour exemple le Pissenlit, cette plante si connue, si dédaignée, et pourtant si remarquable par son disque d'or, par la légèreté, l'élégance de son aigrette, et par beaucoup d'autres attributs. Avant la floraison, le calice, sous ses folioles presque imbriquées et très-serrées, tient les fleurs à l'abri des variations de l'atmosphère; mais dès que le moment de l'épanouissement est arrivé, et que le temps est favorable, ses folioles s'ouvrent, s'écartent, et laissent aux corolles la liberté d'exposer au soleil leurs pétales rayonnants. A l'approche de la nuit tout se ferme, et le calice reprend sa première position; la fécondation

Fig. 18*

* Pissenlit avec un demi-fleuron détaché.

s'opère, les corolles se flétrissent et tombent, mais le calice reste : il a protégé les fleurs, il protégera encore les semences jusqu'à leur parfaite maturité. Celles-ci ne sont que médiocrement attachées au réceptacle : elles le quitteraient à la moindre secousse, si elles n'avaient point d'abri. Le calice se ferme donc de nouveau et ne s'ouvre plus : il reste dans cette position, quel que soit l'état de l'atmosphère, fortement appliqué sur les jeunes semences jusqu'à ce qu'elles soient parfaitement mûres : alors il les quitte, et, pour ne point gêner leur dissémination, il tient toutes ses folioles rabattues sur le pédoncule : le réceptacle saillant en dehors prend une forme convexe et se montre chargé de semences ornées de leur aigrette et disposées en une jolie tête globuleuse et d'une telle légèreté, qu'au moindre souffle ces semences voltigent au milieu des airs. Il ne reste plus de la fleur que le réceptacle à nu, offrant à l'œil de l'observateur sa surface parsemée de petits alvéoles dans lesquels les semences étaient insérées par leur base. On a cherché à expliquer par les influences atmosphériques ce jeu admirable des folioles du calice. A la vérité, tant que la plante est en fleur, ces folioles semblent céder, par leur changement de situation, aux impressions de l'humidité ou de la sécheresse, de la lumière ou de l'obscurité. Mais par quelle cause ce même calice cesse-t-il d'en éprouver l'influence après la fécondation? pourquoi reste-t-il constamment fermé sur les graines? Quelle force inconnue le retient dans cette position, quel que soit l'éclat de l'atmosphère? quelle puissance lui fait rabattre ensuite toutes ses folioles après la maturité des semences?... Les curieux phénomènes que nous venons d'exposer sur la fleur du Pissenlit se trouvent dans un grand nombre d'autres, souvent avec des modifications qui ne les rendent que plus intéressants. Que de beaux faits n'aurions-nous pas à observer dans les seules plantes qui nous entourent, dans nos herbes potagères, dans nos arbres fruitiers, dans les fleurs de nos parterres, dans les plantes qui composent les pâturages et les prairies!

Celui qu'entraîne le charme de l'étude et de l'observation peut seul apprécier tout le bonheur que la moindre découverte apporte avec elle. Linné, recevant pour la première fois, du professeur de Montpellier, le savant Sauvages, des graines du Lotier ***pied-d'oiseau,*** les fit soigner à Upsal comme doivent l'être toutes nos plantes du midi de la France. Les deux premières fleurs qui parurent le matin fixèrent l'attention du célèbre professeur suédois; mais il remit à la fin de la journée pour les étudier; les cherchant alors, il ne les vit plus, et, croyant qu'elles avaient pu être ôtées, il recommanda son nouveau Lotier. Cependant dès le matin du jour suivant il revit deux fleurs qu'il crut nouvelles; le soir arrivé, les deux fleurs ont disparu. Linné soupçonne alors quelque chose d'extraordinaire, cherche et ne voit pas sans intérêt que les deux stipules sessiles, qui terminent le rameau fleuri, avec une foliole seule, se rapprochent en s'inclinant et couvrent en entier les fleurs et leur support; c'est un sommeil, et, seule, cette plante ne peut jouir de cette particularité organique. Aussi, la même nuit, Linné se promène, une lanterne à la main, dans le jardin de botanique, dans les serres, et ne voit pas sans une vive satisfaction le port d'un grand nombre d'espèces totalement changé. On pense bien qu'il ne se borna pas à une seule visite nocturne, il les multiplia pour constater les diverses dispositions des feuilles suivant les espèces de végétaux, et toutes présentent au philosophe qui les contemple l'image du doux repos et d'un véritable sommeil. Un spectacle si nouveau ravit le religieux et sensible Linné. Le silence de la nuit rend plus profondes encore les impressions qu'il reçoit, son cœur est vivement ému, et des larmes coulent de ses yeux... Un secret vient de lui être révélé.

Les savants qui se sont occupés de physique végétale ont recherché les causes de ce singulier phénomène, connu sous les noms de *réveil* et *sommeil* des plantes, et c'est encore la fleur modeste qui nous occupait tout à l'heure, le Pissenlit, sur lequel on a fait des expériences.

La fleur du Pissenlit vit ordinairement deux jours et demi, en sorte qu'elle présente pendant ce temps le réveil le matin et le sommeil le soir; le troisième jour, le dernier sommeil arrive vers midi, et il est suivi de la mort des corolles[1]. Dans le réveil, les demi-fleurons dont cette fleur est composée se courbent vers le dehors, ce qui opère son épanouissement; dans le sommeil, les demi-fleurons se courbent vers le dedans de la fleur, ce qui opère son occlusion. Malgré le peu d'épaisseur de ces demi-fleurons, on a pu observer au microscope l'organisation intérieure de leurs nervures, qui sont fort petites et au nombre de quatre dans chaque demi-fleuron. A la face interne ou supérieure de chacune de ces ner-

[1] La Crépide *des toits* s'éveille à cinq heures du matin, et s'endort à midi; la Laitue *cultivée* s'éveille à sept heures du matin, et s'endort à dix heures; l'Épervière *piloselle* s'éveille à huit heures du matin, et s'endort à deux heures de l'après-midi. Le Souci *des champs* s'éveille à neuf heures du matin, et s'endort à trois heures de l'après-midi. Le Sindrimal de l'île de Ceylan ouvre ses fleurs à quatre heures du matin, pour les fermer le soir à la même heure. La Mussende, fleur de la même île, couvre d'une grande feuille blanche ses corolles de pourpre foncé.

vures, existe un tissu cellulaire aligné, dont les cellules sont couvertes de globules. A la face externe ou inférieure des nervures du demi-fleuron se trouve une couche fort mince de tissu fibreux, située entre un plan de trachées et un plan de cellules remplies d'air, et situées superficiellement. Ce tissu fibreux est compris entre deux plans d'organes pneumatiques, ou susceptibles de se vider et de se remplir tour à tour : il devient probable dès lors que ce tissu fibreux est incurvable, ou peut se recourber, par *oxygénation*, c'est-à-dire au moyen du gaz oxygène, et que le tissu cellulaire est incurvable par *endosmose*, expression qui désigne l'action d'un fluide qui pénètre de dehors en dedans. En effet, l'expérience prouve que l'incurvation qui produit le réveil dans les demi-fleurons du Pissenlit est due à une implétion de liquide avec excès, c'est-à-dire à l'endosmose, et que l'incurvation que produit le sommeil est due à l'oxygénation. Les demi-fleurons du Pissenlit étant cueillis de grand matin, lorsqu'ils ont encore l'incurvation du sommeil, étant plongés dans l'eau aérée, y prennent tout de suite l'incurvation contraire, qui est celle du réveil. Cela a lieu à l'obscurité comme à la lumière. Si on les plonge dans l'eau non aérée, ils y prennent une courbure de réveil exagérée, et ils y conservent invariablement cette courbure. Si l'on transporte ces demi-fleurons, ainsi courbés vers le dehors, dans du sirop, ils y prennent une courbure en sens opposé; ainsi il n'y a pas de doute que ce ne soit l'endosmose qui agit ici. Si on laisse séjourner pendant quelques heures les demi-fleurons qui sont à l'état de réveil dans l'eau aérée, ils y prennent l'incurvation qui est celle de l'état de sommeil, et cette incurvation n'est point détruite en transportant les demi-fleurons ainsi courbés dans du sirop, ce qui prouve bien que cette incurvation de sommeil n'est point due à l'endosmose. Comme cette incurvation de sommeil n'a point lieu dans l'eau non aérée, cela prouve qu'elle est due à l'oxygénation.

Ainsi le réveil et le sommeil des demi-fleurons de la fleur du Pissenlit résultent de l'incurvation alternativement prédominante d'un tissu organique incurvable par endosmose, et d'un tissu organique incurvable par oxygénation. Le premier est indubitablement le tissu cellulaire, et le second le tissu fibreux, contenus l'un et l'autre dans les tissus du demi-fleuron. Ces deux tissus incurvables, tour à tour victorieux l'un de l'autre, épanouissent ou ferment la fleur.

Les causes qui font prédominer le matin l'incurvation du tissu cellulaire, agent du réveil, sont, d'une part, une plus forte ascension de la séve sous l'influence de la lumière, ce qui accroît la turgescence de ce tissu, et, d'une autre part, la diminution de la force d'incurvation antagoniste du tissu fibreux, agent du sommeil, diminution qui a lieu pendant la nuit. En effet, si l'on cueille des demi-fleurons le soir, lorsqu'ils viennent de prendre l'incurvation du sommeil, et qu'on les plonge dans l'eau aérée, ils y conservent pour toujours leur incurvation de sommeil; si l'on cueille le lendemain matin, sur la même fleur, d'autres demi-fleurons ayant encore l'incurvation du sommeil, et qu'on les plonge dans l'eau aérée, ils y prennent sur-le-champ l'incurvation du réveil, même à l'obscurité. Or, par l'immersion des demi-fleurons dans l'eau, on provoque l'endosmose de leur tissu cellulaire, et par conséquent on sollicite son incurvation qui doit produire le réveil. Si ce résultat n'a point lieu le soir, c'est que l'incurvation par oxygénation du tissu fibreux antagoniste est trop forte, et ne peut être vaincue par l'incurvation du tissu cellulaire. Si, le lendemain matin, en plongeant dans l'eau les demi-fleurons qui ont passé la nuit sur la plante, on produit leur incurvation de réveil, cela prouve que la force d'incurvation du tissu fibreux a diminué, et que, par conséquent, ce tissu fibreux a perdu pendant la nuit une partie de son oxygénation, en sorte que le tissu cellulaire incurvable par endosmose, qui est son antagoniste et l'agent du réveil, l'emporte alors.

Ainsi la fleur qui offre pendant plusieurs jours les alternatives du réveil et du sommeil est celle chez laquelle le tissu fibreux, agent du sommeil, perd pendant la nuit une partie de l'oxygène qui a été fixé dans son intérieur pendant le jour, et qui est la cause de son incurvation; en sorte que, celle-ci ayant le matin perdu de sa force, le tissu cellulaire incurvable par endosmose, agent du réveil, redevient vainqueur. Le sommeil de cette fleur arrive de nouveau le soir, parce que l'oxigénation du tissu fibreux, agent du sommeil, augmente graduellement pendant le jour, ce qui rend son incurvation victorieuse; en même temps la diminution de la lumière occasionne la diminution de l'ascension de la séve, ce qui affaiblit la turgescence, et par conséquent l'incurvation du tissu cellulaire, agent du réveil. Les fleurs qui n'offrent qu'un seul réveil et qu'un seul sommeil sont celles dont le sommeil unique est immédiatement suivi de la mort de la corolle.

Le lecteur réfléchi nous saura gré d'être entré dans les détails de ces admirables mécanismes, cachés dans les pétales d'une simple fleur, et mis en jeu par les agents atmosphériques pour un but qui fait ressortir les soins attentifs de cette Providence adorable, non moins étonnante dans la construction de la plus humble fleur des champs que dans la disposition harmonieuse des astres sans nombre qu'elle guide dans l'immensité de l'espace.

§ IV

Mouvements remarquables dans quelques végétaux. — Sensitive. — Dionée. — Rossolis. — Sainfoin *oscillant.* — Vallisnère. — Népenthes. — Fraxinelle.

Outre les mouvements du sommeil et du réveil des fleurs et des feuilles, que l'on doit considérer comme une sorte de fonction propre à certaines plantes, il en est quelques-uns qui peuvent être déterminés, dans plusieurs végétaux, par des excitations, soit mécaniques, soit chimiques, d'autres qui s'exercent comme d'eux-mêmes, et sans qu'aucune cause occasionnelle les fasse naître.

Parmi ces mouvements, un des plus extraordinaires est celui qu'on observe dans les feuilles de plusieurs Mimosées, du *Smithia sensitiva*, etc. Toutes ces plantes ont des folioles distribuées d'un et d'autre côté d'un pétiole, de manière à mériter le nom de feuilles ailées. Un léger choc suffit pour déterminer plus ou moins rapidement la clôture des paires de folioles qui ont reçu l'impression; un peu plus fort, il détermine la clôture de toutes les folioles du rameau; plus fort encore, celle des rameaux voisins et l'abaissement des rameaux eux-mêmes; à un degré plus intense, celui du pétiole commun; et enfin, si la commotion s'étend jusqu'à la tige, partie ou totalité des feuilles de la plante peuvent présenter des phénomènes analogues. C'est toujours dans les articulations que réside la faculté contractile, soit qu'il s'agisse de la flexion du pétiole commun sur la tige, des branches pétiolaires sur le pétiole commun, ou des folioles sur leur support. Comme ces articulations présentent beaucoup de cellules ou vaisseaux en chapelet, on est autorisé à croire que cet organe en est le principal moteur.

La rapidité et l'intensité de ces mouvements est variable d'une espèce à l'autre : ainsi, parmi les espèces les plus répandues dans les jardins, la Sensitive (***Mimosa***

Fig. 19*.

pudica, Linn.) exécute ses mouvements avec rapidité et au moindre choc, tandis que d'autres espèces les exécutent plus lentement et ont besoin d'une plus forte secousse.

* Sensitive avec la gousse contenant la graine.

Le degré d'intensité du mouvement varie aussi dans la même espèce. En général, plus la plante est vigoureuse, plus elle est sensible aux commotions; plus la température est élevée, plus les mouvements sont prompts. Ces mouvements peuvent se répéter, mais la plante paraît se fatiguer, et, si on les renouvelle plusieurs fois de suite, les mouvements deviennent graduellement plus lents, et finissent par disparaître jusqu'à ce que par le repos la plante ait regagné une vigueur nouvelle.

Le résultat paraît tenir uniquement à l'intensité du choc, nullement à la nature du corps qui sert à l'imprimer : ainsi la main de l'homme, une baguette de bois, de verre, de cire ou de métal, froide ou chaude, sèche ou humide, etc., produisent les mêmes résultats. Les plantes éminemment sensitives présentent cette faculté dès leur premier âge, et leur mobilité ne diminue que lorsqu'elles commencent à jaunir par l'effet de quelque maladie ou lors de la maturité des fruits.

« Un fait très-remarquable, dit M. Desfontaines, c'est que la Sensitive s'accoutume à des mouvements très-brusques, tels, par exemple, que ceux d'une voiture qui roule rapidement sur le pavé. Les secousses font d'abord baisser et fermer les feuilles; mais peu de temps après elles se relèvent et s'ouvrent comme si la plante était immobile, elles restent ouvertes malgré l'agitation qu'elles continuent d'éprouver, tandis que toute autre commotion étrangère, même un léger souffle de vent, fait mouvoir et fermer son feuillage. »

Toutes les tentatives qui ont été faites jusqu'ici pour expliquer ces faits par d'autres causes que par la force vitale, se sont trouvées immédiatement démenties.

On ne peut parler de la Sensitive sans se rappeler les vers du chantre des plantes :

. . . .
Si d'un doigt indiscret vous osez la toucher,
Tout s'agite; la feuille est prompte à se cacher,
Et la branche mobile, aux mêmes lois fidèle,
S'incline vers la tige et se range auprès d'elle.

Castel, *les Plantes*, chant. II.

Une autre plante curieuse est la Dionée *attrape-mouche*, (*Dionæa muscipula*), qui croît dans les lieux humides de la Caroline septentrionale, le seul lieu du monde, dit-on, où on la rencontre. Les feuilles de cette plante sont irritables au point que si un insecte attiré par la liqueur distillée par des glandes vient à se poser sur leurs lobes, les deux lobes de la feuille s'appliquent aussitôt l'un sur l'autre, croisent les cils épineux qui les bordent, et par ce moyen le retiennent prisonnier, ou même le tuent avec les pointes de leur surface. Tant que l'insecte se débat, les lobes restent constamment fermés : on les romprait plutôt que de les forcer à s'ouvrir; mais lorsqu'il cesse de se mouvoir, ou qu'il est mort, les lobes s'écartent d'eux-mêmes. Ce phénomène a excité l'enthousiasme d'Ellis, qui le premier l'a fait connaître dans une lettre à Linné.

Fig. 20*.

* *Dionea muscipula.*

Les feuilles de Rossolis (*Drosera*, Linn.) présentent quelque analogie de botanique avec la Dionée, et ont aussi un mouvement excitable, mais moins évident. Les Rossolis sont de petites plantes, presque toujours cachées sous l'herbe ; leurs feuilles sont couvertes de poils glanduleux et colorés, dont les glandes transparentes ressemblent à de petites gouttes de rosée persistantes, d'où leur est venu le nom de *rosée du soleil* (*ros solis*).

Un autre mouvement singulier et unique en son genre est celui du Sainfoin *oscillant* (*Hedysarum gyrans* de Linné fils). Cette plante, de la famille des légumineuses et originaire de l'Inde orientale, porte des feuilles composées de trois folioles, deux latérales très-petites, linéaires, oblongues, et une impaire écartée des deux autres : les deux autres latérales sont dans un mouvement presque continuel, et qui s'exécute par de petites saccades analogues à celles de l'aiguille des montres secondes. L'une d'elles monte jusqu'à s'élever au-dessus du niveau du pétiole de cinquante degrés environ, et l'autre descend pendant le même temps d'une quantité correspondante; quand la première commence à descendre, la seconde se met à monter, et elles sont ainsi

Fig. 21*.

* Sainfoin *oscillant* avec sa gousse.

dans un mouvement d'oscillation continuelle. La foliole impaire se meut aussi en s'inclinant tantôt à droite, tantôt à gauche, et ce mouvement est continu, mais très-lent, si on le compare à celui des folioles latérales. Ce singulier mécanisme dure pendant toute la vie de la plante, de jour et de nuit, par la sécheresse et l'humidité : plus il fait chaud et humide à la fois, plus la plante est vigoureuse, plus le mouvement est vif, surtout dans les folioles latérales. On assure que dans l'Inde on a vu ces folioles exécuter jusqu'à soixante petites saccades par minute. Les causes en sont totalement inconnues [1].

Une autre plante, la Vallisnère, présente des opérations si admirables, qu'on serait tenté de les supposer dirigées par une volonté particulière : elles sont exécutées si à propos, qu'elles semblent exiger la combinaison d'une suite d'idées, comme dans les animaux; la disposition et le jeu des organes sont si conformes à leurs fonctions, qu'il faudrait être aveugle pour ne point en saisir le but.

Fig. 22*.

Cette plante ayant, par ses pédoncules en spirale, la faculté de s'allonger presque indéfiniment, et celle de résister aux flots et de se prêter par sa souplesse à tous leurs mouvements, a été destinée pour les eaux profondes des canaux et des rivières; elle se multiplie abondamment

* Vallisnère.

1 L'*Hedysarum gyrans* a été découvert au Bengale par milady Moson, que son zèle pour l'histoire naturelle avait déterminée à entreprendre un voyage dans les Indes; il a été introduit en Europe pour la première fois en 1777.

dans le Rhône, près d'Orange, dans la Garonne, aux environs d'Arles, etc. Elle est dioïque, c'est-à-dire que les fleurs sont de deux sortes, les unes staminaires, les autres pistillaires, sur des pieds différents. Les unes et les autres naissent pêle-mêle. Les fleurs qui portent le pistil, soutenues sur des pédoncules longs d'environ soixante-cinq centimètres à un mètre, et roulés en spirale ou tire-bouchon, se présentent à la surface de l'eau pour s'épanouir. Les fleurs qui portent les étamines, au contraire, sont renfermées plusieurs ensemble dans une spathe membraneuse portée par un pédoncule très-court. Lorsque le temps de la fécondation arrive, elles font effort contre cette spathe, la déchirent, se détachent de leur support et de la plante à laquelle elles appartiennent, et viennent s'épanouir à la surface de l'eau, où on les voit voguer en liberté. Quel est l'agent secret qui les avertit du moment favorable pour briser leurs liens? Aucun mouvement mécanique ne peut leur être imprimé par les fleurs pistillaires, qui sont isolées sur des pieds séparés. Il n'y a donc que les étamines, qui, sur le point de répandre leur poussière, les sollicitent de se rendre à la surface de l'eau. Alors, sans doute, les sucs alimentaires s'arrêtent à leur point d'attache; il se dessèche, la fleur est libre; et, par une de ces combinaisons où l'on ne peut trop admirer la sagesse qui les dirige, l'anthère est à son point de perfection au moment même où elle devient nécessaire au pistil. Lorsque la fécondation a eu lieu, les fleurs staminaires se flétrissent et meurent, tandis que les fleurs pistillaires, par le retrait des spirales qui les supportent, redescendent au-dessous de l'eau, où les fruits parviennent à une parfaite maturité.

Nous mentionnerons encore une singulière espèce de

plante qui croît aux Indes, le Nepenthes *distillatoire*. Les feuilles de ce végétal se terminent à leur sommet par un long filament qui porte une sorte d'urne creuse, lisse, de la forme d'une noix de pipe, ordinairement d'un beau bleu en dedans, et recouverte à son sommet par un opercule qui s'ouvre et se ferme naturellement. Cette plante

Fig. 23*.

peut être mise, sans exagération, au nombre des merveilles de la nature : elle a toujours fait l'admiration de ceux qui l'ont observée. Il est certain que l'urne qu'elle présente à l'extrémité de ses feuilles est un des beaux phénomènes de la végétation. Cette urne, glanduleuse en grande partie dans son intérieur, est ordinairement remplie d'une eau douce, limpide, et très-bonne à boire. Pendant quelque temps, on a cru que cette eau provenait de la rosée qui s'y accumulait; mais comme l'ouverture

* Népenthes.

en est assez étroite et souvent fermée par l'opercule, on a reconnu que le liquide avait sa source dans une véritable transpiration, dont la surface de l'urne est le siége. C'est ordinairement pendant la nuit que l'urne se remplit, et dans cet état l'opercule est généralement fermé. Pendant le jour, l'opercule se soulève, et l'eau diminue de moitié, soit qu'elle s'évapore ou qu'elle soit résorbée. Plusieurs espèces de petits vermisseaux nagent, vivent, et meurent dans cette liqueur [1].

Enfin la Rue et le Dictame-Fraxinelle nous offrent, dans leurs étamines, des mouvements et une manœuvre bien remarquables, que chacun peut observer dans le temps de leur floraison. La Fraxinelle présente de plus, le soir et le matin, dans les beaux jours de l'été, un phènomène curieux. Toutes ses parties sont couvertes d'un très-grand nombre de vésicules ou de glandes remplies d'une huile volatile qui, dans les grandes chaleurs, produit autour de cette plante un fluide éthéré. A l'approche d'une bougie, ce fluide s'enflamme et forme autour de la plante, sans lui nuire, une auréole lumineuse.

Fig. 24.*

* Fraxinelle avec sa graine.

[1] *Nepenthes* est le nom donné par Homère à un breuvage que composait Hélène pour dissiper les soucis de son époux. Linné, en l'appliquant à cette plante, s'écrie : « Si elle n'est pas le Népenthes d'Hélène, elle le sera certainement de tous les botanistes : car quel est celui d'entre eux qui, venant à le rencontrer dans une de ses herborisations, ne serait pas ravi d'admiration et n'oublierait pas les fatigues qu'il aurait essuyées ! »

CHAPITRE V

GÉOGRAPHIE BOTANIQUE

> Chaque sol, chaque espèce de montagne, chaque région correspondante de l'atmosphère, aussi bien que tel degré de chaleur et de froid, produisent et nourrissent les plantes qui leur sont propres. HERDER.

§ Ier

Stations des Plantes.

On exprime par le terme de *station* la nature spéciale dans laquelle chaque espèce a coutume de croître, et par celui d'*habitation* l'indication générale du pays où elle croît naturellement. Le terme de station est essentiellement relatif au climat, au terrain d'un lieu donné; celui d'habitation est plus relatif aux circonstances géographiques et même géologiques. L'habitation est la patrie de la plante; la station indique la nature sablonneuse, marécageuse, rocailleuse, etc., de cette patrie. La station de la Salicorne est dans les marais salés; celle de la Renoncule aquatique est dans les eaux douces et stagnantes; l'habitation de ces deux plantes est en Europe; celle du Tulipier, dans l'Amérique septentrionale.

Toutes les plantes d'un pays, toutes celles d'un lieu donné, sont dans un état de guerre les unes relativement aux autres. Toutes sont douées de moyens de reproduction et de nutrition plus ou moins efficaces. Les premières qui s'établissent par hasard dans une localité donnée, tendent, par cela même qu'elles occupent l'espace, à en exclure les autres espèces : les plus grandes étouffent les plus petites; les plus vivaces remplacent celles dont la durée est plus courte; les plus fécondes s'emparent graduellement de l'espace que pourraient occuper celles qui se multiplient plus difficilement.

Il y a des espèces dont on trouve le plus souvent les individus épars et égrenés, et d'autres, qu'on a nommées plantes *sociales*, dont les individus naissent rapprochés et comme en sociétés nombreuses. Ainsi, pour citer des extrêmes de ces deux manières de vivre, le Sabot de Vénus, ou l'Orchis *à odeur de bouc*, vit presque toujours isolé, tandis que les Bruyères de l'Ouest, les Rhododendrons des Alpes, les Potamogétons, etc., vivent le plus souvent en sociétés nombreuses. Cet effet est dû à des causes diverses. Ainsi, lorsqu'un terrain donné est d'une nature tellement particulière qu'il convient très-bien à certaines espèces, et mal à la plupart des autres, celles qui y prospèrent finissent par s'en emparer entièrement. C'est ainsi qu'on trouve des plantes sociales dans tous les terrains spéciaux : tels sont l'*Elymus arenarius*, graminée qui se plaît dans les sables et sur les dunes des bords de la mer; les Mousses Sphaignes, dans les lieux tourbeux; les Bruyères, dans les landes, etc. Toutes ces plantes sont sociales, parce qu'elles ne vivent que dans des localités déterminées.

Au contraire, lorsqu'un terrain convient au même degré à un grand nombre de végétaux différents, ceux-ci luttent ensemble à forces égales pour s'y établir, et y vivent alors mélangés. C'est ainsi que, dans nos terrains cultivés, toutes les mauvaises herbes prospèrent pêle-mêle lorsqu'on leur en laisse la liberté; c'est ainsi que les forêts des régions fertiles des tropiques présentent un mélange de plusieurs arbres, tandis que celles des pays tempérés, moins favorisées du climat, présentent d'ordinaire une essence dominante.

Enfin les espèces éminemment robustes, qui par cela même sont le plus souvent dispersées, deviennent quelquefois sociales : c'est ce qui a lieu, par exemple, dans les très-mauvais terrains, où ces plantes robustes peuvent vivre, tandis que toutes les autres périssent. Ajoutons encore que les plantes qui se propagent par des racines, des tiges ou des jets rampants, comme la Piloselle ; celles qui produisent un grand nombre de graines, et dont les graines ne peuvent pas être facilement emportées au loin par les vents, vivent plus rapprochées entre elles que celles d'organisation analogue d'ailleurs, mais à graines peu nombreuses ou très-volatiles.

La classification des stations des plantes, qui semble d'abord fort simple, est en réalité fort compliquée. Il existe cependant des données générales dans les stations, de sorte qu'il est utile de les distinguer, lors même qu'on ne peut le faire avec rigueur.

Voici, suivant M. de Candolle, les classes qui paraissent les moins incertaines, savoir :

1° Les plantes *maritimes* ou *salines*, c'est-à-dire celles qui, sans croître plongées dans l'eau salée et sans flotter à sa surface, ont cependant besoin de vivre près des eaux salées pour en absorber une portion nécessaire à leur nourriture. Il faut distinguer ici celle qui, comme la Salicorne, vivent dans les marais salés et paraissent absorber des matières salines par leurs racines et leurs feuilles ; celles qui, semblables au *Rocella fuciformis*, vivent sur les rocs exposés à l'air marin, et ne semblent absorber que par leurs feuilles ; et enfin les plantes, telles que le Panicaut commun, qui n'ont pas besoin d'eau salée, mais qui vivent sur les bords de la mer comme ailleurs, parce qu'elles sont assez robustes pour ne pas trop redouter l'action du sel.

2° Les plantes *marines* ou *thalassiophytes*, qui croissent, ou plongées dans l'eau salée, ou flottantes à sa surface. Ces plantes se distribuent dans le fond de la mer ou des eaux salées, d'après le degré de salure de l'eau, d'après le degré habituel de son agitation, la continuation ou l'intermittence de leur immersion, le degré de tenacité du sel, et peut-être l'intensité de la lumière.

3° Les plantes *aquatiques*, qui vivent plongées dans les eaux douces, soit entièrement immergées, comme les Conferves; soit flottantes à la surface, comme les Stratiotes; soit fixées dans le sol par leurs racines, avec le feuillage dans l'eau, comme plusieurs Potamogétons; soit enracinées dans le sol et venant ou flotter à la surface, comme les Nénuphars, ou s'élever au-dessus de la surface, comme le Flûteau d'*eau*. Cette dernière sous-division se rapproche beaucoup de la classe suivante.

4° Les plantes des *marais* d'eau douce et des lieux très-humides, parmi lesquelles on doit distinguer principalement celles des terrains tourbeux, des prairies marécageuses, du bord des eaux courantes; et enfin celles des terrains inondés pendant l'hiver, et plus ou moins desséchés pendant l'été.

5° Les plantes des *prairies* et des pâturages, dans l'étude desquelles il faut distinguer celles qui, par leur réunion sociale, soit naturelle, soit artificielle, forment le fond de la prairie, et celles qui croissent entre elles avec plus ou moins de fréquence et de facilité. Ces plantes des prairies ne diffèrent que par le degré d'humidité de celles des prairies marécageuses.

6° Les plantes des *terrains cultivés*. Cette classe est tout à fait due à l'action de l'homme : les plantes qui croissent dans nos terres cultivées sont celles qui, dans l'état sauvage, se plaisent dans les terrains légers et substantiels ; plusieurs d'entre elles ont été transportées d'un pays à l'autre avec les graines mêmes des plantes cultivées. Celles qu'on trouve dans les champs, les vignes et les jardins, quoique souvent les mêmes, présentent souvent aussi un choix particulier déterminé par le mode de culture.

7° Les plantes des *rochers*, desquelles on passe, par des nuances insensibles, à celles des murailles, des lieux rocailleux et pierreux, et jusqu'à celles des graviers, qui, à mesure que la masse des fragments va en diminuant, nous conduisent, par de nombreuses nuances, jusqu'à la classe suivante. L'étude des plantes des rochers présente des diversités remarquables, d'après la nature propre de chaque roche.

8° Les plantes des *sables* ou des terrains très-meubles pour la classification desquelles on éprouve quelque difficulté ; car celles des sables maritimes se confondent avec les plantes salines, celles des terrains meubles avec les espèces des terrains cultivés, et celles des sables grossiers ne diffèrent pas de celles des graviers.

9° Les plantes des *lieux stériles* à raison de ce qu'ils sont trop compactes, comme sont les terrains argileux, ou ceux dont la superficie se durcit par la sécheresse ou la chaleur, ou ceux qui sont fortement tassés par l'homme ou les animaux.

10° Les plantes des *décombres*, ou qui naissent voisines des habitations humaines; ces espèces, en petit nombre, semblent déterminées dans le choix de leur station, les unes par le besoin qu'elles ont des sels nitreux, d'autres peut-être par le besoin des matières azotées.

11° Les plantes des *forêts*, parmi lesquelles il faut distinguer les arbres qui, par leur réunion, composent la forêt, et les végétaux qui peuvent avec plus ou moins de facilité croître sous leur abri. Parmi les végétaux habitants des bois, leur distribution dans des forêts de diverses essences se déterminent d'après le degré d'obscurité plus ou moins grand que chaque espèce peut supporter, soit toute l'année, comme dans les forêts d'arbres verts, soit pendant tout l'été, dans les forêts d'arbres qui perdent leurs feuilles.

12° Les plantes des *buissons* et des *haies*. Les arbustes qui composent cette station diffèrent des végétaux des forêts par leurs moindres dimensions et par la légèreté de leur ombrage : les espèces qui croissent entre eux sont plus particulièrement les herbes grimpantes.

13° Les plantes *souterraines*, qui vivent, soit dans les cavernes plus ou moins obscures, comme les Byssus; soit dans le sein même de la terre, comme les Truffes. Ces plantes peuvent se passer de l'action de la lumière, et plusieurs d'entre elles ne peuvent même la supporter. Les espèces qui naissent dans les cavités des vieux troncs ont de grands rapports avec celles des cavernes.

14° Les plantes des *montagnes*, parmi lesquelles on pourrait admettre comme sous-divisions toutes les autres stations. On a coutume de classer comme plantes montagnardes celles qui, dans nos climats, ne se trouvent qu'à une hauteur absolue de plus de cinq cents mètres; mais cette limite est tout à fait arbitraire. La division la plus importante à établir parmi les plantes montagnardes est celle des espèces qui croissent dans les montagnes alpines où la neige persiste pendant tout l'été, et où l'arrosement est non-seulement continu, mais d'autant plus abondant et plus froid qu'il fait plus chaud; et les espèces qui croissent dans les montagnes dépouillées de neige pendant l'été, et où, par conséquent, l'arrosement cesse au moment où il serait le plus nécessaire. Ces dernières sont évidemment plus robustes que les premières, et sont beaucoup plus faciles à soumettre à la culture[1].

[1] Si nous nous transportons au pied des Alpes, nous remarquerons facilement que la végétation qui nous environne immédiatement, et qui caractérise le centre et le nord de la France, disparaît à une certaine hauteur pour faire place à une autre; nous verrons comme une suite de bandes superposées les unes aux autres de végétations diverses formées par des masses de grands végétaux, suivant l'élévation où notre regard se portera successivement, de la base de la montagne jusqu'à la ligne sinueuse où commencent les neiges. Si nous gravissons la montagne, et si nous nous livrons à un examen plus détaillé de la végétation qui en couvre les flancs, nous recueillerons d'abord, sur les premières pentes, des végétaux plus ou moins semblables à ceux de nos champs, et qu'on a nommés plantes *alpestres;* ce sont des Aconits, des Astrantia, des Seneçons, des Achillées, des Prénanthes, des Armoises, des Saxifrages, des Potentilles, etc. A la région des Noyers et des Châtaigniers succèderont des bois de Chênes, de Hêtres et de Bouleaux. Les Chênes cesseront vers huit cents mètres, les Hêtres vers mille mètres. Au-dessus de ces derniers, jusqu'à dix-huit cents mètres environ, domineront presque exclusivement les arbres verts, Sapin, Mélèze, Pin commun. Le Bouleau et le Pin *cembro* montent encore jusqu'à deux mille mètres. Au delà de cette limite on ne rencontre plus que l'humble taillis où prédomine l'Aune *vert*, et, un peu plus haut, la Rose des Alpes, espèce de Rhododendron; puis viennent des plantes basses, dépassant peu le niveau du sol, et nommées *alpines;* ce sont des Crucifères, des Légumineuses, des Renonculacées, des Composées, des Graminées, des Cypéracées, des espèces nombreuses de Saxifrages, de Gentianes, etc. Plus de plantes annuelles, mais quelques végétaux vivaces, qui rasent le sol et forment de loin en loin des plaques compactes, par exemple des Saules, qui se cramponnent sur le sol. Plus on s'élève, plus cette végétation chétive s'éparpille, jusqu'à ce qu'enfin on n'aperçoive plus d'autres vestiges d'êtres organisés que les croûtes de Lichens qui tapissent les rochers. Nous sommes arrivés à la limite des neiges éternelles, où les phénomènes de la vie ne peuvent plus s'accomplir.

15° Les plantes *parasites*, c'est-à-dire qui sont dépourvues de la faculté ou de pomper leur nourriture du sol, ou de l'élaborer complétement, et qui ne peuvent vivre qu'en absorbant la séve d'un autre végétal : on en trouve dans toutes les stations précédentes. On doit distinguer parmi les plantes parasites : 1° celles qui naissent à la surface des végétaux et s'y implantent pour vivre à leurs dépens, telles que le Gui et la Cuscute ; 2° les parasites intestines, qui se développent dans l'intérieur même des plantes vivantes, et percent le plus souvent l'épiderme pour paraître au dehors, telles que les *Uredo* et les *OEcidium*.

16° Les plantes *fausses parasites*, c'est-à-dire qui vivent ou sur des végétaux morts ou sur des végétaux vivants, mais sans en pomper la séve. Cette classe, qui a souvent été confondue avec la précédente, présente trois sous-divisions assez distinctes. La première, qui se rapproche des vrais parasites, comprend des plantes cryptogames, dont les germes, apportés probablement pendant l'acte de la végétation, se développent à l'époque où, soit la plante, soit l'organe qui la recèle, commence à dépérir, et qui vivent de sa substance pendant son agonie ou après sa mort : telles sont les Némaspores et plusieurs Sphéries : ce sont de fausses parasites *intestines*. La seconde comprend des végétaux, soit cryptogames, comme les Lichens et les Mousses ; soit phanérogames, comme les Épidendrons, qui vivent sur les arbres vivants sans pomper leur séve, et en se nourrissant ou de l'humidité superficielle de l'écorce, ou de celle de l'air : ce sont de fausses parasites *superficielles* ; plusieurs peuvent vivre sur les rochers, les arbres morts ou le sol. La troisième comprend les fausses parasites *accidentelles*, comme le sont les herbes qu'on voit naître çà et là dans les cavités des troncs.

Ainsi, dans quelques lieux que l'homme porte ses pas, dans quelque saison qu'il observe la nature, elle lui offrira partout des végétaux; et si les neiges et les glaces éternelles ne couvraient pas les parties polaires, nous pourrions trouver sur les rocs qui paraissent nus l'existence de végétations plus ou moins apparentes. La surface des déserts couverts de neiges éternelles n'est même pas entièrement déshéritée de végétation; car la teinte rouge qui recouvre les neiges anciennes est enfin reconnue pour le produit d'une sorte d'Algue, voisine des Champignons (le *Protococcus nivalis*). S'il n'est aucun rocher, aucun monument antique, pas même ces pyramides d'Égypte crues si dénuées de toute végétation, aucune écorce d'arbre sur laquelle on ne puisse découvrir un végétal, il n'est pas étonnant que l'homme, partout où il peut porter ses pas, trouve autour de lui un monde végétal plus ou moins abondant; et les lieux qu'il traite de déserts, s'ils ne lui fournissent que quelques rares espèces et d'un développement restreint, n'en sont pas moins parsemés de végétaux appropriés aux solitudes sableuses et inhabitées. Les souterrains mêmes ne sont pas privés de toute végétation, et le jeune et célèbre Humboldt, à son début dans le monde, le prouva en donnant la Flore des profondeurs des mines de Freiberg, faite avec un soin déjà digne de ses travaux successifs.

§ II

Habitations des Plantes.

Lorsque l'on compare entre elles les diverses parties du monde séparées par de vastes mers, on trouve de grandes différences dans le choix des végétaux; mais il y en a aussi quelques-uns de communs. S'il s'agit de l'hémisphère boréal, on trouve de ces espèces communes à plusieurs régions, principalement vers le pôle, où tous ces pays se réunissent ou se rapprochent beaucoup. On en retrouve encore çà et là dans le reste des deux continents. Mais si l'on fait abstraction des espèces qui paraissaient avoir été transportées par l'homme, leur nombre va toujours en diminuant à mesure qu'on approche des régions australes, où la distance des continents devient plus grande. Ainsi, sur 2,891 espèces phanérogames décrites par Pursh dans les États-Unis, il y en a 385 qui se retrouvent dans l'Europe boréale ou tempérée, et sur ce nombre, comme l'observe M. de Humboldt, il en est plusieurs qu'il est difficile de croire transportées par l'homme : telles sont le *Saturium viride*, le *Betula nana*, etc. Au contraire, MM. de Humboldt et Bonpland n'ont trouvé dans l'Amérique équinoxiale qu'environ 24 espèces, toutes cypéracées ou graminées, qui fussent communes à l'Amérique et à quelques parties de l'ancien monde. Le nombre des Acotylédones communs aux deux continents est plus considérable; mais les proportions paraissent les mêmes, c'est-à-dire qu'il y a plus d'espèces communes aux deux continents vers le nord que vers le sud [1].

[1] Le nombre des espèces végétales qui occupent environ le tiers de la surface du globe s'élève à 117, parmi lesquelles il n'y en a guère que 18 dont

Si l'on compare la Nouvelle-Hollande avec l'Europe, on trouve, d'après M. Brown, que sur 4,100 espèces connues dans cette terre australe, il y en a 166 qui lui sont communes avec l'Europe. Sur ce nombre, 15 sont dicotylédones, 32 monocotylédones, et 119 acotylédones.

Le nombre des espèces communes aux parties de l'ancien continent fort éloignées les unes des autres est peut-être un peu plus considérable que dans les deux exemples que nous venons de citer; mais il est encore très-borné. Ainsi la Nouvelle-Hollande a $\frac{1}{80}$, l'Amérique équinoxiale $\frac{1}{183}$ de ses espèces communes avec l'Europe, et moins encore avec le reste du monde.

l'aire atteigne la moitié de la surface terrestre. De ce nombre sont : la *Capsella bursapastoris*, la *Cardamine hirsuta*, l'*Erigeron Canadense*, le *Samolus Valerandi*, le *Solanum nigrum*, le *Juncus Bufonius*, etc.

Aucun arbre ou arbuste ne figure parmi ces plantes, d'une extension si considérable. Le Thym-Serpolet (*Thymus Serpyllum*) est la seule plante un peu ligneuse qui soit comprise dans ce chiffre de 117, et à peine mérite-t-il le nom de sous-arbrisseau.

L'*Hibiscus tiliacens* paraît être le plus répandu des arbustes, puisqu'on le retrouve à la fois en Asie, en Afrique et en Amérique, entre les tropiques et même au Cap.

Les espèces des terrains cultivés ou adjacents aux cultures, et celles qui sont en contact avec l'eau, entrent pour plus de la moitié dans le chiffre de 117.

L'île de Sainte-Hélène offre plusieurs espèces non-seulement propres à sa Flore, mais qui ne se trouvent même qu'en un seul point de l'île, dans un ravin très-escarpé. L'île de Kerguelen renferme certaines espèces bien tranchées qui lui sont propres, et, en particulier, un genre à part, le *Pringlea*, Crucifère apétale. Les Galopagos, les Canaries, présentent ce singulier phénomène d'avoir quelques espèces propres à une seule des îles, même à de petites localités dans l'une d'elles. Ce qui est plus étrange encore, c'est de rencontrer des espèces végétales également très-limitées au milieu des terres les plus connues et les mieux explorées. Par exemple, la *Campanula excisa* n'a été trouvée que dans un petit district des Alpes du Valais, entre la Furca et le mont Rose. La *Campanula isophylla* n'existe que sur la côte de Gênes, en un certain promontoire. La *Linaria thymifolia* est une espèce annuelle confinée au littoral sud-ouest de la France.

Le nombre des arbres, qui, proportionnellement aux herbes, est très-petit près du pôle, va sans cesse en augmentant à mesure qu'on approche de l'équateur. Pour donner une idée de cette disproportion, nous dirons que l'on compte en Laponie 11 arbres et 24 arbustes qui s'élèvent au-dessus de soixante-cinq centimètres : on trouve en France 74 espèces d'arbres sauvages et 195 arbustes s'élevant au-dessus de soixante-cinq centimètres. La Flore de la Guyane, pays mal connu, mais situé sous les tropiques, offre 225 arbres et un nombre très-grand d'arbrisseaux, c'est-à-dire que la proportion des arbres à la totalité de la végétation est :

En Laponie. . . . $\frac{1}{100}$.
En France . . . . $\frac{1}{80}$.
A la Guyane . . . $\frac{1}{5}$.

Ce plus grand nombre de végétaux ligneux qu'on observe dans les pays chauds se retrouve même en comparant la distribution sur le globe des espèces de chaque famille. Ainsi les Fougères en arbre ne vivent que sous les tropiques ; les Palmiers, qu'on peut regarder comme des Liliacées en arbre, ne sortent guère de cette zone : les Malvacées fournissent, sous les tropiques, les plus grands arbres du monde, et ne présentent que des herbes dans les pays les plus septentrionaux où elles parviennent ; on peut en dire autant des Rubiacées, des Composées, etc.

La végétation de la zone tempérée tient le milieu entre celle de la zone glaciale et celle de la zone torride ; mais il est un point de vue sous lequel elle présente un caractère qui lui est propre, c'est qu'elle est la patrie de prédilection des herbes annuelles et bisannuelles. Ainsi, en négligeant les acotylédones, la Laponie ne présente que 36 espèces d'herbes, qui ne fructifient qu'une seule fois; on n'en connaît à la Gyuane que 73, et la France en compte 1,073; de sorte qu'en comparant ces nombres absolus avec la totalité des végétaux de chaque pays, on trouve que le nombre proportionnel des plantes annuelles est en Laponie $\frac{1}{30}$, à la Guyane $\frac{1}{17}$, en France au delà de $\frac{1}{6}$. Les extrêmes de la température produisent ici des effets analogues : les herbes délicates ne peuvent réussir que dans ces heureuses zones tempérées où l'homme, qui, à bien des égards, est un des êtres les plus délicats de la nature, a lui-même éminemment prospéré. Ce n'est que dans ces fortunés climats que l'œil est récréé chaque printemps par cette verdure nouvelle, dont la fraîcheur est inconnue et aux habitants de la zone polaire et à ceux qui vivent sous le soleil brûlant de l'équateur.

Il existe au transport des plantes des barrières naturelles de divers genres.

1° Les mers sont des obstacles à la propagation des plantes d'autant plus puissants qu'elles sont plus étendues. Ainsi les plantes des îles participent à la végétation des continents dont elles sont voisines, à peu près en proportion inverse de leur distance. Par exemple, en faisant exception des végétaux évidemment naturalisés, on trouve que, sur 1,485 végétaux vasculaires qui croissent dans les îles Britanniques, il n'y en a que 43 ou $\frac{1}{34}$ qui n'aient pas encore été retrouvées en France; sur 533 espèces, les îles Canaries en offrent 310 ou environ $\frac{28}{34}$ qui n'ont pas été retrouvées sur le continent d'Afrique, et la Flore de Sainte-Hélène présente à peine deux ou trois espèces qui aient été retrouvées dans l'un des deux continents voisins. Les mers arrêtent le transport des plantes par leur étendue et par l'influence délétère de l'eau salée sur les graines soumises à leur action. Toutefois cette action délétère n'agit pas au même degré sur toutes les graines, et l'on ne peut douter qu'un certain nombre d'espèces ne puissent avoir été et être ainsi transportées par la mer d'une région à l'autre, et prospérer lorsque les plantes y rencontrent un climat conforme à leurs besoins. Ce transport, qui est très-difficile quand les mers sont très-vastes, devient plus facile lorsqu'il se trouve entre deux continents quelques séries d'îles qui servent aux graines comme de points d'étapes : c'est ainsi que les îles Aléoutiennes établissent une communication entre le nord de l'Asie et de l'Amérique; aussi presque toutes les plantes recueillies jusqu'à présent dans ces îles sont du nombre des espèces communes à l'ancien et au nouveau continent.

Il est des mers qui semblent avoir moins que les autres arrêté le passage des végétaux : telle est, par exemple, la mer Méditerranée, qui présente sur ses deux bords une végétation presque semblable. Sur 1,577 espèces observées par M. Desfontaines en Barbarie, il y en a seulement 300 environ ou à peine $\frac{1}{5}$ qui n'aient pas été retrouvées en Europe. Ce phénomène peut tenir ou à la multitude des îles qui sont dispersées dans cette mer, ou à ce qu'elle est depuis plus longtemps que toute autre parcourue par les navigateurs, ou peut-être à ce qu'elle a dû son origine à quelque irruption de l'Océan postérieure à l'origine de la végétation.

2° La seconde sorte de limites naturelles pour le transport des végétaux est déterminée par les déserts assez vastes et assez continus pour que les graines ne puissent être qu'avec peine transportées d'un côté à l'autre : c'est ainsi que les sables arides et brûlants du Sahara offrent une barrière presque impossible à franchir, et établissent une grande différence entre les végétaux des deux parties de l'Afrique séparées par ce désert. Hors les plantes transportées évidemment par l'homme, on peut à peine trouver dans la Flore atlantique quelques espèces qui aient été observées au Sénégal. Les steppes salés de l'Asie occidentale produisent un effet analogue, mais d'une manière moins prononcée, parce qu'ils sont plus interrompus ; et moins générale, parce qu'il est un certain nombre d'espèces végétales qui peuvent encore vivre dans cette eau saumâtre [1].

3° Une troisième sorte de limites est déterminée par les grandes chaînes de montagnes : celles-ci peuvent influer, ou parce qu'étant couvertes de neiges éternelles elles offrent un obstacle à la propagation des graines, ou parce que la différence brusque de la température déterminée par leur élévation empêche certaines espèces de se propager d'un côté à l'autre. Mais il faut remarquer que ce genre de limites est très-imparfait, comparé aux

[1] Les véritables steppes de l'Asie commencent au Dniéper ; ces steppes n'ont point l'aspect désolé de ceux de l'Asie centrale. Les pâturages y sont abondants, bien qu'assez pauvres. La végétation existe, mais cette végétation est tout herbacée; les arbres y sont inconnus. La diversité naît seulement de la nature variée des couches géologiques. Les steppes d'un sol granitique offrent la plupart du temps une herbe épaisse et peu élevée, tandis que sur le sol calcaire cette herbe atteint une hauteur de deux mètres à deux mètres cinquante centimètres. Les bords des rivières, sur une largeur qui dépasse souvent trente mètres, sont couverts de roseaux. Dans les steppes limoneux, ces roseaux atteignent des proportions énormes et jusqu'à dix mètres de hauteur. On rencontre, surtout dans le voisinage du Caucase, de véritables Chardons arborescents, dont les rameaux entrelacés dépassent en hauteur ces roseaux gigantesques. D'autres plantes prennent aussi, dans les steppes de la Circassie, des proportions considérables. — Voyez DUBOIS DE MONTPÉREUX, *Voyage dans le Caucase*, t. V.

deux précédents. Les chaînes de montagnes sont toujours coupées par des fissures plus ou moins profondes, qui permettent aux plantes de s'étendre d'un côté à l'autre : ainsi l'on remarque très-bien en France que quelques plantes du Midi s'échappent au travers des grandes gorges des Alpes ou des Cévennes, et se trouvent sur le revers septentrional de ces deux chaînes, principalement dans les lieux où elles sont plus basses ou plus interrompues.

Enfin tout obstacle continu à la végétation d'une espèce quelconque l'empêche de s'étendre dans une certaine direction : un grand marais est une limite pour les plantes qui craignent l'eau; une grande forêt pour celles qui craignent l'ombre; un changement de latitude ou d'élévation, pour celles qui craignent le froid.

Parmi les phénomènes généraux que présente l'habitation des plantes, il en est un qui paraît plus inexplicable encore que tous les autres : c'est qu'il est certains genres, certaines familles, dont toutes les espèces croissent dans un seul pays, tandis qu'au contraire la plupart des genres ont des espèces qui croissent spontanément dans des pays très-divers. Quelques familles mêmes semblent affecter certaines régions : ainsi les Hespéridées sont toutes de l'Inde ou de la Chine; les Labiatiflores, de l'Amérique méridionale; les Epacridées, de l'Austrasie. Mais rien ne paraît cependant bien régulier dans cette disposition des espèces sur le globe. Ainsi, par exemple, nous possédons en Europe certaines espèces de genres très-nombreux, et dont toutes les autres espèces sont originaires de quelque autre région. Toutes les Passiflores habitent l'Amérique, sauf une, découverte il y a peu de temps dans l'extrémité australe de l'Afrique par M. Burchell. Tous les *Mesembryanthemum* habitent le cap de Bonne-Espérance, excepté les *Mesembryanthemum nodiflorum* et *Copticum*, qu'on trouve en Corse et en Barbarie ; tous les *Ixia*, excepté l'*Ixia bulbocodium*, commun sur nos côtes méridionales ; tous les *Gladiolus*, excepté le *Gladiolus communis*, si commun dans nos moissons ; toutes les Bruyères, au nombre de plus de trois cents, excepté cinq ou six qu'on trouve en Europe ; presque tous les Oxalis, excepté trois espèces sauvages en France, et quelques-unes en Amérique. Ces espèces égrenées, que l'on comparerait volontiers à des soldats séparés de leurs régiments, ont été les causes pour lesquelles les botanistes ont pendant si longtemps négligé l'étude des ordres naturels : il fallait que la botanique exotique fût très-avancée pour qu'on pût reconnaître leurs affinités ; car elles semblaient échapper à toutes les règles, lorsque ces règles n'étaient établies que sur les familles européennes. Au reste, cette disposition plus ou moins régulière des espèces et des familles sur le globe est un fait avéré, mais qu'il est aujourd'hui tout à fait impossible de réduire à quelque théorie.

Fig. 25*.

Un autre fait assez remarquable qui se présente dans la comparaison des régions, c'est que certains pays qui n'offrent point ou presque point d'espèces semblables, donnent naissance à des espèces analogues, c'est-à-dire appartenant aux mêmes genres. Ainsi, par exemple, les États-Unis d'Amérique présentent un grand nombre de genres semblables à ceux de l'ancien continent : tantôt les espèces sont partagées entre les États-Unis et l'Eu-

* Bruyère tubuliforme.

rope, comme, par exemple, dans les genres Frêne, Peuplier, Pin, Tilleul; tantôt entre les États-Unis et l'Asie, comme dans les genres Noyer, Magnolia, Vigne; quelquefois entre les trois régions, comme pour les genres Érable, Saule, Dauphinelle, etc. Ce phénomène se présente d'une manière plus piquante lorsqu'il s'agit de genres très-peu nombreux en espèces : ainsi, par exemple, nous ne connaissons dans le monde entier que deux Liquidambars, deux Panax, deux Platanes, deux Stillingia, deux Planera; l'une des espèces de chaque genre habite l'Asie orientale, l'autre l'Amérique septentrionale. Nous ne connaissons que deux Majanthemum, deux Vallisneria, deux Ostrya, deux Châtaigniers, deux Hippophaé : l'une des espèces en Europe, l'autre aux États-Unis. Nous ne connaissons que trois espèces de Mélèze, de Charme, de Trosse : l'une en Europe, la seconde en Sibérie, la troisième aux États-Unis. Ce que je viens de dire des trois régions principales de la partie tempérée de l'hémisphère boréal, est également vrai des trois régions équatoriales : ainsi l'on trouve entre les tropiques, en Asie, en Afrique et en Amérique, des espèces analogues, mais jamais semblables entre elles. Nous ne connaissons dans le monde entier que deux Hypocistes, l'un dans la région méditerranéenne, l'autre au Mexique; deux Sphénocles, l'un au Malabar, l'autre au Mexique; deux Mélothries, l'un en Guinée, l'autre aux Antilles; deux Gyrocarpes, l'un dans l'Inde, l'autre aux Antilles; deux Sauvagèses, l'un à Cayenne, l'autre à Madagascar, etc. La même analogie s'aperçoit aussi entre les régions de l'hémisphère austral, mais d'une manière moins marquée.

Si nous comparons les régions analogues des deux hémisphères, nous y trouverons de même quelques rapports assez remarquables : ainsi, les espèces des genres Populage, Camarine, etc., se trouvent dans les parties les plus froides des deux hémisphères, et manquent dans tout l'espace intermédiaire; les espèces des genres Oxalide, Passerine, etc., se trouvent dans les régions tempérées des deux hémisphères, et manquent dans les espaces intermédiaires. Les Hypoxis offrent même ceci de singulier, qu'une partie des espèces croît dans la région tempérée australe de l'ancien monde, et l'autre seulement dans la région tempérée boréale du nouveau [1].

[1] La distribution des êtres organisés sur le globe dépend non-seulement de circonstances climatériques très-compliquées, mais aussi de causes géologiques qui nous sont entièrement inconnues, parce qu'elles ont rapport au premier état de notre planète.

Les détails dans lesquels nous venons d'entrer dans ce paragraphe font ressortir clairement cette vérité, qu'un grand nombre de points de la terre offrent dans leur végétation des différences indépendantes des conditions différentes dans lesquelles ils se trouvent placés, comme si chacun d'eux, dans le principe, avait été l'objet d'une création à part. Deux points éloignés avec un climat analogue et même identique, avec toutes les autres circonstances dont l'ensemble devrait entraîner l'identité des productions naturelles, peuvent néanmoins ne produire que des plantes différentes. C'est donc que chacun d'eux, à l'origine, a reçu les siennes et non les autres, quoiqu'elles eussent pu également y vivre. Cela est tellement vrai, qu'on voit certaines espèces, transportées d'un centre à un autre, y prospérer comme dans leur patrie primitive. Nous en avons plusieurs exemples sous les yeux : l'Erigeron du Canada, une fois introduit en Europe, y est devenu une mauvaise herbe très-commune. Nous pourrions citer beaucoup de plantes annuelles qui, par le semis fortuit de leurs graines, mêlées à celles des céréales apportées d'autres pays, se sont si bien naturalisées dans le nôtre qu'on a peine aujourd'hui à distinguer celles qui en sont de celles qui n'en sont pas originaires. L'Agave et la Raquette couvrent l'Algérie, la Sicile, une partie du littoral de l'Espagne, de l'Italie et de la Grèce, au point que les voyageurs, frappés de l'aspect tout particulier que leur présence imprime au paysage, les regardent comme les types d'une végétation africaine; et cependant tous deux viennent de l'Amérique, et n'avaient jamais, avant sa découverte, paru sur notre continent. Notre Chardon-Marie et notre Cardon ont envahi les campagnes du Rio-de-la-Plata ; le Mouron des oiseaux, l'Herbe-à-Robert, la Grande-Ciguë, l'Ortie dioïque, la Vipérine commune, le Marrube commun, pullulent aujourd'hui aux environs de certaines villes du Brésil et croissent abondamment jusque dans leurs rues,

Suivant M. de Candolle, le nombre des espèces de plantes décrites ou observées dans les collections est de cinquante-six mille. Mais, ajoute-t-il, quelle proportion du nombre réel des végétaux du globe représentent ces cinquante-six mille espèces déjà acquises pour la science? Si l'on calcule que c'est depuis trente ans que la plus grande quantité a été recueillie ; si l'on compare la proportion des espèces européennes et étrangères ; si enfin l'on cherche à se faire une idée de l'étendue des pays peu ou point parcourus par les botanistes, et des végétaux qu'ils doivent renfermer, on arrive par ces voies diverses à ce même résultat, qu'il est probable que nous n'avons encore recueilli que la moitié des végétaux du globe, et que par conséquent la totalité des espèces peut être évaluée entre cent dix mille et cent vingt mille : nombre immense, qui tend à prouver l'admirable fécondité de la nature.

CHAPITRE VI

LES VÉGÉTAUX DE L'OCÉAN

Quel sublime spectacle que celui de cette plaine mobile, dont le regard cherche en vain à mesurer l'étendue ; que ce vaste Océan, dont la main du Créateur soulève et ba-

Presque tous les pays pourraient fournir des exemples semblables de l'émigration de certaines plantes suivant les émigrations des hommes. Si elles ne s'y rencontraient pas auparavant, ce n'était donc pas faute de conditions propres à leur existence : c'est que la main toute-puissante qui a semé la terre en avait déposé les germes autre part et non là. — Voyez, sur ce sujet, *la Botanique* de M. A. DE JUSSIEU.

lance la menaçante immensité ! A cet aspect, l'âme étonnée, confondue, demeure en extase, et contemple avec une indéfinissable émotion cet éternel monument de la toute-puissance divine. Devant cet imposant tableau, les idées s'agrandissent, les sentiments s'élèvent, le cœur s'exalte et s'enflamme ; et il semble que l'esprit humain, transporté d'un religieux enthousiasme, devienne sans bornes comme les vastes mers qu'on admire.

« Dans mon enfance, dit Bernardin de Saint-Pierre, j'allais souvent seul sur le bord de la mer m'asseoir dans l'enfoncement d'une falaise blanche comme le lait, au milieu des débris décorés de pampres marins de toutes couleurs et frappés des vagues écumantes. Là, comme Chrysès, représenté par Homère, et sans doute comme ce grand poëte l'avait éprouvé lui-même, je trouvais de la douceur à me plaindre au soleil de la tyrannie des hommes. Les vents et les flots semblaient prendre part à ma douleur par leurs murmures. Je les voyais venir des extrémités de l'horizon, sillonner la mer azurée, et agiter autour de moi mille guirlandes pélagiennes. Ces lointains, ces bruits confus, ces mouvements perpétuels, plongeaient mon âme dans de douces rêveries. J'admirais ces plantes mobiles, semées par la nature sur la voûte des rochers, et qui bravaient toutes les tempêtes. De pauvres enfants, demi-nus, pleins de gaieté, venaient avec des corbeilles y chercher des Crabes et des Vigneaux. Je les trouvais bien plus heureux que moi avec mes livres de collége, qui me coûtaient tant de larmes. Michel Montaigne raconte qu'il retira un jour dans son château un semblable enfant qu'il avait trouvé sur le bord de la mer ; mais celui-ci préféra bientôt d'y retourner et d'y chercher sa vie dans la même occupation. Montaigne attribue ce goût au sentiment de la liberté ; mais il tient encore à celui des harmonies inexprimables que la nature a répandues sur les rivages de la mer. Là les solitudes les plus sauvages sont habitées par une foule d'êtres animés, et l'abondance s'y trouve au milieu du plus sublime spectacle de la nature. »

§ 1er

La nature, partout si féconde, n'a point abandonné les régions sous-marines ; elle y a répandu le mouvement et la vie. La lumière y pénètre, des plantes magnifiques en garnissent les contours, des animaux de toutes sortes y peuvent voyager à de grandes profondeurs. La mer nourrit à la fois des êtres dont la grandeur nous étonne, et d'autres dont la petitesse échappe à notre vue : la Baleine colossale et le Polype microscopique. Mais, hélas ! il nous est impossible d'explorer son sein. Comment une aussi frêle créature que l'homme, qui, pour vivre, a besoin de respirer dix fois dans le court espace d'une minute, pourrait-elle franchir sans reprendre haleine des profondeurs qui ont jusqu'à près de huit kilomètres? A vingt mètres sous les eaux, nos organes sont déjà comprimés avec un poids trois fois plus considérable que celui de notre atmosphère ; passé ce terme, il devient dangereux de se soumettre à une nouvelle pression. A quatre atmosphères, notre sang, trop comprimé dans nos membres, se retire vers les organes profonds ; la peau devient livide ; le cœur, engorgé, ne bat qu'avec peine, et l'engourdissement, précurseur de la mort, nous avertit qu'on ne peut sans danger prolonger cet état quelques moments de plus. Avec la cloche à plongeur, on emporte, il est vrai, une petite provision d'air, qu'on peut renouveler de temps en temps à l'aide d'un mécanisme ingénieux; mais cet appareil qui permet à l'homme de rester sans danger deux à trois heures au fond de l'eau, n'empêche pas la pression d'agir; l'air s'y comprime à mesure qu'on descend. On peut avec cette cloche travailler sans inconvénient à la profondeur de quarante mètres; mais il ne serait pas possible de descendre plus avant. Pour pénétrer dans les dernières profondeurs de l'Océan, nous n'avons donc d'autres ressources que la sonde, qui nous en rapporte les produits.

Si l'Océan venait à se dessécher, son lit nous présenterait de vastes régions, de grandes vallées, d'immenses gouffres tout autant abaissés au-dessous de la surface générale des continents, que les sommités des Alpes se trouvent élevées au-dessus. Qu'est-ce que cette profondeur d'environ huit kilomètres à l'égard du globe terrestre, qui n'en a pas moins de douze mille de diamètre? Une mince pellicule, la rosée qu'une nuit dépose sur une orange. Cependant, pour nous, qui sommes si petits, c'est encore quelque chose qu'une masse d'eau capable d'engloutir la plus haute montagne des Cordilières, et de n'en laisser à découvert que juste ce qu'il faut pour former un écueil ou amarrer une barque. C'est un monde tout rempli de mystères, d'aperçus magnifiques, et dont la sonde du marin ne nous donnera pas sans doute de longtemps la géographie complète. Aussi inégal que la surface des continents, le fond de la mer présente de grandes chaînes de montagnes, dont les îles sont les véritables sommets. Ce monde, comme le nôtre, a de riches vallées, des plaines fertiles, d'incultes déserts, mais sans doute avec des forêts, des animaux et un ciel à part. On y voit d'immenses cratères, foyers toujours ardents d'où s'échappent des laves bouillantes et des roches enflammées qui vont jusqu'à la surface soulever des masses liquides. Soumis aux mêmes révolutions que la superficie des continents, le fond de l'Océan tremble souvent aussi, s'élève en îles nouvelles, ou bien engloutit les anciennes. Que de choses intéressantes ne découvririons-nous pas sur le fond de la mer, s'il nous était permis d'y voyager librement! Nous pourrions suivre d'étroites vallées, artères de ce monde sous-marin, conduisant, comme des fleuves, les courants rapides qui, du pôle à l'équateur, mêlent les eaux de toutes les mers pour en équilibrer la température; puis de grandes lignes de rochers nus, montrant à vif leurs arêtes de jaspe, de granit, de micas argentés, leurs cristallisations métalliques, dont les mille facettes reflètent les couleurs de l'arc-en-ciel et forment mille grottes enchantées. Nous passerions sur des plaines de nacre, de corail rouge, d'arbustes aux formes étranges, dont les rameaux pétrifiés portent, au lieu de feuilles et de fleurs, d'innombrables petits animaux radiés. Nous traverserions des prairies de plantes inconnues, d'immenses forêts de Floridées, qui vont respirer l'air à la surface, bien qu'elles enfoncent leurs racines à cent soixante mètres de profondeur.

Nous aurions au-dessus de nos têtes un ciel sillonné dans toutes les directions par des animaux aux formes fantastiques; des Baleines gigantesques y nageant avec autant d'aisance que les Vautours planent dans les airs, et se reposant comme ces derniers sur les rochers à pic des plus hautes montagnes. Qui sait à quel spectacle la nature nous ferait assister sous une pression de huit cents amosphères, alors qu'un globe de fer aussi gros que la tête et de l'épaisseur de trois doigts serait brisé comme une bulle de savon, et que l'effort si puissant de la poudre ne pourrait faire sortir une bombe d'un mortier?

L'Océan, avons-nous dit, a, comme les continents, ses prairies et ses forêts magnifiques. Les flancs de ses montagnes et les pentes de ses vallées nourrissent une grande variété de plantes, dont chacune se plaît dans un climat particulier. Là les espèces se choisissent également une zone, une latitude, une exposition, une nature de terrain particulières, et cela dans des conditions inverses de celles qui se présentent à la surface du globe. A mesure qu'on gravit une montagne, on voit la végétation devenir chétive, rare, et disparaître enfin tout à fait pour céder la place aux neiges éternelles : un phénomène contraire se remarque au milieu des eaux de la mer. Plus on approche des vallées profondes, moins les plantes sont nombreuses; et la sonde n'en ayant jamais rapporté de débris à la distance de trois mille mètres, on peut raisonnablement affirmer que, comme les sommets des montagnes, les plus profonds abîmes sous-marins sont dépourvus de végétation.

Parmi les plantes marines, les unes aiment les endroits calmes où nul courant n'arrive; elles y étendent leurs longues branches au sein d'une eau tranquille dont nul souffle extérieur ne peut troubler l'immobilité. D'autres, au contraire, se cramponnent avec force aux rochers que la mer bat avec violence, et semblent ne pouvoir vivre qu'au milieu de la tourmente. Quelques-unes s'établissent dans les courants, dont elles aiment à suivre les ondulations. Les Joncs, les Mangliers, les Soudes[1], ayant besoin d'air

1 Influencés par les eaux de la mer, dont elles forment la bordure, les Soudes participent aux changements qu'éprouvent les végétaux dans le sein

et de soleil, s'écartent peu des rivages, et tandis que les racines, toujours immergées, puisent leur nourriture au fond de l'eau, on en voit les tiges et les fleurs former à la surface de charmantes oasis où les oiseaux de mer bâtissent leurs nids.

Fig. 26 *.

de cet élément; souvent elles sont inondées; et comme alors elles ont à lutter contre les vagues de l'Océan, la nature les a douées, telles que les plantes marines, d'une organisation relative à leur situation. Leurs tiges sont souples, pliantes, et cèdent facilement à l'action des flots sans se briser. Leurs feuilles, petites, glabres, charnues, serrées contre les tiges, ne peuvent être déchirées par les vagues, qui coulent dessus sans leur nuire : les organes de la fructification eux-mêmes, dont la conservation est si précieuse, ne sont point saillants, mais renfermés dans un calice épais, à cinq divisions concaves, persistantes sur la graine qu'elles enveloppent.

La grande multiplication des Soudes dispose à la fécondité le sable stérile où elles croissent: elles en fixent la mobilité, et y élèvent à la longue une sorte de digue, aidées, dans cette opération, par les plantes marines que la mer rejette sur ses bords, et dont les débris restent entremêlés entre les tiges des Soudes. Ces végétaux, précieux dans l'économie de la nature, le sont encore pour l'homme et les animaux. Les troupeaux en sont très-avides, surtout les Mou-

* Soude d'Alicante avec sa fleur.

C'est surtout au milieu des eaux transparentes et chaudes de l'océan Pacifique et de la Méditerranée que la végétation sous-marine déploie toute sa richesse. Des Mousses d'une délicatesse infinie, parées des plus belles couleurs, s'y étalent en vastes tapis, dont on peut admirer les nuances, dans les moments de calme, à plus de trente-trois mètres de profondeur. On y voit, sur les pentes des collines, l'Ansérine soyeuse, dont la tige cannelée ressemble à des tresses de soie ; de petites Algues purpurines qui, lorsqu'elles sont nombreuses, communiquent à la mer une teinte de sang ; des Sargasses, qui forment dans l'océan Atlantique des prairies considérables. Lorsqu'elles sont arrachées, ces plantes ont la singulière faculté de flotter sur les vagues des années entières sans se flétrir, et, continuant à croître, se trouvent souvent ainsi transportées à plus de huit cents myriamètres de la place où elles ont pris naissance. On rencontre dans les mers équatoriales l'élégante famille des Floridées, dont quelques-unes, nuancées de rouge et de jaune, lancent au loin de petites capsules qui éclatent et abandonnent au gré des vagues leurs graines nomades ; les Laminaires hygrométriques, ressemblant à des reptiles, et qui sont susceptibles, par une longue macération dans l'eau douce, de se réduire en une gelée transparente, formant un aliment sucré fort apprécié des habitants du Chili, depuis Lima jusqu'à la Conception ; enfin une grande quantité d'Ulves, dont

tons. Le produit le plus important que fournissent les Soudes est ce sel qu'on obtient par l'incinération, connu sous le nom d'*alcali* ou de *soude*, employé dans le commerce et les arts pour la composition du verre, surtout pour celle du savon. Le commerce de la Soude est aujourd'hui bien tombé, depuis que la chimie a trouvé le moyen de décomposer le sel marin (le muriate de soude), et de nous procurer en peu de jours plus de soude que la culture n'en peut fournir en un an.

quelques-unes se mangent sous le nom de laitues de mer [1],

Mais une des plantes les plus remarquables de la Flore sous-marine est sans contredit le ***Fucus giganteus***. Roi

Fig. 27 *.

[1] Les plantes marines ne présentent pas moins de variétés dans leurs formes que les végétaux terrestres. Il y en a en arbrisseaux, en feuilles de Laitue, en longues lanières, en cordelettes unies, d'autres avec des nœuds, comme des disciplines; d'autres chargées de siliques, de digitations, de chevelures; en grappes de raisin, comme celles qui en portent le nom sous notre tropique. Les unes flottent sans paraître attachées à la terre; d'autres ont des racines qu'elles collent aux corps les plus unis, à des galets, etc. Il y en a qui s'élèvent à la surface des flots au moyen de petites vessies pleines d'air; d'autres ont de larges feuilles en éventail, criblées de trous, à travers lesquelles l'eau passe comme par un tamis; il y en a qui végètent sur la croûte des coquilles, comme des poils follets, etc. Il y a une Ulve-Laminaire d'une immense longueur, surnommée le *Baudrier de Neptune;* trempée dans l'eau douce et exposée à l'air sec, elle se couvre bientôt d'une efflorescence de cristaux blancs et sucrés. La plus jolie des Ulves est une Paludine dont la feuille, imitant fidèlement, par ses zones tachetées, les yeux de la queue du Paon, s'élargit dès sa base, et forme un élégant éventail.

Les plantes marines présentent toutes sortes de dimensions, et acquièrent quelquefois une grandeur considérable; nous avons déjà parlé du *Fucus* gigantesque. Le *Chorda filum*, que les habitants de la haute Écosse font sécher et tordent pour en confectionner leurs filets, parvient à une longueur de dix

* *Fucus giganteus.*

de la mer, comme le Cèdre l'est de nos montagnes, il s'élance jusqu'à la surface, d'une profondeur de cent mètres [1]. Ses gerbes colossales, véritables îles flottantes sur lesquelles viennent dormir au soleil les Tortues et les Goëlands, forment des écueils redoutés des marins. Sous l'équateur, où la mer est calme et le vent faible, une fois engagés dans les réseaux serrés de ces forêts à fleur d'eau, les bâtiments n'ont plus qu'à mettre en panne pour attendre, quelquefois des mois entiers, qu'une forte brise les dégage.

Soit qu'elles parsèment de leurs débris les grèves solitaires, ou qu'elles tapissent les rochers stériles qui bordent les rivages, les Algues répandent un air de fraîcheur et de vie au sein de la nature inanimée. Ce sont elles qui annoncent, en général, aux navigateurs égarés dans l'immense étendue de l'Océan l'approche tant désirée de la terre. Il y en a d'ailleurs parmi elles des espèces qui possèdent par elles-mêmes, et indépendamment de tout con-

à quinze mètres. Le *Lessonia fuscescens*, qui végète dans l'hémisphère austral, est haut de huit à dix mètres, et son tronc a presque un décimètre d'épaisseur. Les Laminaires de nos côtes ont le diamètre d'une forte canne, et la tige creuse du *Laminaria buccinalis* du cap de Bonne-Espérance est assez grosse pour être convertie en cornemuse. Enfin les navigateurs font mention d'herbes marines qui s'étendent sur une longueur non interrompue de deux cents à cinq cents mètres.

[1] Comment expliquer la coloration de cette plante à une pareille profondeur? M. de Humboldt a vu, près des îles Canaries, la sonde, jetée à une profondeur de plus de soixante mètres, rapporter une production marine qu'il a nommée *Fucus vitifolius*. Cette plante était d'un vert aussi décidé que celui des feuilles de graminées. Or, d'après les expériences de Bouguer, la lumière, après avoir traversé cinquante-sept mètres, est affaiblie dans le rapport de 1 à 1477. Ce Fucus ne devait donc être éclairé que par une lumière deux cent trois fois plus faible que celle d'une chandelle vue à trente-trois centimètres de distance. Cette faible clarté suffirait-elle pour exciter en elle la décomposition de l'acide carbonique, ou sa coloration tient-elle à quelque autre cause encore inconnue?

traste, la beauté des formes et des couleurs : telles sont les Délesséries, les Iridées de Bory-Saint-Vincent, certains *Ceramium*, et particulièrement la Bryopside de Rose, qui semble une jolie miniature du Peuplier d'Italie. On peut citer encore la Dawsonie de Durville, reflétant un doux incarnat sur ses frondes délicates et élégamment sinuées. Sous un autre point de vue, les Algues offrent au savant un grand intérêt ; elles peuvent lui fournir, dans leur distribution hydrographique, des lumières propres à éclairer l'histoire des parties inondées du globe.

Les plantes marines sont soumises à l'influence de la température atmosphérique comme les autres plantes, mais cette influence est ici subordonnée à l'épaisseur et à la masse du liquide qui la transmet ; c'est ce qui fait que la végétation varie bien moins dans la mer que sur la terre. La distribution des espèces maritimes suit en général les courbures des côtes ; dans l'hémisphère du nord, où les terres sont plus rapprochées les unes des autres, il y a plus d'analogie entre les espèces que dans l'hémisphère austral, dont une étendue bien plus vaste est couverte par les eaux. C'est sans doute en vertu de cette influence exercée par la température que les tribus d'Algues, différentes par leur structure, sont affectées à telle ou telle zone de latitude. Ainsi les Ulvacées, dont la consistance est membraneuse et papiracée, et la couleur verte, prennent plus de développement dans les mers polaires, quoiqu'elles soient aussi cosmopolites ; les Laminariées, qui comptent dans leur rang les géants de la Flore maritime, couvrent toutes les plages, tous les rochers, dans les mers froides des deux hémisphères ; les Fucoïdes, coriaces et ligneuses, augmentent principalement sous le rapport du nombre des espèces, à mesure qu'on s'éloigne du pôle; les *Fucus* en particulier abondent entre le 55e et le 44e degré de latitude, et paraissent rarement plus près de l'équateur que 36°. Vers les tropiques, au contraire, règnent les nombreuses espèces de Sargasses, dont Colomb comparait les agglomérations à de vastes prairies inondées, et dont M. de Humboldt a décrit deux énormes bancs au milieu de l'océan Atlantique.

Parmi les plantes marines qui avoisinent les côtes, il s'en trouve beaucoup qui fournissent un aliment agréable; d'autres sont exploitées par l'industrie. Les Varechs donnent l'iode, substance fort employée en médecine, et d'une très-grande utilité dans les arts, surtout depuis l'invention du daguerréotype. En lavant la cendre de certaines Algues épineuses répandues sur toutes les côtes de l'Europe, on se procure la soude, qui forme la base du savon. Enfin la plupart des débris végétaux rejetés par la mer pendant les tempêtes, en fertilisant les terres sur lesquelles on les répand, sont pour les habitants des côtes une source gratuite de richesses et de bien-être.

Ainsi brillent de toutes parts la puissance et la sagesse de Celui qui creusa le bassin des mers, et dans la main duquel le vaste et profond Océan ne pèse pas plus que le petit globule de rosée que l'aurore suspend à la pointe des herbes qui tapissent les vallons.

§ II

Où le chêne majestueux élève aujourd'hui sa tête aérienne, jadis de minces Lichens couvraient la roche dépourvue de terre. DE HUMBOLDT.

. . . .

Depuis des siècles et des siècles, les flots de la mer, sans redouter l'avenir, roulaient en maîtres sur cet espace qui leur a été enlevé; ils s'y reposaient dans leur calme, ou ils s'y soulevaient, ils y éclataient en tempêtes, et, dans leur insouciante domination, ils ne croyaient pas que la terre viendrait un jour diviser leurs forces et interrompre la continuité de leur empire.

Mais il vint un temps où la sonde, en plongeant dans ces espaces, y sentit un fond inaccoutumé. La terre s'était soulevée, et les coraux, ces pierres vivantes, étendant leurs bras immenses comme des serpents de marbre, s'entrelaçaient autour de cette montagne naissante, l'augmentaient de leurs replis, et grandissaient avec elle.

C'est maintenant un écueil sous-marin, c'est un rocher qui est terrible dans son adolescence. Lorsque la turbulence des vents déchire cette mer et y creuse des vallées, il apparaît au jour et respire l'air; mais, dans le calme, c'est un écueil caché auquel il faut des naufrages pour se faire connaître.

. . . .

Voici que le rocher a grandi; déjà sa jeune tête s'élève à la hauteur des flots qui le couronnent de leur écume jalouse; mais lui, sans s'occuper de cette rage impuissante, grandit toujours. Les coraux l'étreignent dans leurs anneaux toujours croissants; ils s'y mêlent, s'y étendent, et déjà ce n'est plus le récif des mers, c'est une île apparaissante, mais stérile et sans vie.

Mais la vie n'est pas lente à apporter son esprit qui anime ; la vie est partout et dans tout ; la vie, c'est l'air ; elle presse tout de son humide fécondité. Déjà le rocher stérile se baigne dans l'air, qui s'insinue dans tous ses pores : ceux-ci s'entr'ouvrent aux rayons du soleil, et cet astre les divise et les prépare.

Voici que la mer rejette de son sein les corps de ses enfants ; leurs débris se mêlent aux plantes qu'elle arrache à ses profondeurs, et ces cadavres se mêlent et se dissolvent sur le rocher. Déjà il n'est plus stérile, car les vents ont aussi apporté leurs tributs sur leurs ailes : une poussière féconde a volé des terres lointaines et tombe dans ces débris producteurs.

Les Mousses naissent d'abord avec les Lichens qui s'attachent à la terre nouvelle, la serrent, et la défendent contre les sifflements des vents. Enfin naît la première fleur : la voilà ! la voilà ! Sa tige s'élance, son bouton s'ouvre ; elle naît la première sur ce sol nouveau ; l'or du soleil se recueille dans sa corolle, et l'île, devenue mère, tressaille de joie, parce qu'elle n'est plus stérile et que ses flancs ont enfanté.

Et puis elles naissent innombrables, les fleurs, depuis celle qui croît et meurt oubliée dans l'herbe, jusqu'à ces fleurs orgueilleuses qui relèvent une tête ornée d'un diadème aux mille couleurs ; les arbres naissent aussi, grandissent, et, immenses, étendent leurs cent bras vers les cieux, et le soleil n'est déjà plus le maître sans partage d'une terre où ses rayons sont arrêtés.

L'île grandit avec sa végétation et ses arbres ; des myriades d'insectes volent sur elle, et, comme des étincelles d'or et des émeraudes animées, elles jaillissent de tous côtés. On ne sait d'où elles viennent, mais on les entend bruire sous l'herbe, bourdonner dans l'air, et frémir dans le feuillage, tandis que le Serpent, dont la naissance et le destin sont un mystère, glisse sans bruit, et que la Tortue vient reposer son rocher mobile.

Cependant dans cette corbeille fleurie, qui exhale ses parfums et semble flotter sur l'onde, on n'entend encore que le sifflement du vent qui frissonne dans les feuilles, et celui des vagues qui se brisent alentour et enferment l'île d'une frange d'argent. Les arbres et les fleurs grandissent silencieusement, et le bruit solennel de la vie n'a point encore résonné dans cette oasis nouvelle qui se berce dans le désert de l'Océan.

Mais si, des contrées éloignées, des oiseaux se sont envolés dans leurs joyeux ébats ou dans leur crainte, et se sont égarés à travers l'immensité des airs, ils cherchent avec inquiétude la terre qu'ils ont quittée et qu'ils ne voient plus; ils volent, ils volent jusqu'à ce que leur apparaisse l'île nouvelle; les oiseaux fatigués viennent y reposer leurs ailes : ils chantent leur repos. A ce premier chant de la vie, l'île a tressailli de joie.

Bien des âges se sont écoulés depuis l'instant où la mer sentit dans ses profondeurs un rocher grandir et monter, jusqu'à ce jour où, sur une île verdoyante et parfumée, les oiseaux d'une autre terre sont venus s'abattre; elle est prête maintenant, cette terre, parée comme une jeune vierge; des fleurs la couronnent, des brises embaumées se jouent autour d'elle comme si des soupirs s'exhalaient de sa poitrine. On dirait qu'elle attend un époux ou un maître.

Le maître, le voilà! c'est l'homme. Il vient sur ces

grandes machines qui déploient dans les airs leurs ailes blanches et gonflées. A la vue de cette terre inconnue, il s'étonne, il consulte les cartes où il a dessiné le monde; il n'y rencontre pas l'île. Une croix funèbre y indiquait un écueil; mais l'écueil a disparu, et une terre toute belle de verdure et de fraîcheur se déploie à l'horizon.

L'île nouvelle se réjouit, car elle désirait l'homme, et elle s'enorgueillit sous le retentissement de ses pas... Elle attendait avec impatience que l'homme vînt se poser sur ses rives avec la civilisation...

L'homme! il descend dédaigneux sur cette terre, et il dit : Elle est à moi[1]...

. . . .

Nous ne pouvons résister au désir de terminer ce chapitre par la citation d'une page éloquente qui a d'autant plus de charme pour nous, qu'elle nous entretient de notre province natale, de notre vieille Armorique, et qu'elle nous rappelle les rivages bien chers où s'est écoulée une partie de notre jeunesse.

« N'allez pas sur le quai d'un port de mer voir quelques Algues marines, quelques Varechs fangeux et mutilés, que le reflux a laissés sur la vase; poussez hardiment votre excursion jusqu'aux récifs les plus avancés de la côte, que la mer ne quitte jamais : c'est là que sont fixés les crampons vigoureux des Algues; c'est au pied de ces granits primitifs, battus d'un flot éternel, que se sont succédé leurs générations depuis les premiers âges du globe. Allez donc en Bretagne, allez visiter cette terre, si longtemps ignorée des artistes, et qu'ils ont aimée dès qu'ils l'ont connue. Si votre âme s'élève à la

[1] Imité d'un ouvrage allemand.

vue des grandes scènes de la nature, préférez pour quelques instants à votre rivière toujours tranquille, à vos plaines sans accident, à vos monotones rideaux de Peupliers, préférez la tempête sonore, les âpres rochers et les aspects sauvages de l'Océan breton. Du haut des promontoires escarpés de nos *Côtes-du-Nord,* vous pourrez contempler au-dessous de vous le précipice effrayant, dont le fond est un lit de galets, que la mer vient battre deux fois par jour. Si vous y arrivez à l'heure du flux, vous verrez au loin s'avancer vers vous d'immenses nappes d'eau, qui se développeront paisiblement sur la plage déserte, comme l'avant-garde d'une armée envahit sans résistance un pays abandonné par ses habitants; mais bientôt la mer, rencontrant la pente roide de la falaise, s'irritera contre l'obstacle qui l'arrête; le bruit de sa colère mugissante remplira votre cœur de trouble et de plaisir; vous la verrez, à chaque flot, gagner du terrain, puis reculer en ramenant avec elle des milliers de cailloux, qu'elle rejettera ensuite plus loin avec fureur. Alors les froides théories des savants disparaîtront devant la poésie de ce tableau; et les lois de l'*attraction qui agit en raison inverse du carré des distances,* s'effaceront de votre mémoire; alors la mer ne sera plus pour vous une masse d'eau salée, que la lune et le soleil attirent : ce sera l'Océan, animé et intelligent, qui exécute avec fidélité le pacte d'obéissance arrêté par le Créateur entre les sphères célestes et lui...

« Puis, quand vous vous serez familiarisé avec les émotions régulières du drame sublime qui s'exécute sous vos yeux, un vif désir d'y prendre part viendra peut-être s'emparer de votre âme; vous voudrez voir de près cet élément terrible et mettre en rapport votre petitesse avec son immensité; vous descendrez le promontoire, en suivant les détours de l'étroit sentier qui conduit à la grève; là vous vous ferez un jeu de poursuivre la vague qui recule, et de la fuir à votre tour quand elle revient plus menaçante; vous serez fier d'être placé entre une montagne à pic et l'Océan qui gronde; et, comme le grand prêtre d'Homère, *vous marcherez silencieux le long du rivage retentissant*[1]. »

CHAPITRE VII

DISTRIBUTION PITTORESQUE DES VÉGÉTAUX

La nature nous montre les plantes par vastes amphithéâtres; une graminée n'a pas les harmonies d'une prairie, un arbre isolé celle d'une forêt. C'est dans l'ensemble des végétaux que sont répandus les sentiments de grâce, de majesté, d'immensité que font naître en nous les paysages. Qui n'a étudié les plantes que brin à brin ne connaît pas plus la puissance végétale qu'un homme isolé ne connaîtrait les rapports des familles, des tribus, des nations, du genre humain.

Nous l'avons déjà observé, l'homme seul, sans aucun besoin physique, est touché des harmonies mutuelles des végétaux. L'insecte aux yeux microscopiques cherche sa pâture sur cette feuille, qui lui semble une vaste prairie; le bœuf aux grands yeux mugit de plaisir à la vue du

[1] EMMANUEL LE MAOUT, démonstrateur de botanique à la faculté de médecine de Paris.

pâturage ondoyant : l'un et l'autre ne sont mus que par leur appétit ; ils n'admirent dans les plantes ni les canaux séveux qui ravissent d'étonnement les naturalistes, ni les bouquets dont se parent les enfants du hameau ; mais l'homme est sensible à toutes les harmonies, et ce sentiment se développe en lui à mesure qu'il avance dans la vie. Enfant à la mamelle, il sourit à la vue des fleurs ; dès qu'il peut marcher, il aime à courir sur le pré qui en est émaillé. Ce sentiment organique augmente en lui avec les années et la fortune. Est-il riche, joint-il à ses richesses les lumières que lui ont acquises les Vaillant, les Jussieu, les Linné, il lui faut chaque jour des espèces et des genres nouveaux. Il voudrait mettre toutes les fleurs de l'Asie dans son jardin, et toutes les forêts de l'Amérique dans son parc. Mais les plaisirs que donne la botanique aux riches savants n'approchent pas de ceux que donne la nature à l'homme simple et pauvre, mais sensible.

Sorti au point du jour de son humble demeure, il admire le paysage que l'aurore développe peu à peu devant lui. Ses regards se reposent tour à tour avec délices sur des prairies tout étincelantes de rosée, sur des forêts agitées par les vents, sur des rochers couverts de mousses, et jusque sur les arbres ébranchés des grandes routes, qui apparaissent de loin comme des géants ou des tours. Souvent son chemin l'intéresse plus que le lieu où il doit arriver, et le paysage plus que les habitants. Ce sont ces réminiscences végétales qui nous rendent si chers les jours rapides de notre enfance et certains sites de cette terre que nous parcourons comme des voyageurs. Nous en transportons partout les ressouvenirs avec les images.

« Des prairies toutes jaunes de Bassinets, bordées de Pommiers couverts de fleurs blanches et roses, me rappellent, dit l'auteur de *Paul et Virginie,* les printemps et les prairies de la Normandie; les Algues brunes, vertes, pourprées, suspendues à des rochers de marne tout blancs, les falaises du pays de Caux; des Aloès et des Caroubiers, les collines blanches et stériles de l'île de Malte; des Bouleaux au feuillage léger entremêlés de sombres Sapins, les forêts silencieuses et paisibles de la Finlande; des Palmistes et les Bambous murmurants, l'île de France et ses Noirs gémissant dans l'esclavage; enfin, à la vue d'un Fraisier dans un pot sur une fenêtre, je me rappelle l'époque fortunée où, persécuté par les hommes, je me réfugiai dans les bras maternels de la nature[1]. »

Le Créateur ne s'est pas borné à décorer la surface de nos continents de tout le luxe d'une brillante végétation; il l'a variée suivant les zones, les climats, les localités; il en a diversifié les formes à l'infini dans la disposition de leur ensemble, dans leur petitesse ou leur grandeur, dans la correspondance ou le contraste de toutes leurs parties. Sa main invisible et magnifiquement libérale a couvert de végétaux la roche stérile, peuplé les déserts, multiplié les plantes jusque dans le fond des fleuves, jusque dans les abîmes de l'Océan, et dessiné de toutes parts à grands traits ces riches décorations de la demeure de l'homme.

On peut dire des végétaux comme des animaux, qu'ils

[1] Ce charme des harmonies végétales s'étend à tous les temps, à tous les lieux, à tous les âges, à toutes les positions. Beaucoup de mourants ne s'entretiennent que des voyages qu'ils veulent faire à la campagne; des âmes cruelles même en sont émues. Danton, complice des massacres du 2 septembre, s'écriait en soupirant dans son cachot : « Ah ! si je pouvais voir un arbre ! »

ont leurs goûts, leurs habitudes, leurs affections : le puissant Cèdre aime à dominer du sommet des hautes montagnes, le beau Cocotier sur les mers, le Plane sur les fleurs et les humides vallées; les coteaux, les plaines et les ruisseaux ont aussi des arbres qui leur sont propres, et l'Aune, qui ombrage dans les forêts les fontaines du Cerf, de la Biche, du Chevreuil et du Sanglier, convient mieux qu'ailleurs sur le bord des étangs que l'on veut assainir et ombrager.

Loin donc d'avoir été jetées au hasard à la surface du globe, les plantes présentent dans leur distribution la plus belle ordonnance; on reconnaît que chacune d'elles est à sa place, qu'elle ne peut être ailleurs; que la beauté des sites, la variété des paysages disparaîtraient s'ils n'étaient revêtus des ornements qui leur sont propres. Les plantes des rivages ne seraient-elles pas déplacées sur les hauteurs? Et celles des montagnes, descendant du sommet glacé de leur vaste amphithéâtre, produiraient-elles le même effet dans les plaines uniformes? N'y perdraient-elles pas leurs grâces naturelles, ainsi que la douceur de leurs parfums ou la vivacité de leurs couleurs? Dans cette admirable répartition des végétaux, aucun lieu n'a été oublié; chaque district de la nature est revêtu de la parure qui lui convient. Vingt, trente lieues de plaine de la même contrée, à la même exposition, produiront partout à peu près les mêmes végétaux; mais si cette plaine est entrecoupée par des forêts, sillonnée par des vallons, hérissée de rochers et de montagnes, arrosée par des ruisseaux; si le sol est variable, s'il est humide ou sec, tourbeux ou crétacé, la masse des plantes variera également à chaque changement de terrain, de situation et de température.

§ Ier

Préludes du printemps.

Les buissons d'épine noire couvrent les coteaux et les haies d'un nuage de fleurs blanches comme la neige. Il a fallu quelques moments de froid pour déterminer leur développement : images, peut-être, de ces âmes tendres, mais timides, qui longtemps s'ignorent elles-mêmes, et à qui leurs larmes toutes seules apprennent leur propre secret.

Les touffes vertes du Groseillier garnissent le pied de ces épines fleuries qui les couronnent. Le Pêcher à fleurs doubles rivalise par avance avec la fraîcheur des Roses, et semble se glorifier d'étaler tant de grâces. Mais l'hiver, revenant sur ses pas, n'a respecté ni leurs attraits ni le domaine du printemps. Il a neigé, gelé, grêlé impitoyablement sur les plus riants objets Les fleurs, surprises de tant de secousses, en étaient toutes flétries. L'orage enfin s'est apaisé. Les fleurs et la jeunesse ne peuvent jamais perdre entièrement leurs droits. Mais une crise trop funeste laisse sa fatale impression. Le coloris primitif est perdu. Le germe de la vie est altéré dans le plus grand nombre.

Un vase garni de branches vertes chargées de chatons épanouis est en ce moment sous mes yeux. Le Cresson des prés y fait ressortir un gros bouquet de ses corymbes lilas, si simples, si légers, si délicats. La Primevère des prés laisse tomber sur les bords du vase ses grappes de fleurs jaunes; le calice grisâtre qui les contient, beaucoup plus large que le tube allongé qu'elles y posent, se plisse autour comme un soufflet. Le Populage me présente une seule de ses fleurs, large, foncée et telle qu'une grande étoile d'or. Enfin les Violettes et leur doux parfum se pressent entre tous ces bouquets, et seraient bientôt écrasées si je ne me hâtais de les transporter hors du vase. Combien de Violettes se perdent dans la foule, dont la nature les avait éloignées !

Je viens de nommer la Violette, cette avant-courrière du printemps, qui parfume l'air de sa douce odeur, même avant que les frimas soient disparus. On ferait un poëme entier sur les charmes modestes de l'humble Violette. Elle croît au pied des arbres ou des buissons. Elle aime l'abri quelconque que lui prête l'art ou la nature, et se hâte plus ou moins de paraître, selon qu'elle se trouve plus ou moins protégée contre les froids.

En vain elle se cache sous l'herbe, son parfum la trahit, et le bleu pourpre de sa corolle perce à travers le gazon. Enlevée à son obscurité, elle reçoit l'honneur qu'on se plaît à rendre au mérite qui se cache.

Il règne un tel accord dans toutes les parties de notre être, que toutes les jouissances semblent s'appeler. Un parfum délicieux nous charme-t-il, notre œil aussi veut être satisfait; une riante image se peint à nos désirs, et le vif plaisir qu'un air embaumé nous apporte, guide à la découverte d'un plaisir nouveau. Rencontrons-nous une fleur bien colorée, nous en interrogeons avidement l'odeur. Notre âme, qui sent impérieusement le besoin de tout élever, de tout rapporter à elle-même, notre âme se hâte de créer un emblème heureux, de faire d'un chef-d'œuvre de la nature l'image d'une vertu. Le présent de la mère commune est bientôt l'hommage réciproque des sentiments auxquels sa bonté sourit, et la timide Violette, même déjà flétrie, laisse encore, par la douceur de son parfum, l'aimable souvenir de son modeste triomphe.

En contemplant cette nature printanière partout renaissante, je me rappelle le tableau si gracieux d'un printemps en Bretagne par mon illustre compatriote, Chateaubriand.

« Le printemps en Bretagne, dit-il, est plus doux qu'aux environs de Paris, et fleurit trois semaines plus tôt. Les cinq oiseaux qui l'annoncent, l'Hirondelle, le Loriot, le Coucou, la Caille et le Rossignol, arrivent avec de tièdes brises qui hébergent tous les golfes de la péninsule armoricaine. La terre se couvre de Marguerites, de Pensées, de Jonquilles, de Narcisses, d'Hyacinthes, de Renoncules, d'Anémones, comme les espaces abandonnés qui environnent Saint-Jean-de-Latran et Sainte-Croix-de-Jérusalem, à Rome. Des clairières se panachent d'élégantes et hautes Fougères; des champs de Genêts et d'Ajoncs resplendissent de fleurs qu'on prendrait pour des Papillons d'or posés sur des arbustes verts et bleuâtres. Les haies, au long desquelles abondent la Fraise, la Framboise et la Violette, sont décorées d'Églantiers, d'Aubépine blanche et rose, de Boules de neige, de Chèvrefeuille, de Convolvulus, de Buis, de Lierre à baies écarlates, de Ronces dont les rejets brunis et courbés portent des feuilles et des fruits magnifiques. Tout fourmille d'Abeilles et d'oiseaux : les essaims et les nids arrêtent les enfants à chaque pas. Le Myrte et le Laurier croissent en pleine terre, la Figue mûrit comme en Provence. Chaque Pommier, avec ses roses carminées, ressemble à un gros bouquet de fiancée de village. »

§ II

Les Prairies.

De tous les lieux champêtres que l'homme sensible aux beautés de la nature aime à parcourir au retour de la belle saison, ceux où il revient le plus souvent sont ces charmants tapis de verdure émaillés de mille fleurs, les prairies, ces gracieuses filles des ruisseaux et des fleuves, que flattent les zéphirs, que favorisent les premiers sourires du printemps, qu'embellissent et protégent les grands arbres se groupant autour d'elles comme pour former leurs couronnes et leurs verdoyantes ceintures. C'est surtout à l'aspect de ces délicieux parterres de la nature, qu'on est frappé de l'art admirable avec lequel le Créateur, combinant avec les beautés de la symétrie les charmes d'une riante irrégularité, a composé les dessins d'après lesquels une force providentielle taille, découpe, contourne, festonne les fleurs. Il y en a de rondes et d'anguleuses, de plates et de saillantes, de droites et de courbes. Il en est de faites en forme de croix, d'étoiles, de roues, de rosettes. Un grand nombre sont façonnées en boules, en cloches, en cornets, en trompettes. On en voit de figurées comme des coupes, des urnes, des nacelles, des étendards, des pavillons, des bouches même d'animaux. Dans les unes, tout est disposé avec ordre et proportions ; en d'autres, un heureux abandon produit de charmants aspects. Dans beaucoup, une grâce naïve de formes sans apprêt est jointe à une imposante élégance de symétrie.

Elles diffèrent par la structure du pistil, par la disposition des étamines, comme par les découpures de la corolle et par la taille du calice. Il y en a de simples et de compliquées, de hautes et de basses, de droites et de penchées, de pâles et d'éclatantes. Les unes se présentent seules, les autres réunies en groupes; et ces groupes varient de nombre et d'aspect. On les voit rangées en épis, en grappes, en corbeilles, en colonnes, en pyramides, en pavillons, en ombelles.

Et avec quel art, quel goût, quelle magnificence, ces fleurs innombrables ont été coloriées! Toutes les teintes imaginables sont employées à la parure de ces petits chefs-d'œuvre. Le Peintre de la nature choisit entre toutes, mélange à propos, assortit ingénieusement, nuance avec délicatesse. Là des couleurs opposées contrastent avec éclat; ici elles se fondent doucement l'une près de l'autre; ailleurs elles se coupent et se mêlent agréablement. Tantôt un fond uniforme est relevé par une bordure brillante; tantôt sur une teinte sombre luisent des traits de vive clarté. Beaucoup de fleurs sont peintes avec une simplicité charmante, beaucoup avec une pompeuse magnificence; beaucoup aussi ont un aspect à la fois simple et superbe. L'azur du ciel, le rose de l'aurore, la blancheur des neiges, le jaune de l'or, le rouge de la pourpre, distribués abondamment aux fleurs, les font briller sur la verdure des gazons comme les bijoux sur la tenture des palais.

Les prairies forment une de ces riches portions du domaine de la terre qui répandent le plus de charmes dans toute la nature; douées, comme les forêts, d'une fécondité éternelle, elles offrent annuellement à l'homme leurs trésors spontanés, sans lui demander d'autres soins que le plaisir de les recueillir. Aussitôt que les voiles du printemps se lèvent, on voit les animaux bondir à la vue de leurs riantes nourrices: une mer de fleurs et de parfums suaves monte simultanément de leur sein pour embaumer la terre; elles donnent au paysage ce doux éclat qui fait chérir la vie, et nous leur devons ces délicieux laitages qui contribuent à nous la conserver. Placées entre les eaux, de qui elles reçoivent leurs plus fraîches couleurs, et les bois et les champs, à qui elles donnent ces teintes et ces nuances qui charment les yeux, elles sont appelées à adoucir la majesté de la nature sans lui faire rien perdre de sa grandeur.

Les patriarches les traversaient paisiblement, suivis de leurs familles, dans l'enchantement du bonheur. Pour eux toujours la table était préparée. D'un côté, des bois magnifiques présentaient et leurs fruits variés et des milliers d'oiseaux; de l'autre, les eaux offraient une grande surabondance de poissons; quant aux troupeaux, ils ne pouvaient jamais épuiser la fécondité des pacages. Toute la terre mettait ses tributs aux pieds de l'homme, le roi de la nature; et c'est sur les prairies couvertes d'une nappe de verdure et de fleurs que se servait le festin.

§ III

Les Buissons. — L'Églantier.

Nous sommes aux premiers jours de mai. Toute la nature a pris une parure nouvelle; les fleurs se multiplient dans la campagne, et, pour quelques-unes dont les graines mûrissent déjà à l'ombre des guirlandes, et dans une atmosphère toute parfumée, combien de plantes ouvrent à peine leur délicate corolle, et ne se répandent encore qu'avec timidité!

Le moment décisif néanmoins est venu, et l'involontaire précipitation avec laquelle je cherche à remplir ma corbeille m'oblige de laisser tomber une foule des riants objets dont je m'empresse de la composer. Nous sommes au période le plus vivant de l'année. Tout brille, tout se développe, tout produit, et le Papillon même échappe à la triste enveloppe qui le confinait au rôle de Chenille. Combien de Chenilles peut-être ont l'étoffe de beaux Papillons, et restent ensevelies sous leur rampante figure faute de fleurs dont le charme les excite, faute de cette chaleur, principe universel de vie, que les excellents cœurs ont seuls le don de créer pour l'infortune!

Les haies sont tapissées de Sureaux et de Ronces, et toutes entrelacées de fleurs variées et charmantes. Sous leur abri, la Sauge couvre la pelouse de ses teintes violettes. L'Hièble entr'ouvre ses feuilles nombreuses, pour annoncer le bouquet blanc qui va fleurir. La Vipérine, le Caille-Lait, la Campanule, le joli Miroir-de-Vénus, qui borde avec tant de grâces les champs de blé; l'odorant Mélilot, l'hypocrite Renoncule, dont les corolles satinées s'étalent au premier zéphyr, et ne se replient qu'aux sévères aquilons; tout paraît en habit de fête : plus de lieux arides; Flore a tout jonché de ses dons; et le tapis de Serpolet couvre le sol sablonneux, pendant que le Bouillon-Blanc nourrit ses feuilles et sa tige grasses aux bords des terrains cultivés.

Les nymphes sont rassemblées, leur reine peut paraître, et la Rose sur les buissons vient de couronner tous les vœux. La Rose, nom charmant, qui remplit à lui seul une imagination aimable et tendre ! Nom profané peut-être par l'excès des répétitions, mais qui ne vieillira que dans les vers.

Image d'Hébé, comme elle toujours jeune, comme elle toujours gracieuse et naïve, la Rose ne peut offrir jamais qu'une idée riante, avouée par le cœur. Il faudrait, je crois, être bien malheureux ou bien méchant pour écraser une Rose.

J'attache à ses traits un charme de modestie. Rose dans tous les temps, Rose pour tous les âges, elle réjouit le vieillard dont elle orne le front, et se mêle aux cheveux gris comme aux tresses blondes.

Salut, ô fleur charmante, qui ne dédaignez pas d'éclore dans un désert! Le voyageur vous contemple avec un sentiment de plaisir dans le site le plus sauvage. Le pauvre, dans le plus petit verger, entremêle vos fraîches guirlandes. Digne de tous les hommages, vous n'en cherchez aucun. Belle pour vous-même, vous l'êtes de votre essence; et pour qui veut un repos et à sa vue et à son cœur, vous êtes le doux symbole de l'angélique consolation.

La Rose primitive, l'Églantier, paraît sur les buissons; son écorce, verte et bien lisse, est armée d'épines corticales qui se renouvellent tous les ans.

La corolle de l'Églantier a cinq pétales; ils sont taillés en cœur. La nuance inimitable qui les colore, le fond, jusqu'à l'onglet, qui paraît d'une blancheur extrême, tout est charmant dans ce mélange enchanteur dont les couleurs d'un joli enfant peuvent seules donner l'idée.

Le bouton de la Rose, ses développements successifs, l'agrégation de ses pétales, leur rapprochement toujours heureux, sont un sujet de contemplation et presque d'occupation pour le cœur.

Il faut voir les guirlandes que forme l'Églantier; il faut considérer les arcs, les courbes, les jets spontanés de ses rameaux, que l'on n'égalera jamais. Il faut le voir, et non le décrire. Il est des impressions dont la nature s'est réservé le secret. Malheur à qui prétend tout dire !

Un des plus doux souvenirs de ma première jeunesse se rattache à ce charmant arbuste en fleur, nommé *Arc-en-ciel* dans les campagnes en Bretagne. Sur le chemin du bourg où j'allais chaque matin prendre des leçons de latin au presbytère, se trouvait, au pied d'un coteau, une rocaille couverte de mousses humides et de scolopendres satinées. Un petit filet d'eau vive tombait en cascade du milieu de cette roche pittoresque dans un bassin de granit, et y formait un large miroir. Au bord de ce bassin s'élevait un superbe buisson d'Églantiers qui projetaient autour d'eux leurs longs arcs chargés de bouquets de roses, d'un effet indescriptible. C'est là que, dans les beaux jours du printemps, j'aimais à m'asseoir au retour du presbytère, à l'ombre d'un saule touffu, en face de ce gracieux tableau. C'est là que je lus alors plusieurs volumes du *Spectacle de la Nature* [1], au grand détriment des rudiments latin et français, qui gisaient dédaignés à mes côtés... Que de calme et de fraîcheur dans cette aimable solitude ! Les prés voisins, tout diaprés de fleurs, livraient leurs senteurs printanières au souffle d'un vent léger qui à peine courbait les herbes ; tout était silence, hors le murmure de l'eau qui fuyait, le bourdonnement de l'Abeille qui lutinait, le gazouillement joyeux de la Fauvette qui chantait dans les buissons fleuris. Je ne puis

[1] Nous avons publié à la librairie Mame, de Tours, un volume extrait de cet ouvrage célèbre de Pluche. Ce volume, mis au niveau des progrès de la science, a eu de nombreuses éditions : succès dû sans doute aux charmes que Pluche a su répandre sur l'étude de l'histoire naturelle.

dire tout ce qu'il y a de douceur pour moi dans ce souvenir qui est resté au fond de mon âme comme un parfum devenu plus délicieux encore aujourd'hui que ce souvenir me sourit à travers tant d'années.

§ IV

De quelques plantes communes. — La Primevère. — L'Anémone. — Le Muguet. — La Pâquerette.

> Dieu vit un peu dans tout, et rien n'est peu de chose.

Je viens, lecteur, vous offrir la fille aînée du printemps. Je vous la présente, elle a un parfum doux. Épanouissez votre âme au premier sourire de la nature, et récréez vos regards sur les premières nuances qu'elle étale.

La Primevère (*Primula veris,* Linn.) croît effectivement sous les frimas qui fécondent la terre et y concentrent la chaleur. Naïve et confiante, elle laisse bientôt entrevoir ses douces couleurs. Aimable arc-en-ciel terrestre, elle annonce que la terre n'a point renoncé à produire. Elle fait sur l'imagination l'effet d'une flûte champêtre entre des roches qui semblaient un désert

La Primevère se présente sur une tige légère qui s'élève peu. Ses fleurs, sur de courts pétioles blanchâtres et légers, sont agrégées comme de timides sœurs, et inclinent leur tête modeste, peu rassurée encore, contre les fureurs des vents glacés.

Dans les champs, leur teinte est jaunâtre; dans les jardins et presque sans culture, mais à l'abri de nos murailles, placées par notre prévoyance sur un sol mieux nourri, elles se parent de grâces nouvelles. J'ai sous les yeux en ce moment toutes les nuances d'un lilas teint de rose jusqu'à la teinte presque blanche. Qu'elles sont jolies ! Quelle fraîcheur ! j'allais dire quelle innocence !

On dirait qu'elles n'ont été créées que pour varier les jouissances de l'homme, soit qu'au retour de chaque printemps elles se répandent au milieu des prairies, dans les bois ou sur le bord des ruisseaux, soit que, quittant les plaines, elles s'élèvent jusque sur les montagnes alpines, où elles semblent acquérir encore plus d'élégance.

C'est, en effet, du sommet des Alpes que notre brillante Oreille-d'Ours est descendue dans nos jardins, où, docile aux soins de la culture, elle les a payés par les formes diverses et les riches couleurs de sa corolle, inépuisables dans leurs nuances. Il semble que nos Primevères communes, aiguillonnées par l'éclat de ces étrangères, aient voulu rivaliser de beauté avec elles, en produisant de nombreuses variétés non moins brillantes par le mélange de leurs couleurs. Toutes ces fleurs, soit réunies en gradin sur un même théâtre, soit disposées en plates-bandes, en bordures, en carrés, produisent un effet presque magique, lorsque l'on sait mettre leurs couleurs en opposition les unes avec les autres.

Aux mêmes lieux où fleurit la Primevère habite une autre plante aussi jolie que délicate, l'Anémone *gentille*, ou Anémone *des bois*, vulgairement *Sylvie*. Ces charmantes Anémones naissent et meurent bien souvent sans que l'œil même d'un jeune pâtre les ait jamais aperçues. Satisfaites d'elles-mêmes, belles de leur propre éclat, elles achèvent paisiblement une destinée toujours assez longue lorsqu'elle est complète.

Notre vie n'est pas notre unique esperance ; aussi la

carrière ambitieuse n'a-t-elle presque pas de proportion avec celle des années et le cours de la nature. C'est ce qui rend le temps si court ; c'est ce qui fait nos mécomptes et nos regrets, quand nous avons interverti l'ordre de la Providence, et quand nous cessons d'y rattacher toutes nos pensées.

Une fleur vit un moment, mais ce moment accomplit son œuvre.

Le tissu des feuilles de l'Anémone et leurs nombreuses dentelures rendent leur structure singulièrement légère. C'est comme une corbeille élégante, de laquelle sort la gentille fleur.

La fleur, sans aucun calice, penche avec grâce une corolle d'ivoire, dont un pinceau de vermeil a légèrement caressé les pétales. Ce doux coloris s'efface peu à peu. Le premier fard de l'innocence est l'apanage du premier jour.

La circonférence évasée présente un bouquet d'étamines inégales et sans nombre. Les filets en sont déliés, et les anthères y balancent en équilibre leur petit grain de poudre d'or.

Les pistils, aussi sans nombre, forment au centre de cette petite forêt magique un petit cône de fils verts très-rapprochés. L'auteur anglais du poëme des *Amours des plantes* verrait dans cette multiplication l'espérance d'une colonie ; il distinguerait mille bergères vert-pommes suivant à l'autel de l'hymen autant de bergers oranges et blancs. La corolle qui les réunit lui semblerait un beau temple d'albâtre dont les portiques seraient ornés de rubis ; et la petite corbeille formée au-dessous par les découpures des trois feuilles serait le vallon de verdure qui embellirait l'approche du temple.

Les Anémones, si brillantes dans quelques espèces de nos jardins, ont bien plus de charmes encore dans leur simplicité; partout elles embellissent les lieux qu'elles habitent. Les terrains incultes, stériles, exposés au vent et au froid, sont ceux qu'elles préfèrent: les chaleurs du midi leur sont nuisibles. Habitent-elles les plaines, c'est toujours dans les prés et sur les pelouses sèches. Pénètrent-elles dans les bois, elles n'abordent que ceux dont le sol est aride et sablonneux. Le plus grand nombre gagnent les montagnes et s'élèvent jusque dans les Alpes, où elles se montrent, au retour du printemps, avec les autres fleurs de ces riches tapis de verdure que la neige vient d'abandonner.

Mai triomphe de toutes parts dans nos jardins, dans nos vallées et nos bosquets; il nous ramène le printemps couronné de fleurs nouvelles; c'est, pour ceux qui savent jouir de la nature champêtre, l'époque la plus brillante de cette saison. Au milieu des routes ombragées de nos bois, nous nous croyons transportés dans les délicieuses vallées de Tempé : c'est là que s'exhale alors une odeur suave qui nous attire sous ces dômes de verdure. De petites grappes blanches, semblables à de petites perles globuleuses, attachées du même côté à un léger pédoncule, sont les cassolettes d'où s'échappent tant de parfums. Vous reconnaissez le Muguet, le Lis des vallées (*Convallaria maialis*), fleur charmante, que, dans les villes mêmes, on envie, on enlève aux filles des campagnes, et qu'on imite artificiellement avec moins de succès que les autres, parce qu'elle est plus simple, et qu'elle cache dans sa corolle l'irrésistible attrait de son odeur balsamique.

En cette riante saison, une petite pluie est un présent

du Ciel, et donne un nouveau charme à la nature. La terre même laisse échapper de salutaires, d'agréables vapeurs. On a appelé les différents parfums des végétaux le moral des plantes. Certes, dans cette saison le feu céleste, qui semble donner une âme à la nature, vivifie ses mouvements et se répand autour d'elle. Peut-être aussi dans aucun temps n'est-elle plus propre à inspirer : combien alors elle exalte une âme sensible ! Une douce mélancolie, de la bonté, d'éternelles espérances, voilà ce qu'il faut pour savourer de si ineffables délices.

Les feuilles du Muguet sont de beaux rubans de taffetas d'un vert doux. La corolle, toute blanche, a six petits festons. Au milieu règne un petit pistil de nacre, autour duquel se pressent six petites étamines couronnées d'anthères de couleur or mat. Ce groupe vit, aime et meurt dans un petit temple d'une blancheur virginale. Le mouvement de la corolle, qui se penche et se suspend, ne paraît pas lui être plus sensible que ne l'est pour nous l'état de nos antipodes, lorsque nous en prenons la place. Chaque fleur, comme une planète, dans le système du Muguet, a peut-être aussi son atmosphère particulière.

Une baie rouge, qui contient les semences, doit remplir chaque petite fleur, et perpétuer ainsi le charmant emblème de la candeur primitive et de ses innocents plaisirs.

Heureuses mille fois les jeunes familles qui peuvent laisser des fruits de leur printemps ! qu'elles soient bénies ! et que, dans leur durée, elles jouissent de toute la félicité dont nous voyons l'aurore !...

La Pâquerette nous appelle, jolie petite plante qui embellit au loin les champs et les prés par ses fleurs nombreuses, à disque d'or entouré de rayons argentés.

Cette élégance les a fait comparer à autant de perles, d'où est venu à la plante le nom de Marguerite (*margarita*, une perle) et son nom générique *Bellis* (joli, mignon).

La Pâquerette est une des premières filles du printemps, et qui semble demeurer dans une perpétuelle enfance.

Amusement de l'âge heureux dont elle est l'emblème, la petite Marguerite se multiplie sur le moindre gazon; elle ne s'élève point, et ne présente aucun danger à la petite main sans expérience qui la cueille sans adresse.

Les Marguerites viennent une à une, mais plusieurs se jouent à la fois sur le tapis de verdure que les feuilles, étendues circulairement à terre, forment autour de la tige.

Cette tige, ronde, mince, unie, d'un vert clair, s'appuyait d'abord sur la terre. Elle se dresse bientôt, et ne garde plus qu'une courbure qui en empêche la roideur.

Le calice est composé de parties disposées comme les tuiles sur un toit, et ressemble à un petit vase de verdure découpé.

Cette petite fleur est radiée et offre une double circonférence de demi-fleurons, c'est-à-dire de petites languettes blanches, quelquefois bordées d'une teinte rose. Entre elles paraît le disque, tel qu'une petite pelotte de petites perles jaunes, et chacun de ces petits grains est un fleuron.

C'est ainsi que l'enfance porte en elle le germe des pensées et des sentiments; elle-même les ignore, et, comme la Marguerite, elle intéresse sans rien développer.

Enlevons délicatement un des demi-fleurons de l'enfantine collerette; un petit tube lui sert d'ongle. On voit que la nature l'a pourvue d'un petit duvet; un court pistil tout blanc habite dans ce vase imperceptible et y puise la vie.

Il faut une loupe pour distinguer l'épanouissement du petit point jaune et y découvrir une petite corolle découpée. Il faut de même un long usage pour saisir le mouvement compliqué de facultés proportionnées, mais imperceptibles, de l'enfance. Une Marguerite est un mystère comme elle, mais ses secrets du moins ne sont pas plus dangereux. La simple Marguerite n'a pas d'autre physionomie que celle des petits êtres dont elle est le hochet. Elle ferme, pour dormir, les rideaux blancs de sa corolle; elle ne l'ouvre qu'à une douce chaleur ; il lui faut de la confiance pour se développer tout entière.

Salut à toi, plante chérie, qui, l'une des premières, appelles et fixes nos regards sur le tapis vert tendre des prairies et des pâturages, où nos troupeaux vont puiser une nourriture nouvelle. Salut à la plante rustique dont le disque argenté nous marque, par son rapprochement, les heures à donner au repos, nous avertit de l'humidité pénétrante qu'il faut éviter... Dis-nous, Pâquerette jolie, ce que sont devenues les heures d'une innocente indifférence, où, mollement étendus sur la pelouse embaumée, nous nous amusions à te cueillir, à disposer en bouquets ta hampe nue, à suivre l'action qu'exercent sur toi l'aspect du soleil et les circonstances si variable de l'atmosphère, à te consulter, par l'enlèvement successif des rayons de ta fleur blanche et rosée, sur le degré actuel de l'affection des personnes aimées. La belle saison nous paraissait alors cent fois plus belle ; nous étions dans l'âge des douces illusions; la triste et lente expérience n'était point encore venue nous obliger à voir les hommes et les choses sous un jour plus grave. Apprends-nous pourquoi chaque année, au retour du printemps, nous prenons plaisir à te revoir toujours fraîche, toujours joyeuse, et à te redemander nos premières erreurs... Qui dira le charme des impressions et des souvenirs voisins de notre berceau !...

Les plantes que nous venons de décrire ne sont tenues en aucune estime :

Elles sont communes !

« Merci, mon Dieu! de tout ce que vous avez créé de commun ! merci, mon Dieu, du ciel bleu, des étoiles, des eaux murmurantes, des ombrages sous les Chênes touffus!

« Merci des Bluets des champs et de la Giroflée des murailles !

« Merci des chants de la Fauvette et des hymnes du Rossignol !

« Merci, mon Dieu ! du parfum des fleurs, des bruissements du vent dans les feuilles !

« Merci des nuages colorés par le soleil à son lever ou à son coucher !

« Merci de la lumière qui fait le jour, de l'air que nous respirons, de la chaleur qui vivifie la nature, du sentiment le plus commun de tous, l'amour, qui élève l'homme jusqu'à vous !

« Merci de toutes les belles choses que votre magnifique bonté a faites communes ! »

§ V

Les Plantes des eaux. — Suites désastreuses du déboisement.

Aux fleurs qui tapissent les prairies se rattache la végétation des ruisseaux et des fleuves qui les arrosent et les fertilisent. Il y a une foule de plantes qui croissent non-seulement sur le bord des eaux, qu'elles embellissent, comme les Solicaires, dont les épis sont pourprés, les Iris jaunes, les Menthes odorantes ; mais il y en a qui viennent dans le sein même des eaux, comme les Cressons, les Lentilles d'eau, les Glaïeuls, les Joncs, les *Nymphæa* [1],

Fig. 28 *.

[1] Le *Nymphæa Nelumbo* ou *Lotus* est par ses grandes fleurs rouges et ses larges feuilles le plus bel ornement des eaux dans l'Inde et la Chine. Le Nelumbo, consacré à la Divinité par les anciens Égyptiens, était autrefois très-abondant dans le Nil; mais il ne s'y trouve plus, au rapport de Delisle. Il est regardé par les Indous comme l'emblème du feu et de l'eau réunis. Cette belle plante, qui pare les lacs et les fleuves de sa verdure, fournit aux poëtes asiatiques de nombreuses allusions. « La fleur du Lotus, dit Forster, a dû nécessairement attirer l'attention des Indiens par sa grandeur et par sa beauté; elle est ornée de diverses couleurs, mais particulièrement d'un rouge éclatant. Il serait difficile de réunir toutes les comparaisons dont elle est l'objet, et elle inspire tant de vénération à quelques individus, qu'ils se prosternent devant elle. Selon les Indiens, « c'est la fleur de la nuit, qui se désole « lorsque le jour vient à paraître; elle a peur des étoiles, et ne s'ouvre qu'aux « rayons de la lune, à qui seule elle envoie ses parfums. »

On voit souvent sur cette plante un oiseau, de l'ordre des Échassiers, remarquable par la teinte marron de son plumage, par la longueur de ses ongles, effilés comme des aiguilles, et par l'éperon pointu dont chaque aile est armée à l'épaule. Labillardière a eu occasion d'admirer la légèreté avec laquelle cet oiseau (le *Para Jacana*) marchait à la surface de l'eau en sautant avec ses longues jambes d'une feuille à l'autre. (Voy. fig. ci-dessus.)

* *Nymphæa Nelumbo.*

les Sagittaires, ainsi nommées parce que leurs feuilles sont faites en fer de flèche. D'autres sont tout à fait submergées. Il est remarquable que toutes les plantes fluviatiles épanouissent leurs fleurs à la surface des eaux. Une rivière, en été, ressemble souvent à une prairie ondoyante. Les petits oiseaux s'y reposent, et l'on voit surtout la Bergeronnette y courir après les insectes qui y voltigent.

Parmi les fleurs du bord des eaux nous devons mentionner celles du Myosotis, charmantes miniatures, qu'il faut voir de près pour apprécier tout ce qu'elles ont de joli. Leur gentillesse leur a valu le nom vulgaire de *Souvenez-vous de moi*. La corolle a cinq divisions d'un bleu tendre comme l'azur des nuits.

Nous ne pouvons oublier le Glaïeul ou Iris des prairies, d'un effet charmant au bord des petits ruisseaux qui arrosent les prés émaillés. Ses feuilles sont de grandes lames, unies, lisses, d'un vert foncé; entre les Saules, les roseaux et l'écume légère des Naïades, elles font un effet très-agréable et presque mystérieux. On pense distinguer l'entrée de la petite grotte où la nymphe enferme son urne, et l'on croit même découvrir sa couronne entre tant de fleurs qui brillent parmi les joncs.

Chaque branche, couchée à sa naissance dans la feuille qui en protége le développement, est revêtue d'un spathe ou tunique blanche et légère, qui ne s'ouvre que pardessous. En admirant cette nouvelle précaution de la nature, on pense involontairement au jeune Moïse exposé sur le Nil, mais placé d'abord par sa mère dans une petite corbeille de joncs.

Plusieurs fleurs naissent fort souvent de la même branche et dans le même spathe, et la grande feuille qui les porte est comme le hamac commun; mais alors les feuilles plus petites, les enveloppes se multiplient, s'opposent, se croisent. La nature n'a rien oublié pour la conservation de son Iris et pour préserver cette nymphe des vapeurs trop humides au milieu desquelles elle doit vivre. C'est entre tous ces voiles, c'est entre les boutons qui s'élancent en cornets roulés, entre les germes fécondés qui déjà mûrissent, que se développe la belle fleur. C'est comme la brillante jeunesse, entre l'enfance et le retour[1].

L'Aune, le Platane, le Peuplier, le Saule, le Marsault, le Tremble, etc., forment au bord des étangs un encadrement magnifique. L'assemblage de tant d'arbres différents, dont les beaux verts se détachent les uns par les autres, la diversité de leur port, le mouvement sonore des feuilles du Tremble, les ombres qui dessinent leur stature sur le miroir des eaux, l'air frais et pur qu'ils entretien-

[1] UNE HERBORISATION AU BORD D'UN RUISSEAU

« Hier, un joli temps d'automne m'attira au loin pendant une herborisation. Je traversai des sentiers dans les bois. Le soleil dardait dans le feuillage et parsemait le chemin d'étoiles d'or vacillantes. Je me trouvais dans la plus délicieuse prairie.

« Figurez-vous un vallon prolongé : d'un côté une forêt le borde, de l'autre une pente douce conduit l'œil à de petits bouquets d'arbres, à des haies, à des buissons épars, jusqu'aux bois qui sont sur la crête. Le fond de ce vallon offre de frais bocages. Une jolie rivière l'arrose en serpentant, et laisse entendre le murmure de ses flots limpides entre les fleurs de toute espèce, les jeunes Saules, les arbrisseaux qui se plaisent tant sur ses bords.

« Que j'avais de plaisir à fouler ce tapis de verdure, à cueillir, tout le long des sinuosités du canal, ces jolis *Souvenez-vous de moi*, plus frais, plus riants encore, s'il est possible, dans cette charmante situation ! Que de Menthes, de Trèfles, de Mauves, de Liserons, etc. !

« Je ne pouvais m'empêcher de cueillir toutes les fleurs; et comme la prairie est fauchée, je n'avais à choisir que dans le jardin des Naïades. Elles consentaient sans doute à m'accorder leurs doux présents, et chacun de mes désirs était bien pour elles un hommage, etc. »

nent, donnent à ces lacs en miniature un air d'enchantement. Les poissons, sous les larges ombrages du vaste Platane, se multiplient en se jouant au sein des eaux; et tandis que cette belle ceinture d'arbres est couverte d'oiseaux de toutes les couleurs, gazouillant leur joie comme s'ils retrouvaient une nouvelle création, les oiseaux aquatiques de tous les plumages sillonnent les eaux en sécurité. Ce spectacle, si digne de l'homme qui a encore l'âme ouverte aux scènes de la nature, montre, dans la considération d'un simple étang, combien les jouissances de la vie peuvent se multiplier.

On comprend l'importance de ces brillants vêtements de verdure, qui prêtent tant d'aménité aux paysages, tant de fraîcheur et d'éclat à l'émail des prairies, lorsqu'on songe aux suites désastreuses du déboisement. Pourquoi les bords de l'Euphrate et du Tigre, autrefois si vivants, si animés, sont-ils aujourd'hui déserts et silencieux? Ils ne sont plus ombragés par les Saules touffus auxquels les Hébreux captifs laissaient pendre leurs lyres; et ces deux fleuves qui réfléchissaient dans leur sein les merveilles de Ninive et de Babylone, ne coulent plus qu'à travers des déserts brûlants vers le golfe Persique. Les monts de la Judée n'ont plus de végétation qui les couvre; les vents ne charrient dans son atmosphère que des nuages de sable, et son fleuve sacré, dégarni de ses roses et de ses palmes, ne porte plus à la mer Morte qu'un filet d'eau fangeux. La vallée de l'Égypte, semblable autrefois à un grand jardin planté d'arbres de toute espèce, offre à peine aujourd'hui sur les bords du Nil quelques bouquets de Dattiers, d'Orangers et de Citronniers, qui ne sauraient condenser les vapeurs de son ciel d'airain, et les résoudre en pluies bienfaisantes.

Ces beaux et antiques climats de l'Orient, où les premières générations du genre humain trouvèrent la terre si belle, si libérale, les températures si douces, l'air si suave ; ces lieux enchanteurs, animés par une piété céleste, où fut brûlé le premier encens sur l'autel de la religieuse reconnaissance, privés aujourd'hui de leurs rafraîchissantes forêts, se trouvent sans nuages, consumés, desséchés par la présence trop immédiate de l'astre bienfaisant qui autrefois les vivifiait, et qui n'y trouve plus de paysage à embellir ni de miroir pour le réfléchir. Si aujourd'hui les vénérables patriarches du genre humain reparaissaient, où retrouveraient-ils leur Éden fortuné? Serait-ce la Mésopotamie, l'Arménie, la Chaldée, berceaux de nos premiers parents, qui leur montreraient leurs bois sacrés, leurs ruisseaux, leurs fleuves, leurs troupeaux et leurs vergers? Non, ils n'y retrouveraient plus qu'une terre chauve, desséchée, privée même du bois nécessaire pour renouveler le moindre holocauste à l'Éternel.

Que si, traversant la Méditerranée, nous allons chercher les rives verdoyantes du Caystre, du Méandre et du Pactole, les végétaux parfumés du Tmolus, les eaux fraîches du Simoïs et du Scamandre, jadis alimentées par les bois de Cèdres du mont Ida et les côtes riantes de la mer d'Ionie, nous ne trouverons partout que des déserts et des ruines, ouvrage du despotisme qui pèse sur ces contrées. Le continent de la Grèce nous offrira le même spectacle de désolation ; Thèbes a perdu la fontaine de Dircé, célébrée par Pindare ; Sparte, les bocages de Lauriers à travers lesquels s'enfuyaient l'Eurotas ; et Athènes, les Myrtes et les Lauriers qui embellissaient les cours de l'Illissus et du Céphise.

§ VI

Les Forêts. — Utilité des Arbres.

Que les arbres des forêts tressaillent de joie devant Jéhovah ! PS. XCV, 12.

Quel lieu au monde est plus magnifique et plus imposant qu'une vaste et belle forêt ! Les troncs de ses arbres, comme ceux des Hêtres et des Sapins, surpassent en beauté et en hauteur les plus majestueuses colonnes ; ses voûtes de verdure l'emportent en grâce et en hardiesse sur celles de nos monuments. Le jour, les rayons du soleil pénètrent son épais feuillage, et, à travers mille teintes de verdure, peignent sur la terre des ombres mêlées de lumière ; la nuit, on aperçoit les astres se lever çà et là sur ses cimes, comme si elles portaient des étoiles dans leurs rameaux : c'est un temple auguste qui a ses colonnes, ses portiques, ses sanctuaires et ses lampes. Cet immense édifice est mobile ; le vent souffle, le frémissement des feuilles se mêle aux chants variés des oiseaux, les troncs s'ébranlent et font entendre au loin de religieux murmures qui portent l'âme au recueillement, et font naître en elle un sentiment d'admiration et d'amour pour la Divinité, que révèle ce spectacle solennel [1].

La terre n'a présenté, dans son état primitif, que trois grandes sources de vie : celles des forêts, des prairies et des eaux ; dans ces trois sphères, liées par des har-

1 C'est une chose fort extraordinaire qu'un bois ; il prête plus qu'une plaine à la méditation, à l'enthousiasme. On y sent plus qu'ailleurs la présence de la Divinité, et il semble, au moindre murmure, qu'elle va passer devant nous. Dans une plaine, au contraire, l'isolement paraît plus entier. Le point imperceptible que toute notre hauteur marque sur l'étendue nous effraie. On disparaît presque à ses propres yeux ; on n'a plus de soi-même que le sentiment et l'effroi de sa faiblesse.

monies réciproques de dépendance, se trouve semée une telle immensité d'êtres et de productions, que les siècles ne pourront jamais les énumérer ni les connaître entièrement. En décrire le nombre, le mécanisme et la perfection, est au-dessus de la nature humaine; les génies les plus vastes, les plus sublimes, s'abaissent humblement, comme d'autres Newton, aux pieds de cette Toute-Puissance que toutes les intelligences réunies ne peuvent pénétrer, et auxquelles il est seulement donné de l'adorer et de bénir ses bienfaits.

Si un paysage sans eaux est un palais de fées sans miroirs, on peut dire qu'une terre sans paysage est un pays désenchanté. Des bois, qui flattent et reposent si agréablement les yeux et prêtent leurs beaux flots de verdure variée pour marier avec grâce les couleurs brillantes du ciel avec les flots azurés des eaux, présentent dans leur ensemble toutes les consonnances qui peuvent augmenter le charme et le bonheur de la vie. C'est dans leur enceinte chaude et tranquille que la nature se couvre en abondance de fleurs, de plantes odoriférantes et médicinales, qui y croissent avec profusion et plus parfaites que partout ailleurs. Les bois étant, par leur nature et leur agitation continuelle, les ventilateurs de la terre, en répandent l'aromate et les vertus sanitaires partout où l'homme doit les respirer. Si l'on considère qu'une seule feuille de Hêtre, de Chêne ou de Noyer, a plus de cent mille pores pour aspirer et expirer l'air, chargé de vapeurs et d'émanations terrestres, on pourra se former une idée de l'influence que les arbres peuvent en grandes masses exercer par leur succion et leur transpiration sur l'économie animale.

Si les arbres, en petites masses, ont la vertu harmonique d'imiter dans leur bruissement le murmure et la chute des eaux, de grandes forêts élevées dans les airs, destinées à briser la violence des vents, rendent aussi, dans leurs ondulations graves et uniformes, le roulement imposant des vagues de la mer. C'est dans un état de grand boisement, où tous les éléments ont une langue pour rendre les mystères de la nature, qu'on entend dans l'air, sur les eaux, ou au sein des rochers, des voix qui appellent et des voix qui répondent. On peut dire d'une forêt, autant de feuilles, autant de voix différentes, tant les sons se réfléchissent et se multiplient sous ces voûtes sonores de verdure. Parmi toutes les scènes vivantes qui nous ravissent à chaque pas dans ces asiles, où les sensations sont toutes différentes de celles qu'on éprouve en rase campagne, la plus imposante est celle des météores électriques.

Dès que le bruit du tonnerre commence à s'y faire entendre, le chant des oiseaux cesse; un profond silence succède à la joie universelle, on semble être tout à coup isolé dans le monde; on n'entend, on ne voit plus que la faible vibration des feuilles; on dirait que toute la nature retient sa voix, pour entendre dans l'effroi cette voix retentissante, qui fait taire toutes les autres. Nulle part le tonnerre n'a une aussi grande résonnance que dans une forêt. Les roulements, prolongés et longtemps répétés de la manière la plus imposante, excitent une impression profondément religieuse. Chaque commotion produit une secousse générale sur tout le feuillage. On sent là qu'à cette voix éternelle du mont Sinaï, et d'un effet au-dessus de toute expression, la nature entière est ébranlée et suppliante aux pieds d'une de ces grandes puissances du Seigneur.

Mais les arbres ne sont pas seulement destinés à faire le plus bel ornement des campagnes, à embellir la demeure de l'homme, à lui procurer par leur ombrage une fraîcheur délicieuse pendant les chaleurs de l'été; ils lui offrent surtout des ressources inépuisables de commodités et d'agréments, par le grand nombre de services qu'il en retire. Nous ne pouvons faire un pas dans nos manufactures, dans nos ateliers, dans nos maisons même, sans apercevoir de tous côtés une foule d'ouvrages dus à l'industrie de l'homme, et dont la matière a été tirée des végétaux. Ces êtres qui, pendant leur vie, ont peuplé les campagnes et les forêts, sont portés après leur mort dans les villages et les villes, où les uns sont employés à la construction des édifices, les autres convertis en vêtements, et la plupart transformés en meubles, en ustensiles de toute espèce, aussi utiles que commodes. La table qui sert à nos repas, le lit sur lequel nous reposons, les portes qui assurent notre tranquillité, les coffres et les cassettes dépositaires de notre or et de nos papiers, les tonneaux qui conservent nos aliments et nos boissons, les voitures qui nous transportent, les vaisseaux qui font circuler nos richesses dans les deux mondes, les couleurs dont nos étoffes sont teintes, celles qui nous représentent sur l'ivoire ou sur la toile, toutes ces choses et une infinité d'autres sont autant de bienfaits du règne le plus aimable de la nature. Ainsi la destruction ou plutôt l'emploi des végétaux alimente un très-grand nombre d'arts, soit de première nécessité, soit de luxe; et ces corps, quoique privés de vie, se plient sous la main de l'homme à toutes les formes qu'il veut leur donner et à tous les services qu'il en exige[1].

[1] Parmi les bois exotiques employés par les arts, nous mentionnerons le bois de Campêche, le bois de Brésil, le Santal rouge, le *Rhus cotinus*, le *Morus*

C'est encore du sein de végétaux morts et consumés par le feu que nous retirons en hiver la chaleur qui nous manque; et quand cette triste saison est passée, c'est avec des végétaux façonnés en instruments que nous célébrons le retour du printemps et des fleurs.

Mais, avant d'être livrés à la hache, que de présents les arbres nous ont faits! C'est de leurs rameaux que la pomme et l'orange tombent à nos pieds : les uns donnent un fruit qui supplée le pain; d'autres fournissent une liqueur vineuse; les châtaignes et les glands doux contiennent une farine; le sagou vient de la moelle d'un Palmier; l'huile découle de l'Olivier, du Noyer, du Hêtre; la séve du Bouleau est une liqueur rafraîchissante; les feuilles du Talipot et du Bananier couvrent les cabanes; on fait des cordages de l'écorce du Tilleul, de l'Antidesme et d'un Ketmie, de la toile avec l'écorce de quelques autres. Les feuilles du Mûrier sont tissues de soie; le sucre est délayé dans la séve des Érables; la poix, la térébenthine exsudent de l'écorce des Sapins et des Térébinthes; la graine de plusieurs Galés est environnée de cire; un arbre de la Chine fournit du suif; les vernis sortent du tronc des Sumacs; la manne se fige sur la feuille du Frêne et du Mélèze, au pied duquel croît l'Agaric médicinal : le suc acide du Tamarin s'oppose à la putridité

tinctoria, qui contiennent des matières colorantes; le bois d'Agra ou de Senteur, provenant on ne sait de quel arbre; les bois réunis sous la dénomination commune de bois d'Aloès ou de Calambac, et appartenant à différentes espèces d'arbres, dont une seule, l'*Excæcaria agallocha* (Linné), est connue; le bois de Palixandre, le bois de Rose ou de Rhodes (*Convolvulus scoparius*), le bois Tapiré, le bois Marbré, le bois Satiné, etc., renferment des principes odorants qui les font rechercher dans la parfumerie et dans la confection des petits meubles d'agrément. Pour ce dernier usage, et en général pour l'ébénisterie, la tabletterie, la marqueterie, on emploie beaucoup de bois étrangers qui sont susceptibles de prendre un beau poli, et dont les couleurs flattent la vue.

des humeurs ; la Casse donne un purgatif doux et calmant ; l'écorce des Cinchona (les Quinquina) détruit la fièvre[1] ; le Peuplier, le Copayer, fournissent un baume détersif ; le Gaïac opère les prodiges du mercure. Nous ne finirions pas si nous voulions détailler tous les usages des végétaux. Telle est la profusion de la nature, qu'elle rassemble souvent dans une seule de ses productions les avantages de toutes les autres.

Il existe des bois et des forêts dans tous les pays et à toutes les latitudes. Les bassins formés par les chaînes des montagnes, les sommets sourcilleux des Alpes et des Cordilières, les déserts de la Sibérie, les rivages baignés par le Gange ou la mer Caspienne, les côtes brûlantes de l'Afrique, les marais immenses qui bordent les lacs et les grands fleuves de l'Amérique septentrionale, les îles nombreuses jetées comme par hasard dans les mers du Sud, ou rassemblées en groupes dans les archipels du Mexique et des Indes, toutes ces contrées différentes sont couvertes de bois, dont l'étendue, plus ou moins grande, se trouve presque partout en raison inverse des besoins de l'homme. Cette disproportion n'est pas la faute de la nature, mais celle de l'homme même,

[1] Nous remarquons en passant, comme une chose assez curieuse, que les patientes recherches de M. Fée lui ont fait découvrir des familles entières de Cryptogames sur les écorces desséchées de Quinquina que nous envoie le commerce. Le Quinquina, nommé Cinchona par les botanistes, est un arbre peu élevé qui croît naturellement au Pérou, sur les montagnes voisines de Loxa, à deux cent quarante kilomètres de Quito. Chaque rameau porte un ou plusieurs bouquets de fleurs qui, avant leur épanouissement, ressemblent un peu à celles de la Lavande par la couleur et la forme. En septembre et novembre, on fend légèrement les branches de l'arbre avec un couteau, pour en enlever l'écorce, que l'on fait sécher ensuite à l'air libre. Jusqu'à Louis XIV, le Quinquina avait été un remède secret, connu sous le nom de *remède anglais ;* c'est ce prince qui en fit l'acquisition et ordonna qu'il fût répandu dans tout son royaume à un prix modéré.

qui, dans l'état sauvage, porte aux forêts qui l'ont vu naître un respect d'enfant entretenu par sa paresse, et qui, dans l'état de civilisation, au contraire, pressé de consommer ou tourmenté par une insatiable cupidité, ne respecte rien, et d'une main dévastatrice et meurtrière abat de tous côtés les bois qui l'entourent et détruit dans un seul jour l'ouvrage de plusieurs siècles.

Ainsi, à mesure que les habitants d'un pays deviennent plus éclairés, plus actifs, plus industrieux, c'est-à-dire plus avides de toute espèce de jouissances, le nombre et l'étendue des forêts de ce pays diminuent nécessairement. Voilà pourquoi l'Angleterre n'en a plus aucune, et pourquoi la France en compte aujourd'hui si peu qu'on puisse comparer à celles qui s'y trouvaient du temps de César. La plupart, dira-t-on, ont été converties en champs couverts de grains, en vignobles précieux, ou en prairies qui nourrissent d'innombrables troupeaux. Cela est vrai. Mais combien de millions d'arbres notre luxe effréné n'a-t-il pas dévorés? Combien n'en dévore-t-il pas chaque année, sans que presque personne s'occupe à en remplacer même une partie? Autrefois un seul feu suffisait à toute une famille; elle n'en vivait que plus unie et plus heureuse. Aujourd'hui l'égoïsme et la vanité isolent tout le monde, et l'on voit dans la maison d'un simple citoyen presque autant de feux que d'individus. Qu'on ajoute à cela l'énorme quantité de bois qui se brûle, non-seulement dans les bureaux administratifs de tout genre que nécessite le cours des affaires publiques, mais encore dans les salles de spectacles, dans les cafés, dans les clubs, et dans une foule d'établissements semblables, entretenus par le désœuvrement et multipliés jusqu'à la satiété, et l'on s'étonnera sans doute que ce qui nous reste des anciennes forêts puisse fournir à une telle consommation. La nature a beau se montrer libérale et même prodigue envers nous dans la reproduction des bois, plus prodigues qu'elle encore, nous trouverons bientôt le moyen d'épuiser les ressources qu'elle nous offre, car le mal va toujours en croissant [1].

Si l'on daigne considérer qu'une seule famille d'arbres est une sphère de vie pour de nombreuses tribus qui y trouvent successivement leur berceau, leur pâture, leur abri, et que de pareilles sphères, multipliées par la diversité infinie des végétaux, présentent dans leur ensemble une immense série d'êtres, depuis le Cerf, l'orgueil des forêts, jusqu'à l'Abeille industrieuse; depuis le bruyant Coq de bruyère, qui fête l'aube matinale, jusqu'au chantre mélodieux des bocages, qui rend éloquent le silence même de la nuit; depuis la Buse menaçante jusqu'à la Colombe timide, etc., on peut concevoir qu'à mesure qu'un bois est abattu, il se fait un vide dans la vie et dans l'harmonie de la nature, et que plus on détruit de bois, plus on rétrécit le cercle de tant d'existences destinées à animer la terre, les airs et les eaux, de ce charme indéfinissable qui devait remplir et délecter l'homme dans la réunion de ce concert de voix, de productions, de parures, et de grandeurs de tous les genres...

1 La consommation du bois de chauffage en France s'élève annuellement à quatre-vingts millions de francs, et celle de la houille à soixante millions : total, cent quarante millions. La déperdition de chaleur est énorme, et ne s'élève pas à moins de cent trois millions. Ce chiffre montre quels immenses progrès sont encore à faire dans l'emploi et l'usage du combustible.

§ VII

Les Forêts sur les rives du Meschacébé.

> Toutes les fois que l'image de ce nouveau monde que Dieu m'a fait voir se présente devant mes yeux, incontinent cette exclamation du prophète me vient en mémoire : « O Seigneur Dieu, que tes œuvres divers sont merveilleux ! » LÉRY.

Lorsqu'on pénètre dans les épaisses forêts qui bordent les rivages de ce *Nil des déserts,* suivant l'expression d'un grand peintre, ce qui frappe d'abord, c'est de voir la vie, la végétation la plus abondante, répandue partout; de n'apercevoir pas le plus petit espace dépourvu de plantes. Pour avancer, on est obligé d'écarter à chaque pas les touffes de Lataniers au feuillage plissé en éventail rayonnant; de franchir avec précaution d'énormes troncs étendus, à demi pourris, qui s'affaissent sous les pieds et d'où sortent des peuplades de reptiles et d'insectes. Des touffes de Capillaires verdoient sur ces écorces presque décomposées; des groupes de Champignons, d'Agarics, de Lichens, de Byssus, y déploient leurs couleurs nuancées, tranchantes, fouettées, ponctuées, dessinées en riches zones; de petites Mousses serrées se montrent quelquefois seulement dans l'enfoncement des aisselles de leurs principales branches. Quelques Fougères naissent çà et là ; des bouquets de Graminées et de Souchets se montrent isolément dans ces lieux ombreux et humides. Les regards, en s'élevant, contemplent les colosses d'arbres, semés, plantés par la seule nature.

Parmi un nombre considérable d'espèces de Chênes[1],

[1] Nous sommes bornés en Europe à quelques espèces de Chênes; on en connaît au moins une centaine d'exotiques.

le Platane étend ses vigoureux rameaux à écorce blanche et écailleuse; près de lui le spacieux Tilleul appuie son branchage ployant; non loin le grand Magnolier à écorce brune déploie sur ses branches pendantes son large feuillage persistant; le Liard au tronc gigantesque étale sa superbe cime; le Liquidambar, qui aime les terres moins humides, multiplie ses rameaux feuillés autour de sa tige élevée; le Févier noirâtre projette au loin ses rameaux épineux descendant jusqu'à terre, et son tronc, semé de longues épines rameuses, est défendu, près des branches, par d'autres épines plus menaçantes, ramassées comme en couronne. Parmi eux sont des espèces moins élevées : des Frênes filant leurs tiges droites, des Mûriers au feuillage touffu, des Pacaniers et des Noyers si diversifiés; l'Érable, se faisant remarquer par ses fleurs pourprées; deux espèces d'Ormes, laissant près des eaux pencher leurs flexibles branches. Au-dessous d'eux, comme en troisième plan, le petit Magnolier et des Lauriers étalent sur leurs tiges grêles leurs feuillages rembrunis. Le Sassafras pâle mêle ses nombreux rejets parmi les Sumacs encore plus traçants; des groupes de Cornouillers sanguins se montrent çà et là, mêlés à des touffes épaisses de Ciriers qui se penchent sur les eaux et dans les lieux marécageux.

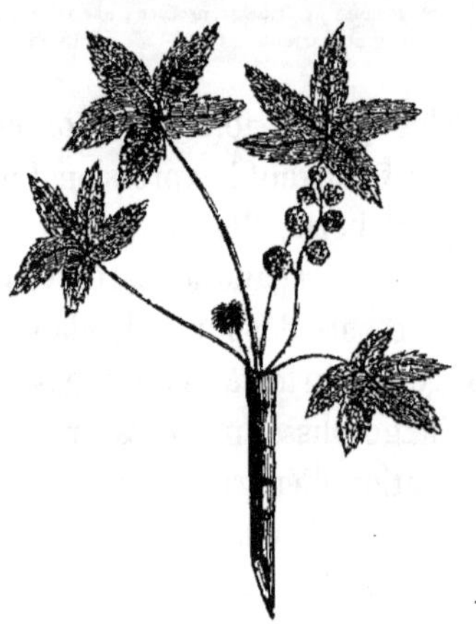

Fig. 29*.

* Liquidambar d'Amérique.

De toutes parts, de longs troncs mutilés, debout encore, attendent, pour se coucher à jamais, le premier choc des vents. Diverses Lianes montent jusque sur les cimes les plus élevées, les couvrent de leurs épaisses verdures : les unes, comme nos Lierres, avec des espèces de griffes, s'agrafent dans les fendilles des écorces; d'autres, comme nos Vignes, s'attachent par leurs vrilles nerveuses; d'autres, comme les Convolvulus, tournent en spirales autour des troncs et des branches. Ces Lianes si diversifiées ne semblent tant multipliées dans ces lieux que pour offrir leurs baies nourrissantes aux races d'oiseaux voyageurs et sédentaires, et aux quadrupèdes qui habitent auprès. Jetées çà et là comme des agrès, d'un arbre à l'autre, les Lianes facilitent les communications des frugivores qui vont en cueillir les fruits, et tantôt roidement tendues, elles prêtent de nouvelles forces aux racines peu tenantes sur ces terres molles; plus souvent encore, lâches et onduleuses, elles laissent ces hauts végétaux obéir aux oscillations des vents, les lient entre eux pour leur prêter un mutuel secours, font servir les moins grands au soutien des plus élevés, quand les ouragans promènent leurs trombes impétueuses sur leurs cimes. On voit souvent de ces sommets brisés dans les traînées des tempêtes, tandis que les troncs ébranlés avaient résisté par ces réactions des uns sur les autres.

Ainsi la souple Liane blanche, aux bouquets papillonnés, cède, s'étend, s'allonge, pour les mieux retenir; et le Célastre, plus vigoureux, semblable à d'énormes cordages noirs, descend du sommet des plus hauts jusqu'à terre, tantôt momentanément roide, tantôt tortueusement vrillé en tire-bouchon, puis droit, puis se contournant de nouveau. Ces longues branches pendantes çà et là se balancent sous le souffle des vents jusqu'à ce que, jetées sur d'autres arbres voisins, elles s'y accrochent à l'aide de leurs rameaux divergents et osseux; ou bien, se prolongeant jusqu'à terre, elles vont y reprendre racine, puis se relever, s'emparer des arbres voisins moins grands, les serrer étroitement par des retours répétés, s'imprimer en profonds bourrelets dans leurs tendres aubiers, les étrangler, les supplicier jusqu'à les faire périr, et de là, comme d'une forte amarre, elles s'élancent de nouveau sur d'autres arbres plus élevés, les agrafent, s'y contournent encore spiralement, puis remontent à d'autres encore plus hauts. Ce roi des lianes, le Célastre, qu'on a nommé le bourreau des arbres, n'immole ainsi quelques-uns des moindres que pour la conservation des plus grands.

Les guirlandes pendantes, les larges draperies, les touffes épaisses de ces Lianes chargées la plupart d'un nombreux feuillage, décorent ces troncs tristement nus sans elles; mais surtout elles répandent un salutaire ombrage sur ces eaux marécageuses, qui, pour être tranquilles, ne perdent rien alors, sous un soleil ardent, de leur limpidité et de leur qualité bienfaisante. Les troupeaux s'en abreuvent sans danger, le chasseur les boit avec confiance, et depuis les bouches du fleuve, en remontant dans une étendue de plus de trois cent vingt kilomètres, les habitations toutes avoisinées de ces eaux dormantes n'éprouvent que des effets salubres tant qu'elles ne sont point privées de leurs arbres. Faut-il d'autres preuves que la nature ne nous donne, dans les eaux dormantes, un voisinage dangereux que lorsque nous les avons dépouillées de leurs végétations ombrageantes?

Belles et majestueuses forêts, imposantes solitudes, qui protégez et nourrissez dans votre vaste enceinte des êtres innombrables, combien vous avez de charme aux yeux de l'homme qui, incliné à l'aspect de vos cimes superbes et de vos bases séculaires, ne voit dans tout ce qui vous anime et vous entoure qu'une suite d'étonnantes merveilles; retraites sacrées, qui imprimez l'éclat de votre majesté à la nature entière; doux et silencieux asiles, vous portez dans le cœur de l'homme qui vous aime et vous contemple un baume consolateur; vous le remplissez du spectacle de votre grandeur solitaire, et ne le laissez sortir de vos paisibles sanctuaires qu'après lui avoir procuré l'oubli de ses maux et de la corruption des sociétés. C'est vous pourtant, causes fécondes de tant de biens, que les peuples policés s'efforcent, dans leur aveuglement, d'effacer de la terre, pour priver le globe de son plus brillant ornement, et de votre indispensable protection tous les êtres vivants!

CHAPITRE VIII

LES PLANTES CULTIVÉES

Une multitude immense d'espèces et de variétés végétales sont aujourd'hui l'objet des soins de l'homme, à cause de l'utilité et des agréments qu'elles lui procurent. Les plantes cultivées peuvent se ranger en deux grandes classes, selon qu'elles sont alimentaires ou qu'elles servent à d'autres usages. La première se divise en deux autres classes, comprenant, l'une, les plantes destinées à la nourriture de l'homme, les céréales, les légumineuses, les racines, etc.; l'autre, les plantes fourragères ou susceptibles de fournir à l'alimentation des bestiaux. Le second groupe contient les végétaux qui fournissent des matières premières aux arts industriels, tels que les plantes à graines ou à fruits oléagineux, Pavot, Ricin, Olivier, Noyer, etc ; les plantes à filaments textiles, Lin, Chanvre, Cotonnier; les plantes tinctoriales, Garance, Pastel, Indigotier, Safran, Gaude, etc.; les plantes médicinales; les plantes aromatiques, etc. etc. etc.

Le cadre dans lequel nous venons de ranger les végétaux cultivés éprouve des modifications dépendantes des climats, de telle manière que son étendue et ses richesses sont en proportion inverse de la distance à l'équateur; ici, en effet, la végétation acquiert toute la vigueur, tout l'éclat, toute la variété dont elle est susceptible, tandis que vers la zone glaciale elle se dégrade, s'appauvrit et meurt. Il n'y a rien de particulier à noter dans cette nature expirante, si ce n'est des lacunes et des vides toujours plus grands. Sous la chaude température des tropiques, les espèces végétales s'agrandissent, la proportion des ligneuses et des herbacées change à l'avantage des premières; au lieu des humbles tapis de pâturages et de prairies, ce sont des forêts qui élèvent majestueusement au sein des airs leurs colonnes serrées et la voûte épaisse de leur feuillage : aux céréales de nos climats s'en substituent de plus grandes et de plus fortes, comme le Maïs et le Sorgho, ou plus aquatiques, comme le Riz. Ces céréales elles-mêmes, quoique plus fécondes que les nôtres, ne jouent plus un rôle aussi marquant; elles ont de redoutables émules dans les racines féculentes de plusieurs végétaux : l'Igname, le Manioc ou la Cassave, le Salep, l'Arrow-Root ; en certains pays elles doivent même céder le pas au Bananier, au Cocotier, au Sagoutier, au Dattier, au Bambou, et à d'autres grands végétaux avec les produits variés et abondants desquels l'habitant des contrées intertropicales se procure la nourriture, l'habillement et le logement. En outre, des fruits dont la grosseur n'altère pas la délicieuse saveur, contribuent notablement, avec le sucre de la Canne, le Cacao, le Café, etc., à la sustentation de ces peuples, que le climat rend sobres ; et les aromes les plus suaves, les principes colorants les plus vifs et les plus solides, les épices les plus diverses, les médicaments les plus énergiques et les plus actifs s'offrent comme d'eux-mêmes à la main qui les cueille. Mais cette abondance même et cette ardeur du climat, en énervant l'homme, énervent aussi la culture ; l'absence des herbages nuit à l'éducation du bétail, ou, en d'autres termes, à la production des engrais, et de là résulte qu'à tout considérer, la force productive n'est pas plus puissante dans ces élysées que dans nos climats moins bien partagés.

§ Ier

Les Graminées.

> Les Gramens, plébéiens, campagnards, pauvres gens de chaume et de balle, communs, simples vivaces, constituent la force et la puissance du royaume, et se multiplient d'autant plus qu'on les maltraite et qu'on les foule aux pieds. LINNÉ.

La plus riche, la plus intéressante famille du règne végétal, est celle des Graminées. Ce sont elles que Linné appelle les plébéiens de l'empire de Flore ; elles en sont, en effet, la force et le soutien, quoique négligées et méprisées. Le soin de leur conservation coûte peu, et cependant elles paient de forts tributs à tous les animaux; elles nourrissent l'homme; elles entretiennent ces nombreux troupeaux, la richesse du cultivateur; c'est d'elles que le Cheval, compagnon de nos travaux, reçoit l'aliment qui le soutient. Sans elles, que ferions-nous de ce Bœuf, qui trace avec vigueur les sillons de nos céréales? sans elles, comment pourrions-nous peupler nos basses-cours?

C'est donc dans la production des graminées qu'éclate le plus la magnificence du Créateur dans les biens qu'il a distribués à l'homme et au plus grand nombre des animaux: aussi n'est-il aucune famille plus nombreuse; il n'en est aucune dont la multiplication soit plus facile, plus assurée, aucune de plus généralement répandue. On trouve les Graminées dans les plaines comme sur les hauteurs; elles revêtent le penchant des collines et des montagnes, et forment à leur sommet de vastes pelouses; elles croissent dans l'eau, sur ses bords, le long des rivages, dans les plaines arides et sablonneuses comme dans les marais; enfin, il n'est aucune localité, aucun coin du globe, qu'elles n'abordent et ne fertilisent; point de sol, quelle que soit sa nature, qui n'en possède des espèces particulières: qu'il soit exposé aux atteintes des orages et des vents, aux rayons ardents du soleil, aux inondations, aux rigueurs des frimas, dès qu'il est susceptible de quelque végétation, on peut être assuré d'y rencontrer ces précieuses plantes.

La nature ne s'est pas bornée à varier les Graminées, pour ainsi dire, à l'infini; elle les a encore revêtues des qualités propres aux localités qu'elles doivent occuper:

les unes, dures, coriaces, à longues racines traçantes, sont destinées pour les terrains sablonneux ; d'autres sont retenues sur le revers des montagnes par des racines touffues, gazonneuses, par leur tige courte; tandis que dans les prairies sèches, broutées par les troupeaux, les tiges sont en partie couchées, et produisent à leurs nœuds des racines qui en peu de temps renouvellent ces plantes; et pour qu'elles ne manquent en aucun temps, les unes paraissent au printemps, d'autres vers le milieu de l'été, d'autres en automne.

Les Graminées forment le fond de ce manteau qui couvre partout la nudité de la terre, qu'elle conserve toute l'année, qui, chaque printemps, brille d'un nouvel éclat, et s'embellit de toutes les fleurs que fait naître le retour du zéphyr. Sous ce beau fond de verdure, ces fleurs perdraient une partie de leurs agréments, ainsi qu'il arrive à celles qui naissent dans les sols arides et nus. Nulle part les idées ne prennent plus de gaieté que lorsque l'œil se promène sur une belle et vaste pelouse, lorsqu'on la voit s'étendre en nappe sur le plateau des montagnes, descendre sur leurs revers comme un ample rideau qui en masque la nudité; nulle part, dans les beaux jours de l'été, le repos n'est plus agréable que celui que l'on goûte à l'ombre des bois, étendu sur un lit de gazon.

§ II

Les Gazons. — Les Savanes.

> Le plus petit tertre de gazon, sous le ciel, est un livre plus fort en preuves positives de la Providence que celui de Lucrèce en arguments négatifs.

Les gazons sont la robe de la nature, ils forment un vaste et magnifique tapis qui couvre la terre, et sur lequel l'œil de l'homme aime toujours à se reposer. Ces draperies de verdure, diversement nuancées, et qui prennent toutes les formes, se composent de tout ce qu'il y a de plus faible et de plus petit dans les végétaux. C'est une herbe molle et tendre qui fait la plus belle parure des champs. Si ce simple vêtement leur était ôté, ils n'offriraient qu'un coup d'œil sec et aride. Les arbres et les arbrisseaux nous étaleraient vainement alors toute la pompe de leur feuillage et tout l'éclat de leurs fleurs et de leurs fruits; leur aspect agréable et leurs abris ne pourraient nous consoler du spectacle offert par l'affreuse nudité de la terre.

Fig. 30.*

Pourquoi l'intérieur d'une épaisse forêt nous inspire-t-il presque toujours un léger sentiment de tristesse? C'est parce qu'on ne voit, à la surface du sol qu'elle ombrage, ni gazon ni fleurs qui égaient et rafraîchissent la vue; à peine est-il permis à l'humble graminée d'y croître. Tout y est grand, majestueux; mais aucun groupe, aucune masse d'objets ne s'y montre sous des formes riantes et gaies. S'il s'y rencontre, par hasard, quelques clairières couvertes d'une fraîche pelouse, en les apercevant, l'âme sourit aussitôt à ce tableau, elle en jouit avec transport, elle a peine à s'en détacher; et le voyageur, obligé de poursuivre sa route, n'entre qu'à regret dans l'épaisseur des bois.

La teinte douce et variée des gazons et leurs reflets verdoyants répandent la fraîcheur et la vie dans tous les lieux et sur tous les sites, même les plus sauvages. Ils

* Brize *amourette*.

ornent la cime et la pente des coteaux arides; ils revêtent les rochers, couvrent les pics et les gorges des montagnes, tapissent les vallons et les bords des fleuves, et forment autour des étangs et des lacs un cadre frais réfléchi par les eaux. Le long des chemins, ils présentent de larges plates-bandes de verdure, que le vulgaire foule avec indifférence, mais que le naturaliste respecte.

Il n'y a point de beau jardin, point de tableau naturel ou de paysage, sans gazon. Ce sont les gazons qui embellissent non-seulement la campagne, mais même la toile sur laquelle elle est représentée. L'ombre des bosquets, le doux murmure des ruisseaux, la fraîcheur des grottes et des fontaines, perdent une partie de leurs agréments, lorsque ces lieux n'offrent point un siége de verdure au voyageur. C'est surtout au bord ou à l'entrée des bois et sous les abris qu'ils procurent, qu'on aime à trouver une herbe épaisse et molle, pour pouvoir s'y reposer, pendant la chaleur du jour, des fatigues du travail ou d'une longue course.

Si les gazons, au lieu de ceindre un bois touffu, sont eux-mêmes environnés d'un léger cordon d'arbres à feuillage tremblotant, tels que les Saules et les Peupliers, ils offriront un tableau plus séduisant encore et plus frais, surtout lorsqu'un filet d'eau claire et vive baignera leur surface ou leurs bords.

Les gazons n'ont pas moins d'attraits pour les animaux de toute espèce que pour l'homme. Leur aspect réjouit les troupeaux. La Génisse, le Taureau, la Chèvre et le jeune Poulain aiment à bondir sur l'herbe fleurie qui les nourrit; et l'on voit au printemps les Moutons se porter avec ardeur partout où ils aperçoivent la plus légère pointe de verdure. Les oiseaux et les insectes trouvent d'amples provisions dans un gazon épais et bien fourni, et le reptile venimeux, qui s'est tenu caché pendant l'hiver dans les buissons ou au milieu des pierres, se traîne, aux premiers jours chauds, sur un gazon exposé au midi, pour y jouir plus à son aise des ardeurs du soleil.

On vante avec raison les gazons de l'Angleterre et les prés riants et gras de la fertile Normandie. Le voyageur qui parcourt ces pays s'arrête souvent pour admirer ces riches et nombreux tapis verts qu'on y rencontre presque à chaque pas. C'est aussi un spectacle ravissant que celui qu'offrent les Savanes dans les Antilles, lorsque, après quelques mois de sécheresse, les eaux du ciel revivifient tous les germes des herbes nombreuses qui les composent. Elles reverdissent aussitôt comme par enchantement, reprennent en peu de jours tout leur éclat, et présentent aux diverses époques de l'année l'image fraîche du printemps. Ce tableau, qui se renouvelle toutes les fois qu'il tombe des pluies un peu abondantes, frappe les voyageurs et les étrangers, car les campagnes de l'Europe n'en offrent jamais un semblable. Mais les plus belles de ces Savanes, qu'arrosent les eaux tempérées du tropique, les gazons anglais les mieux entretenus, et les plus riches pâturages de la Limagne et du Cotentin, ne sont comparables, ni pour le coup d'œil ni pour la fertilité, aux prés et aux gazons qu'on voit dans les provinces septentrionales des États-Unis de l'Amérique.

C'est surtout dans la province du Connecticut, et le long de la rivière qui porte ce nom, qu'on trouve ces prairies superbes, dont l'éclatante verdure enchante l'œil; leur aspect seul annonce l'heureuse et riche médiocrité dont jouissent les habitants de ces contrées.

Ces prés, formés par les mains de la nature, donnent d'abondantes récoltes; on ne connaît point de fourrage meilleur ni plus beau que celui qu'on en retire; et lorsque, après avoir été fauchés, ils sont rafraîchis par de douces pluies, ou seulement par quelques rosées, il n'y a point de gazon qui approche de la riante et belle pelouse qu'ils forment. Chaque année, au retour du printemps, les jeunes filles du pays, accompagnées de leur famille et de leurs amis, vont dans ces prés cueillir l'humble Violette et la Fraise parfumée: ces plantes y croissent à côté l'une de l'autre en abondance, mêlées à une foule de petites fleurs et de jolis Gramens qui charment la vue ou embaument l'air. Des oiseaux de toute espèce, étrangers à notre Europe, et que l'avidité du chasseur n'a point encore rendus farouches, viennent becqueter les sommités fleuries des herbes, et animent la scène par leurs ramages variés. Avec quelles délices le voyageur se repose au milieu de ces prés demi-agrestes, livrés à de douces rêveries et contemplant en silence le ciel, la terre et les eaux!

Hommes sensibles et vertueux, pour qui le fracas des villes et des grandes sociétés est un spectacle insipide et froid, voulez-vous jouir de celui qu'offre la nature, allez visiter les bords du fleuve Connecticut. Vous y trouverez des habitants dont les mœurs sont simples et pures, et des gazons charmants qui, par leur beauté vierge et leur fraîcheur, porteront dans vos veines le calme du bonheur, et vous feront regretter peut-être de n'avoir point passé vos premiers jours dans le pays tranquille et heureux qu'ils embellissent.

§ III

Le Blé.

Salutaire aliment, payé de tant de peines,
Premier besoin de l'homme et l'honneur de nos plaines.

Parmi ces riches et nombreuses Graminées, la plus précieuse, celle qu'on peut regarder comme le prototype du genre, et qui nous intéresse par-dessus tout, c'est la plante qui produit le Blé. Nous n'avons pas besoin d'aller chercher des preuves d'une Providence dans les Cèdres du Nord ou dans les Palmiers des tropiques, quand l'ordre général de l'univers est à nos pieds et peut se démontrer dans une paille.

Je tiens entre mes mains deux ou trois frêles épis de Blé. Voilà le nœud des sociétés; voilà le principe de toutes les richesses, le véhicule et l'aliment unique du commerce; voilà le moyen des arts et des talents, l'unique base de toute prospérité, dont l'argent n'est jamais que le signe.

La culture du Blé fait du laboureur un homme calme, dont les facultés n'acquièrent pas toujours une vivacité remarquable, mais dont les idées réfléchies dans un cœur moins que tout autre exposé à l'envie, sont inspirées par la nature et par le ciel toujours présent.

Je pourrais vous peindre une vaste campagne que sillonnent de forts Chevaux attelés au plus utile et au moins compliqué des instruments. Le temps est frais, les oiseaux chantent encore. L'horizon, éclairci, semble plus riant, plus pur et même plus étendu; la bordure des bois encore verte est animée de quelques arbres, dont les feuillages panachés tranchent en rouge ou en jaune sur une ceinture uniforme de verdure. Un semeur actif marche à pas mesurés, et le grain s'envole pour renaître au centuple. Un râteau triangulaire recouvre légèrement cette précieuse semence. En quelques jours une fraîche verdure ramènera dans la plaine le printemps des prairies. L'hiver vient, l'hiver envahit tout; mais une neige épaisse, comme une laine salutaire, couvre les germes, les réchauffe tout à la fois et les nourrit.

La moisson, tant désirée, s'ouvre au bout de quelques mois. Quel mouvement! quel train ! quelle fatigue ! Si l'air est tempéré, le plaisir n'en est pas exclu; le travail, prolongé souvent au clair de lune, est égayé de chants, de rires, d'entretiens qui font rêver l'âge d'or au voyageur qui les entend.

On ne connaît point le sol originaire du Blé. Les fleuves aussi cachent leur source; les bienfaiteurs de l'humanité n'ont presque tous été connus que par leurs bienfaits. L'ombre convient à tout berceau ; elle engloutit les plus orgueilleuses tombes. Le temps même triomphe de la gloire ; mais le monument d'un génie supérieur se transmet de lui-même d'âge en âge, et de race en race le Blé sera cultivé.

Voici un grain de Blé. La science a analysé ce grain de Blé ; elle sait tout ce qu'il renferme, et pourtant je dirai de ce grain de Blé ce que disait la Bruyère à propos d'une goutte d'eau : O princes du monde, vous avez des armées, des arsenaux; des milliers d'hommes obéissent à un souffle de vos lèvres; nous autres, simples hommes, nous creusons péniblement la terre, et nous avons besoin d'eau pour faire fructifier nos sueurs ! O princes, potentats, majestés, faites une goutte d'eau ! Et moi je dis : Nous autres simples hommes, qui creusons péniblement la terre, et qui avons contre nous la grêle, le soleil, la pluie, les vents, nous avons besoin de Blé : ô princes de la science, potentats de l'analyse, majestés des académies, faites un grain de Blé ! Vous ne le pouvez pas ; et pourquoi ? car enfin vous avez décomposé ce grain de Blé ; vous savez tout ce qu'il contient ; oui, tout, excepté ce qui constitue un germe, excepté la force, parce qu'on ne voit une force que par ses effets, excepté la force qui fait le germe.

Dans tous les sujets, il convient de choisir les observations les plus communes, lorsque c'est à force de vérité qu'elles sont devenus telles. La germination du Blé, du reste comme celle de toute plante, nous en présente une qui me paraît frappante, pour prouver un dessein dans les ouvrages de Celui qui « fait germer pour les troupeaux l'herbe de la prairie, les moissons pour l'homme[1]. »

Lorsque l'on met un grain de Blé en terre, voici le changement qu'il subit : à l'une de ses extrémités il pousse un bourgeon vert, et à l'autre extrémité des fibres déliées. Mais pourquoi ne pousse-t-il pas à ses deux extrémités indifféremment un bourgeon ou des fibres? Comment expliquer cette différence, si ce n'est par un dessein et par les différents usages auxquels ces nouvelles productions sont destinées? La plumule ou le bourgeon s'efforce de monter vers la lumière et va devenir la plante, dont il contient déjà tous les rudiments ; et les fibres s'implantent dans la terre et deviennent des racines, qui tout à la fois donnent de la fermeté à la plante et lui transmettent sa nourriture. Or ce qu'il y a

1 Ps. CIII, 14.

de remarquable, c'est que, quelle que soit la position du grain en terre, les choses se passent toujours de même: le bourgeon, après avoir d'abord poussé en bas, fait un crochet pour remonter vers la lumière; les fibres, au contraire, après avoir un peu poussé en remontant, font un crochet pour redescendre. On dit que la plumule, stimulée par l'action de l'air et de la lumière, s'allonge pour rechercher cette action; et que la radicule, stimulée par l'humidité de la terre, s'allonge pour rechercher l'action de cette humidité. Mais cette manière de rendre compte des faits ou toute autre explication que l'on voudra, n'empêche pas que l'invention ne reste: elle n'explique pas pourquoi la plantule recherche l'action de l'air, et pourquoi les radicules recherchent l'action de l'humidité. Je demande par qui ces choses ont été mises en rapport et adaptées les unes aux autres. Qui est-ce qui a fait que les deux extrémités du grain produisent des substances qui sont stimulées de différentes manières par les agents extérieurs? Qui est-ce qui a arrangé les choses de manière que l'objet fût toujours rempli, c'est-à-dire que le laboureur pût obtenir une moisson sans être obligé de tourner un à un tous les grains du Blé dans la direction nécessaire?

Quelles merveilles de sagesse et de puissance dans la structure d'un seul tuyau de Blé? Cette tige, ordinairement de quatre à cinq pieds de haut, n'a cependant, dans sa plus grande épaisseur, que deux lignes de diamètre: économie au moyen de laquelle un petit champ peut contenir une multitude d'épis. Si le grain eût été logé plus bas, l'humidité l'eût fait germer avant qu'il eût été recueilli; une foule de petits animaux auraient pu y atteindre et le détruire.

Il y a lieu sans doute d'être surpris qu'un épi si précieux soit soutenu sur une tige si haute et si mince, destituée d'appui et d'abri, plantée au milieu d'une vaste campagne où tous les vents soufflent tour à tour. Mais cette tige si faible, si grêle, a été construite avec un artifice qui la maintient, pendant des mois entiers, sans qu'elle succombe sous le poids de l'épi, ni qu'elle soit brisée par le souffle impétueux des vents. Cette tige, conique, élastique et creuse, est fortifiée de nœuds plus fréquents vers sa racine, où elle avait plus besoin de force que vers son épi. Chacun de ces nœuds est encore fortifié par une feuille, dont la partie inférieure lui sert de gaîne. Au moyen de ces dispositions, elle joue sans cesse avec les zéphyrs, qui lui font décrire les courbes les plus agréables. Dans la saison où les Blés commencent à jaunir, on ne contemple point sans un sentiment d'admimiration et de reconnaissance profonde envers une Providence si bienveillante pour l'homme, cette épaisse forêt de tiges légères et flexibles, qui se balancent et flottent comme les ondes de la mer sous le souffle des brises. Dans ces mouvements gracieux des Blés qui se courbent et se relèvent en ondoyant au sein des plaines, avec quel charme l'œil découvre, sur le fond d'or des moissons, le vermillon des Adonides, la pourpre des Agrostèmes, l'écarlate des Coquelicots, qui mêlent leurs couleurs éclatantes à l'azur des Jacinthes, des Pieds-d'Alouette et des Bluets !

L'épi n'est pas construit avec moins d'intelligence. Les grains y sont proprement rangés les uns au-dessus des autres à des distances égales, pour recevoir une égale nourriture. Ils sont cachés et garantis sous différentes couvertures, assez épaisses pour émousser les rayons du soleil, et assez étroitement jointes pour rejeter et faire écouler la rosée ou la pluie qui les feraient germer si elles y étaient admises intérieurement. Plusieurs de ces enveloppes sont terminées par des pointes qui servent d'ornement à l'épi, aussi bien que de défense contre les insultes des petits oiseaux. Rafraîchi par des pluies bénignes, l'épi fleurit au temps marqué, donne les plus belles espérances au laboureur, et, de jour en jour, devient plus jaune, jusqu'à ce que, succombant sous le poids de ses richesses, sa tête se courbe d'elle-même et appelle la faucille du laboureur.

Le Froment est la propriété des régions tempérées. Si l'on cherche à embrasser d'un même coup d'œil la grande culture, depuis l'équateur jusqu'au cercle polaire, on n'aperçoit d'abord que l'Igname, le Manioc et les autres plantes tropicales, mêlés au maïs, qui, se joignant bientôt au Riz, viennent expirer avec lui parmi les Blés des zones moyennes. C'est le Froment qui forme le fond principal des récoltes de celles-ci, et particulièrement en France. Il commence à naître où les étés s'adoucissent, et cesse de croître où les hivers deviennent trop durs. Le Seigle, moins difficile, remonte un peu plus haut vers le pôle; mais bientôt il n'y a plus avec l'Orge, auquel la rigueur du climat laisse à peine trois mois pour germer et mûrir, que ce Riz des contrées glaciales de l'Amérique, qui mériterait de se propager sous les mêmes parallèles de l'ancien monde. La France est donc justement au milieu de la zone des Blés; elle a les Blés durs dans ses sillons du Midi, et les Blés tendres dans ses sillons du Nord. Aussi la production du pain est-elle le genre de travail qui l'occupe le plus. Le perfectionnement des opérations dont il est le produit, c'est-à-dire de la culture des céréales, de la meunerie et de la boulangerie, est une des tâches les plus intéressantes qui puissent être proposées à l'esprit d'invention, et un des objets les plus essentiels de la sollicitude d'un gouvernement attentif. Le pain, le couvert, et l'éducation, voilà les trois titres capitaux de la science appliquée et de la politique[1].

[1] Nous croyons devoir placer ici, d'après Buffon, le tableau des principales substances qui servent de nourriture à l'homme dans les différents climats.

En Europe, et dans la plupart des climats tempérés de l'un et de l'autre continent, le pain, la viande, le lait, les œufs, les légumes et les fruits sont les aliments ordinaires de l'homme; et le vin, le cidre et la bière, sa boisson.

Dans les climats chauds, le Sagou sert de pain, et les fruits des Palmiers suppléent au défaut de tous les autres fruits; on mange aussi beaucoup de Dattes en Égypte, en Mauritanie, en Perse, et le Sagou est d'un usage commun dans les Indes méridionales, à Sumatra, à Malacca, etc. Les Figues sont l'aliment le plus commun en Grèce, en Morée et dans les îles de l'Archipel, comme les Châtaignes dans quelques provinces de France et d'Italie.

Dans la plus grande partie de l'Asie, en Perse, en Arabie, en Égypte, et de là jusqu'à la Chine, le Riz fait la principale nourriture.

Dans les parties les plus chaudes de l'Afrique, le grand et le petit Millet font la nourriture des Nègres;

Le Maïs dans les contrées tempérées de l'Amérique;

Dans les îles de la mer du Sud, le fruit d'un arbre appelé l'Arbre à pain;

A la Californie, le fruit appelé *Pitahaia;*

La Cassave dans toute l'Amérique méridionale, ainsi que les Pommes de terre, les Ignames et les Patates;

Dans les pays du Nord, la Bistorte, surtout chez les Samoïèdes et les Jakutes;

La Sarane, au Kamtschatka.

En Islande et dans les pays encore plus voisins du nord, on fait bouillir des Mousses et du Varech.

Les Nègres mangent volontiers l'Éléphant et les Chiens.

Les Tartares de l'Asie et les Patagons de l'Amérique vivent également de la chair de leurs Chevaux.

Tous les peuples voisins des mers du Nord mangent la chair des Phoques, des Morses et des Ours.

Les Africains mangent aussi la chair des Panthères et des Lions.

Dans tous les pays chauds de l'un et de l'autre continent, on mange presque toutes les espèces de Singes.

Tous les habitants des côtes de la mer, soit dans les pays chauds, soit dans les climats froids, mangent plus de poisson que de chair; les habitants des

Quelque inventif et adroit qu'ait été l'homme jusqu'ici pour diminuer sa peine et pour ménager son temps, le Blé, qui est la meilleure et la plus nécessaire de toutes ses nourritures, l'oblige à un cercle perpétuel de travaux inévitables. C'est ici plus qu'en toute autre chose que Dieu a écarté la paresse par le besoin; et quoique ce soit lui seul qui donne l'accroissement à ce que l'homme a planté et cultivé, il aime mieux cacher ses présents et sa bénédiction sous l'ombre du travail de l'homme que de le rendre oisif et indolent, en lui faisant toujours des libéralités qui ne lui coûteraient que le soin de les recueillir.

§ IV

Les jardins. — La Jacinthe.— Le Narcisse. — Le Lis.— Les Amaryllis. — Le Pavot. — La Rose. — Le Lilas. — Le Marronnier d'Inde.

Que je vous présente une Rose, osez calomnier le Créateur. TERTULLIEN, *Adv. Marcion.*

Généralement nous naissons tous un peu jardiniers : la culture des fleurs et des fruits est notre première inclination. Nous nous partageons sur tout le reste; le goût de l'agriculture est le seul qui nous réunisse : et quelque diversité que les besoins de la vie ou les usages de la

îles Orcades, les Islandais, les Lapons, les Groënlandais, ne vivent, pour ainsi dire, que de poisson.

Le lait sert de boisson à quantité de peuples; les femmes tatares ne boivent que du lait de Jument; le petit-lait tiré du lait de Vache est la boisson ordinaire en Islande.

Il serait à désirer qu'on rassemblât un plus grand nombre d'observations exactes sur la différence des nourritures de l'homme dans les climats divers, et qu'on pût faire la comparaison du régime ordinaire des différents peuples : il en résulterait de nouvelles lumières sur la cause des maladies particulières, et, pour ainsi dire, indigènes dans chaque climat.

société puissent mettre dans nos occupations ordinaires, nous nous souvenons toujours de notre premier état. L'homme innocent avait été destiné dès le commencement à cultiver la terre : nous n'avons point perdu le sentiment de notre ancienne noblesse. Il semble, au contraire, que tout autre état nous asservisse et nous dégrade. Dès que nous pouvons nous affranchir, ou respirer quelque moment en liberté, une pente secrète nous ramène au jardinage. Le marchand se croit heureux de pouvoir passer du comptoir à ses fleurs. L'artisan, qu'une dure nécessité attache toujours au même endroit, orne sa fenêtre d'une caisse de verdure. L'homme d'épée et le magistrat soupirent après la vie champêtre. Il y a au moins quelques mois dans l'année où ils quittent la ville et les affaires pour jouir des charmes de leur terre. Tous alors parlent jardinage : la plupart se piquent d'en savoir les plus belles opérations. Il n'y a qu'un goût faux et une délicatesse dépravée qui rougissent de cultiver un jardin.

Il faut de vastes champs pour fournir à la subsistance générale ; de petits coins resserrés font toute l'aisance des familles ; le jardin que se prépare le pauvre est une enceinte irrégulière, dans laquelle d'abord on n'aperçoit aucun sentier. Quelques lattes entr'ouvertes en forment la muraille, et de longs Haricots d'Espagne en font bientôt la tapisserie. Une Oseille épaisse et bien verte, quelques Choux mal ramassés, des Pois ramés sur des branches d'épines, quelques raies garnies d'Oignons, quelques autres garnies de Laitues : voilà le petit jardin qui console le pauvre.

La culture en est peu soignée : vers le soir, après les travaux, on arrache quelque herbe parasite, on répand quelques vases d'eau si la chaleur a desséché les plantes.

Tels les enfants de la patrie, tel ce peuple nombreux qui cesserait d'être ce qu'il est, s'il paraissait autrement qu'en masse confuse. Tel il croît, tel il s'élève; tel il se fortifie, pour commander à l'univers.

J'oubliais les touffes de la Capucine, qui étale en été le luxe de ses fleurs au-dessous de la petite fenêtre; la pâle Giroflée, que la jeune fille recueille l'hiver dans la chaumière: image naïve des bienfaits que la pauvreté même a le droit d'exercer; la sombre lisière du Thym, dont les parfums rappellent cette part de l'éternelle raison, que le pauvre ignorant garde pure au fond de son âme; enfin ce petit Rosier qu'on rencontre partout, et dont la fleur charmante, posée sur un maigre buisson, peint la riante beauté que la bure grossière ne défigure pas.

Le jardinage est le luxe de l'agriculture; cet art charmant, le plus naturel, le plus vertueux de tous, ce doux et brillant emploi de la richesse des saisons et de la fécondité de la terre, qui charme la solitude de l'homme de bien, qui amuse la vieillesse détrompée, qui présente la campagne et ses beautés agrestes avec des couleurs plus séduisantes, des combinaisons plus heureuses, et change en tableaux enchanteurs les scènes de la nature sauvage et négligée, a été peint par les poëtes comme le premier plaisir du premier homme: Milton, le Tasse, Homère, ont épuisé sur ce sujet, dans leurs poëmes immortels, les trésors de leur imagination, et ces peintures ne manquent jamais de réveiller dans les âmes sensibles aux véritables beautés de l'art et de la nature ce goût des plaisirs simples et purs, inné dans nos cœurs [1].

1 « N'y a-t-il pas pour votre raison un entretien intime avec la nature, lorsque, semant la graine, bouturant ou provignant les rameaux, métamorphosant par la greffe la nature de l'arbre, vous interrogez chaque racine,

Parmi ces innombrables tribus de fleurs qui remplissent nos jardins, il n'en est aucune qui ne mérite d'attirer notre attention; mais où puiser des couleurs, où prendre des mots, pour peindre et décrire toutes les beautés de ces ravissantes productions dans lesquelles la Sagesse divine a prodigué les grâces et l'élégance des formes, l'éclat et la variété des couleurs et des nuances, la suavité des parfums?

. . . . Les fleurs, luxe de la nature;
Les fleurs, son plus doux soin; les fleurs, berceaux des fruits;
Quelle forme élégante et quel frais coloris!
C'est l'azur, le rubis, l'opale, la topaze,
Tournés en globe, en frange, en diadème, en vase:
Les fleurs charment le goût, l'odorat et les yeux;
Dans les palais des rois, dans les temples des dieux,
Souvent l'or fastueux le cède à leurs guirlandes.
. . . .
Pour rendre leurs contours, leur flexible souplesse,
Le marbre même semble emprunter leur mollesse;
Le peintre les chérit; sous les doigts du brodeur,
L'art n'en laisse au désir regretter que l'odeur.

DELILLE.

Toutefois, puisque nous avons pénétré au milieu de ces éblouissantes merveilles, nous ne sortirons point sans avoir rendu hommage à quelques-unes de ces bril-

chaque bourgeon pour savoir où s'étend, où s'arrête sa vigueur; ce qui la développe, ce qui la comprime, quelle est la force intérieure de la végétation, soumise, comme toutes les forces de la nature, aux lois harmonieuses du nombre; quelle est l'influence du travail de l'homme, et le résultat de ces deux forces combinées ensemble? Et dans ce colloque attentif avec les plantes et les fleurs, n'apprenez-vous pas que celui qui plante et que celui qui arrose n'est rien, que Dieu seul produit l'accroissement, puisque seul il donne à la plante sa force végétative, au cultivateur sa force et son énergie? — S. AUG., *de Gen. ad litt.*, lib. VIII, c. VIII.

lantes créatures qui se présentent là plus particulièrement à notre admiration comme les reines de l'empire de Flore.

La famille des Liliacées nous offre d'abord les Jacinthes aux calices brillants et parfumés.

De toutes les fleurs que les premiers jours du printemps voient éclore, il n'en est point qui surpasse la Jacinthe en éclat et en beauté. L'élégance de son épi, ses nombreux grelots, que le moindre souffle agite, leurs jolies formes, la richesse et la variété des couleurs dont ils sont peints, et l'odeur suave qu'ils exhalent en entr'ouvrant leurs sommets dentelés, tout plaît, tout charme les sens dans la Jacinthe, tout concourt à la rendre une des plus agréables fleurs printanières [1].

1 Jacinthe se dit en latin *Hyacinthus* (Hyacinthe). La Fable raconte que dans un de ces jeux auxquels, dès ce temps, les maîtres de l'Olympe se livraient sur la terre, un dieu lança à son jeune favori le disque fatal dont il le tua. Ce n'était pas son projet; le dieu s'affligea, l'enfant devint une fleur, et le dieu n'y pensa plus.

Au reste, le jeune Hyacinthe fut bien dédommagé; car depuis le siècle où il vécut, il n'est pas d'année qu'il ne reparaisse. Apollon, tous les ans, tourne sur lui, du char où il remonte, le premier de ses plus doux regards, et Hyacinthe ouvre sa fraîche corolle pour suppléer à son ancien sourire.

Le jeune Hyacinthe, métamorphosé dans un temps voisin de l'âge d'or, fut placé dans les bois à portée des ruisseaux. Beaucoup de ses descendants regardent ce séjour comme leur empire et s'y sont fixés. Plusieurs se sont laissé conduire dans les jardins des villes, et ont altéré leur costume sans y avoir acquis un grand crédit; mais quelques-uns de ces derniers, plus ambitieux, ont tout sacrifié à la gloire de briller. Ils doublent leurs pétales aux dépens de leurs étamines. Toutes les facultés sont épuisées dans le besoin de paraître. Associés aux banquiers bataves, leurs bulbes ont été la matière d'un riche commerce, et le jardin de Harlem est une bourse où l'on ne compte que par lingots.

Retournons au vallon qu'habite Hyacinthe; nous saluerons, à leur apparition, les patriciens de sa famille.

Chez les hommes, comme chez les fleurs, il n'est de même qu'une origine. La Genèse nous donne un père commun; des philosophes ont voulu compter des espèces; l'orgueil aussi le voudrait bien, mais une bergère paraît, le prince est à ses pieds, et la beauté ramène à la nature.

Les Narcisses forment, parmi les Liliacées d'Europe, le genre le plus nombreux en espèces, le plus brillant par l'élégance de ses fleurs, le plus recherché par les belles variétés que produit la culture. Quand les Narcisses se montrent dans nos parterres, c'est le printemps couronné de fleurs. La floraison successive de leurs différentes espèces prolonge nos jouissances. Au retour des frimas, ils nous suivent dans nos appartements d'hiver : ils les parfument par la suavité de leur odeur; ils y répandent la gaieté par la pureté de leurs couleurs. Ainsi dans les campagnes comme dans nos jardins, dans la saison des fleurs comme dans celle des frimas, presque toujours les Narcisses sont sous nos yeux.

Quel riant aspect le Narcisse *des poëtes* donne aux bords des eaux, lorsque, au mois de mai, il développe ses charmantes fleurs, mollement inclinées sur leurs pédoncules, d'une odeur suave, d'une blancheur parfaite, que relève la petite couronne pourpre ou d'un jaune d'or placée au centre, tandis que le limbe extérieur, ample et très-étalé, tel que le disque de la lune dans son plein, se partage en six pièces larges, ovales, arrondies à leur sommet.

Nous mentionnerons encore parmi les narcissoïdes le beau genre des Amaryllis, si remarquables par la richesse de leurs couleurs, par la forme élégante et variée de leurs corolles; elles se montrent dans nos jardins avec tout l'appareil du luxe asiatique. Leurs brillantes espèces sont répandues dans presque toutes les contrées, tant de l'ancien que du nouveau continent. Qui n'a cent fois admiré l'Amaryllis à fleur rose ou la *belle dame* des Italiens, la Grénésienne, le Lis Saint-Jacques, l'Amaryllis dorée, qui fait un des plus beaux ornements des jardins de la Chine et qu'on cultive depuis peu dans les nôtres[1].

Fig. 31 *.

Mais voici le Lis magnifique[2]; il a toujours occupé le premier rang dans la famille à laquelle il a donné son nom, quelle que soit d'ailleurs la beauté des autres genres qui la composent : il doit cette distinction autant à l'élégance de sa forme qu'à l'avantage d'avoir été connu dès la plus haute antiquité. La nature a embelli de cette belle fleur presque toutes les parties du globe, dans l'ancien comme dans le nouveau continent, même

1 Les anthères de cette fleur tressaillent pendant une minute ou deux et à plusieurs reprises pendant la journée, lorsque la corolle est bien ouverte.

* Amaryllis dorée.

2 Les lis, disait Linné dans son style poétique et figuré, sont les patriciens de l'empire; ils portent les étendards, et sont fiers de leur toge éclatante; ils éblouissent les yeux, et décorent le royaume par la splendeur de leurs draperies.

à des températures différentes. Le Lis se lève avec majesté au-dessus des fleurs de nos parterres; il charme les yeux par la grandeur et la beauté de sa corolle, dont la douce odeur parfume au loin l'air que nous respirons. En possession, depuis un grand nombre de siècles, de dominer dans nos jardins, le Lis, quoiqu'il lui soit arrivé des rivales bien dangereuses, n'a rien perdu de sa brillante réputation. Il paraît au milieu d'elles avec fierté, bravant et les froids de nos hivers et la température inégale de nos étés, tandis que les autres, à l'approche des moindres gelées, fuient dans les serres où elles ont pris naissance. Son odeur suave nous transporte au milieu des aromates de ces contrées de l'Orient, qu'il a quittées pour habiter parmi nous. Ses aimables attributs ont fourni les comparaisons les plus gracieuses. Il est dans son éclat l'image du bel âge de la vie; réuni à la Rose sur les joues d'une jeune vierge, c'est la beauté dans sa fraîcheur; flétri et incliné sur sa tige, c'est encore cette même beauté que la mort vient de moissonner.

Parlons maintenant du Pavot des jardins. Ce serait se brouiller avec Morphée que de négliger ses Pavots. Mais cette fleur n'eût-elle pas le don magique des plus doux songes, sa seule beauté mériterait notre attention[1]. De belles tiges rondes, chargées d'une blanche

1 « Voici la plante la plus belle, la plus riche, la plus majestueuse : c'est le Pavot. Comme ses feuilles, d'un vert glauque, sont bien découpées; comme sa tige s'élève droite et flexible! les boutons de ses fleurs sont penchés languissamment vers la terre; mais un jour ou deux avant de s'épanouir, ils se redressent graduellement et présentent au ciel leur belle et riche coupe.

« Voici le bouton relevé; déchirez son enveloppe verte, voyez comme ses splendides pétales y sont renfermés : sans ordre, chiffonnés, on dirait le sac de nuit d'un étudiant qui part en vacances. Comment la nature peut-elle traiter avec si peu de soin une si fine étoffe?... Je ne sais que la fleur de Grenade,

vapeur, portent des feuilles alternes qui les embrassent, et dont l'étendue et les belles formes, vers la base surtout, font oublier celles de l'Acanthe. Chaque feuille, presque unie, massive et fortement ondulée, se découpe en longs festons, dont un ciseau gracieux a façonné les bords. Le crayon voudrait imiter ses contours variés, irréguliers, mais purs, terminés avec précision, mais sans roideur.

Tout est luxe dans cet ensemble, et rien n'y fait une surcharge.

La plante entière pourrait faire douter si elle n'est pas le chef-d'œuvre d'une main savante qui aurait su donner au plomb ductile des formes riches et heureuses.

La fleur est d'abord renfermée dans un calice ovale, penché vers la terre. A peine la fleur est-elle ouverte qu'elle se relève... La voilà épanouie et rayonnante... Qui me prêtera des couleurs pour vous la décrire?

Quatre pétales d'un ponceau éclatant déploient leurs voiles arrondies; deux de ces pétales semblent embrasser les deux autres. Quand cette belle fleur se replie, les deux draperies intérieures se rapprochent, et les deux autres les recouvrent et les ferment.

La base de ces beaux pétales, dont le tissu est si fin, dont les rainures, les plis ont une si moelleuse élégance, est variée d'une teinte violette foncée, qui fait mieux ressortir les nuances pourprées du reste, et l'ovaire monstrueux qui enfantera des prestiges.

Cet ovaire énorme est couvert d'un stigmate presque hémisphérique, chargé de douze méridiens saillants qui

qui est rouge aussi, dont les pétales soient, dans leur enveloppe, chiffonnés comme les pétales du Pavot. Mais tranquillisez-vous; à peine la fleur est-elle épanouie, qu'un air tiède vient lisser les pétales de la Grenade et du Pavot, et les rend unis comme ceux des autres plantes. » ALPH. K.

aboutissent au centre un peu creusé du stigmate, comme au pôle d'un globe terrestre.

Cette capsule est une merveille; elle renferme d'innombrables graines qui auraient envahi la terre entière avant la quatrième génération si aucune ne se perdait; mais ce que vous admirerez davantage encore, ces graines fournissent une huile alimentaire excellente en même temps que précieuse pour la peinture; et de la capsule incisée découle un suc résineux, l'opium, poison mortel et médicament inappréciable.

Le Pavot à fleurs doubles est bien souvent l'ornement des parterres, et Flore épuise sa palette pour en varier les vives couleurs. Mais les quatre pétales primitifs se retrouvent toujours autour de cette nouvelle corolle, et l'embrassent, quand elle s'ouvre, comme une délicate membrane.

Nous avons déjà salué la Rose des buissons; célébrons ici la beauté souveraine de la Rose des jardins. Qui ne connaît, qui n'a point admiré cette reine des fleurs, que tous les poëtes ont chantée, qu'Anacréon appelle le doux parfum des dieux, la joie des mortels, le plus bel ornement des Grâces?

Il semble que la nature, ayant fait de la Rose le type de la grâce, ait pris plaisir à en répandre les espèces dans les diverses contrées, et qu'elle n'ait mis entre ses espèces que de légères différences, pour ne point en altérer les traits essentiels. Aussi, dès les temps les plus reculés, les Roses ont été un objet de culture; dans l'un des livres attribués à Salomon, la Sagesse éternelle est comparée aux plantations de Rosiers qu'on voyait près de Jéricho. En remontant aux époques les plus reculées de l'histoire, on voit que les Roses sont les fleurs qui ont le plus fixé l'attention. Partout on en a fait le symbole de la pudeur, de l'innocence et de la grâce. Dans l'antiquité, on se couronnait de Roses dans les festins, dans les fêtes, dans les triomphes. Les jeunes époux étaient conduits à l'autel de l'hymen le front couronné de Roses; on en répandait même sur les tombeaux, pour mêler à l'idée triste de la mort celle du souvenir tendre que laissait un objet chéri, et l'image consolante de sa bonne réputation. En Grèce et dans tout l'Orient, les Roses étaient cultivées pour les parfums. L'île de Rhodes dut son nom à cette culture : c'était l'île des Roses. Dans les temps de chevalerie, les preux prirent souvent des Roses pour emblème; placées sur leurs armes, elles annonçaient que la douceur doit accompagner le courage.

Quelle autre fleur est digne d'être comparée à la Rose? Il en est un grand nombre qui brillent par la vivacité et la variété de leurs couleurs, mais qui sont inodores : telle est la Renoncule, telle est la Tulipe. Beaucoup de fleurs, comme l'Héliotrope et le Réséda, embaument l'air de leur parfum, mais n'ont rien qui flatte l'œil. Le Lilas, la fleur de l'Oranger, le superbe Lis, réunissent, il est vrai, le charme de la couleur à celui de l'odeur; mais combien ces fleurs mêmes, placées à côté de la Rose, lui sont inférieures en beauté! que de choses manquent à leur perfection! La Rose est parfaite; elle seule possède tout ce qu'on peut désirer dans une fleur : éclat, fraîcheur, forme agréable, couleur vive et douce, odeur suave et délicieuse.

Si la Rose nous était inconnue, et qu'un naturaliste arrivé depuis peu de la Perse ou de l'Inde l'offrît tout à coup à nos regards, quel étonnement, quels transports de plaisir sa vie n'exciterait-elle pas en nous! quel prix ne mettrions-nous pas à sa possession, puisqu'en la voyant tous les jours, pendant une partie de l'année, nous ne nous lassons pas de l'admirer !

La Rose renaît chaque printemps, et chaque printemps elle nous paraît nouvelle. Quoique la moins rare des fleurs, elle est toujours la plus recherchée ; au milieu de cent autres qui étalent leurs beautés dans un parterre, c'est toujours elle que nous allons cueillir de préférence, et les épines qui la défendent ne servent qu'à rendre plus vif notre désir de la posséder. Faut-il s'en étonner? cette aimable fleur appelle et charme à la fois tous les sens. La douceur et le velouté de ses pétales plaisent au toucher ; sa couleur enchante les regards, et l'arome pur qui s'exhale de son sein flatte délicieusement l'odorat. Enfin la Rose a dans son port, dans son aspect, dans tout ce qui la compose, je ne sais quels attraits qui manquent à toute autre fleur, et qui nous séduisent. Elle a des charmes qui, même au déclin de sa beauté, lui attirent nos hommages et la font triompher de toutes ses rivales.

On compare les plus belles choses à la Rose. Le teint des vierges, la fraîcheur du matin, la beauté de la jeunesse, l'éclat de l'aurore et du printemps, tout ce qu'il y a de riant dans la nature se mêle à son image, et son nom seul embellit tout ce qu'il accompagne. Veut-on peindre les jeux du premier âge, les songes enchanteurs de la nuit, les flatteuses illusions de l'espérance, on emprunte à la Rose ses couleurs.

Dans quelque situation qu'on se trouve, dans la bonne comme dans la mauvaise fortune, dans les jours de plaisir ou de deuil, cette fleur est toujours agréable. Il est impossible d'apercevoir une Rose sans éprouver aussitôt une sensation douce. Sa vue rafraîchit l'imagination, écarte les idées tristes, et fait diversion à la douleur.

La Rose plaît à tous les âges, et se marie, pour ainsi dire, à toutes nos sensations. Dans tous les moments de sa courte existence, soit lorsqu'elle s'épanouit, soit lorsqu'elle brille de tout son éclat, soit enfin lorsqu'elle est près de se flétrir, elle semble toujours avoir quelque rapport à nous. Penchée le soir sur sa tige épineuse, elle paraît languissante à l'heure mélancolique, et il trouve dans le tableau qu'elle lui offre un sujet pour ses rêveries. Celui à qui tout sourit dans la vie contemple avec extase, au milieu du jour, la pureté de ses formes et de ses couleurs, qui lui représente le bonheur inaltérable dont il jouit. La jeune fille aime à la voir dans toute sa fraîcheur, et à la cueillir le matin couverte de rosée[1] et entourée de boutons; dans l'âge du retour, cette aimable fleur nous rappelle les jouissances de la jeunesse; et dans l'hiver de nos ans, lorsque son parfum, exalté par la chaleur du soleil, vient réveiller nos sens assoupis, nous la nommons encore la plus belle des fleurs.

En voyant avec quelle rapidité ses grâces se ternissent et son éclat s'efface, n'oublions pas que la Rose est aussi l'image de la félicité de ce monde, où tout n'est que vanité. «Oui, tous les mortels ne sont que de l'herbe, et toute leur beauté ressemble à la fleur des champs;

[1] J'ai quelquefois remarqué, avec cette espèce de joie qu'inspire l'observation de la nature, des gouttes limpides conservées dans les cavités d'une Rose. Un Papillon, un insecte est appelé à partager cette coupe riante. C'est avec un vêtement d'azur, avec une écharpe de pierreries, que les filles de l'air, reines pour un seul jour, viennent savourer la création; et la félicité vitale, qui seule animait leur être, s'exhale entre mille parfums.

le Seigneur a répandu son souffle, l'herbe s'est séchée, et la fleur est tombée[1]. »

Je ne puis quitter les jardins sans adresser mon hommage à un des plus magnifiques arbustes qui les décorent, je veux parler du Lilas. Au moment de la floraison du Lilas, la nature se réveille dans toute la fraîcheur de la jeunesse. A peine le vent du nord a cessé de souffler la neige et les frimas, à peine les arbres ont poussé quelques feuilles naissantes, que déjà le Lilas paraît à nos regards tout couvert de ses gros bouquets de fleurs; leur odeur suave se marie à la douceur du zéphyr, et leur couleur, d'un violet clair, reçoit plus d'éclat de la tendre verdure des feuilles. Cette résurrection de la nature dans la plus aimable de ses productions, est, pour les âmes sensibles, une véritable fête; chacun s'empresse de la célébrer avec une sorte d'enthousiasme. Les jardins, les bosquets, jusqu'alors déserts, embellis tout à coup comme par enchantement, nous rappellent sous leur ombre légère, dans leurs allées reverdies; l'admiration pénètre tous les cœurs; la gaieté, une joie douce et pure brille dans tous les regards : c'est à qui chargera ses mains de faisceaux de Lilas fleuris; c'est à qui ornera sa maison des premières fleurs du printemps. Quel charme elles répandent partout! avec quel plaisir on multiplie le bel arbrisseau qui les produit! Tantôt, disposé en longues allées, il nous offre des promenades délicieuses; tantôt, placé le long des murs de nos jardins, il en masque la nudité par ses bouquets nombreux; ailleurs, arbrisseau isolé, il se montre dans nos parterres sous la forme d'une masse de fleurs en boule du plus bel effet.

[1] ISAÏE, C. XL, V. 6, 7.

Rien de plus frais que le Lilas. Ses gerbes printanières, qui s'élèvent à l'extrémité de rameaux flexibles, et se balancent avec tant de grâce sur une forêt de verdure, donnent aux arbustes qui les portent une décoration d'une incomparable beauté.

Le grand effet du Lilas est massif, et la petitesse de chacune de ses fleurs peut faire juger du travail de la nature et du nombre de ses opérations dans un seul arbuste. L'esprit demeure confondu; le travail d'une ruche est borné auprès de celui-là. Je ne conçois pas encore comment il peut se faire que la végétation ne produise aucun bruit; je me confonds devant le mouvement perpétuel de toutes les parties de l'univers, et je crois à l'harmonie des sphères célestes.

En sortant des jardins, nous devrions entrer dans le parc, où l'art et la nature prodiguent leurs merveilles; nous nous y reposerions à l'ombre des beaux arbres qui y ont été transportés de l'Asie et du nouveau monde... Nous nous bornerons à décrire le Marronnier d'Inde, une des pompes de ce lieu, où le génie de l'homme déploie toutes les magnificences de la création végétale.

Voyez cette belle salle impénétrable aux feux du jour; ces allées si vastes qui forment un long berceau, ces massifs, en un mot, qui, le soir surtout, se dessinent en magnifiques décorations à l'extrémité d'un grand parterre; les arbres si majestueux qui les forment, ce sont des enfants de l'Inde conquis, amenés dans nos climats. Tels que les princes que l'on détrône, c'est encore autour des palais qu'on les voit fixer leur destin, et le faste qu'ils conservent sert au faste qui les protége.

L'écorce noire et écailleuse du Marronnier cache un bois sans nerfs et sans force. Ce n'est pas le Chêne de nos forêts, ce patriarche populaire qui confond dans sa longue durée les éphémères et les générations.

Le Marronnier d'Inde étale des feuilles auxquelles nos plus beaux arbres ne peuvent rien comparer.

A de longs pédoncules droits, unis, longs et verts, s'attachent des palmes de cinq ou sept feuilles; ces grands éventails, mobiles au souffle du zéphyr, apprennent aux Orientaux le luxe de la fraîcheur.

Une belle pyramide de fleurs s'élève perpendiculairement à l'extrémité opposée du long pédoncule qui soutient les feuilles.

Les pétales blancs de la corolle sont cotonneux comme une mousseline; ils sont arrondis, un peu découpés, et se plissent sans art, mais avec grâce. On dirait que la corolle veut se draper. Une teinte de rose vif marque le milieu du pétale, au-dessus de l'onglet, dans l'étendue d'un petit cercle. Cette nuance ajoute une grâce infinie à chaque fleur, et en orne singulièrement l'ensemble. Elle jaunit quand la fleur se passe; et sa jeunesse est aussi courte que celle de ces charmantes filles du soleil, que le même climat voit naître et se flétrir si promptement.

Sept étamines d'ivoire s'élancent de la corolle, et se recourbent par étages. Leurs anthères, couleur de marron, sont comme de petites poutres de Cèdre.

Une petite perle est plus grosse que la petite coque encore blanche où l'ovaire déjà hérissé promet le fruit pesant qu'il renferme. En quelques semaines cette coque s'éclatera; une balle pesante et brune en tombera avec fracas; et si ce n'est pas sans danger, ce n'est pas non plus sans plaisir qu'on se promène alors sous ces beaux arbres. Le cœur d'un jeune enfant tressaille à l'heureux craquement qui lui promet un joujou nouveau. Qui ne se rappelle ces lourds chapelets, ces nombreuses récoltes ramassées pendant la promenade, jetées avant de la finir? Heureux souvenirs qui me ravissent encore !

La présence du Marronnier d'Inde invite au repos. On s'assied avec sécurité sous l'ombrage du Marronnier, qui n'accuse point la paresse. C'est l'arbre du loisir, et le loisir doit être un bien réel, puisque ses charmes tiennent au calme de l'âme autant qu'à celui de la nature.

§ V

Le Potager. — Le Chou. — La Pomme de terre.

> Il semble que l'Abondance ait épuisé une de ses cornes dans nos jardins et dans nos campagnes.
>
> BERNARDIN DE SAINT-PIERRE.

Après l'agréable, l'utile; après le parterre, le potager. Au premier coup d'œil, le parterre est plus brillant; il éblouit. Le potager frappe moins le spectateur; mais il l'attache plus longtemps, et le satisfait davantage. Le parterre est une beauté un peu apprêtée; le désir de plaire s'y laisse apercevoir; mais on pardonne ce faible au parterre, qui n'est fait que pour plaire. La beauté du potager est plus solide et moins recherchée. Avec des couleurs douces, de la symétrie et de la grandeur, il possède encore deux qualités plus estimables : une extrême simplicité et une grande utilité. La simplicité est le véritable assaisonnement du beau, dont elle laisse sentir tout le prix. L'utilité, de l'aveu de tout le monde, est le comble de la perfection.

Le potager ne borne pas son mérite aux fleurs du printemps ni aux fruits de l'automne; c'est d'un bout de l'année à l'autre qu'il enrichit son maître par des présents toujours nouveaux. Tout ce que la terre produit de plus salutaire dans ses différentes parties, dans les vallées, dans les plaines et sur les coteaux, le potager le rassemble sous la main de l'homme. Il devient son grand magasin de nourriture, de remèdes et d'amusements. L'homme y recueille chaque jour ce que la saison lui produit. Il y voit les ébauches et les accroissements sensibles de ce qu'il recueillera dans la suite. Il jouit à la fois de ce qu'on lui donne et de ce qu'on lui promet. Il ne peut qu'être infiniment flatté d'entrer dans un endroit où tout ce qu'il rencontre lui offre des présents et semble travailler avec une industrie particulière pour répondre à tous ses besoins et pour contenter tous ses goûts. Les vignes et les terres labourées ne nous donnent qu'une fois l'an; le potager, au contraire, produit récolte sur récolte; il continue ses libéralités jusqu'en hiver, et semble réserver à dessein pour cette saison des légumes et des fruits qui soient de garde, afin que nous puissions jouir de ses faveurs, même lorsque l'excès du froid interrompt ses services.

Ne sortons pas du potager sans adresser un hommage au Chou, qui tient un des premiers rangs entre les plantes du lieu.

Le Chou a été cultivé de temps immémorial chez presque tous les peuples, et il présente aujourd'hui un si grand nombre de variétés, que leur exposition devient embarrassante.

Le Chou s'est plaint de n'avoir point eu de place dans les *Jardins* de Delille. Je préviens sa réclamation, et n'ayant point le mérite d'un poëte, je n'en prendrai pas les licences.

Le Chou a les honneurs d'un latin harmonieux et allongé. Les botanistes le nomment *Brassica oleracea capitata;* et ce que les Anglais seront flattés d'apprendre, il paraît naturel aux contrées maritimes de l'Angleterre.

Est-il rien d'aussi beau qu'un beau Chou, rien qui annonce mieux un sol fertile et l'abondance?

C'est sur la nature même que je vous dessine une feuille de Chou. Elle est large, elle est nourrie; son énorme côte blanchâtre en soutient toute la charpente. Elle est arrondie, frisée, concave. Son tissu glabre et flexible forme de profondes cavités.

Voyez un Chou après une petite pluie, les gouttes qui s'y conservent semblent devenues des perles. Plus réunies en quelques places, elles y sont autant de lacs, où l'insecte, où l'oiseau peut-être se désaltèrent, pendant que les bords de la feuille leur présentent la nourriture. Je me suis toujours figuré qu'un Scarabée voit un Chou-Pomme précisément comme Herschell voit la lune, et qu'il en ferait une géographie du même genre.

Il faut examiner soi-même le merveilleux arrangement de toutes ces feuilles repliées; leur rapprochement serré, mais fait de manière à ne blesser aucune partie; la beauté de la forme ronde, le renversement élégant et successif des feuilles extérieures, qui pompent l'air et la rosée, et qui alimente le cœur de la plante: nourrices si nécessaires, que leur santé fera toujours celle du globe végétal qu'elles entourent.

Lorsque notre Chou monte en graine, sa tige vigoureuse part du centre. Un grand nombre de branches s'en échappent, et des feuilles alternatives progressivement plus étroites et plus petites les accompagnent jusqu'au sommet.

Tout est vie dans cette plante, à laquelle le Chou même semble ne servir que de piédestal. Ses branches tortueuses et rondes sont marquées de violet, et frappées de cette vapeur qui en adoucit la teinte, et qui peut-être a pour objet de resserrer leurs pores.

La fleur est cruciforme, c'est-à-dire à quatre pétales, dont les onglets, droits dans le calice, se renversent horizontalement au-dessus de lui. Simples, arrondis, quoique un peu en pointe, les pétales sont d'un tissu et d'une couleur également délicats. On ne peut s'empêcher de penser, en voyant cette fleur, à ces êtres débiles qui, de tous les biens qui les entourent, achèteraient la santé, et dont l'équipage et la suite contrastent fortement par leur embonpoint et leur bonne mine.

Le pistil, qui s'élève au milieu des étamines comme un petit cylindre, deviendra une longue cilique dans laquelle un ordre imperturbable rangera les graines.

C'est ainsi que se multiplieront les Choux, et, grâce à eux, la choucroute dont l'Allemagne se nourrit.

Nous ne pouvons quitter le potager sans dire un mot de la populaire et nourrissante Pomme de terre : secours bienfaisant dans la disette, mets souvent unique des pauvres, hors-d'œuvre aux tables opulentes, la Pomme de terre fait penser à ces cœurs excellents qu'un extérieur un peu pesant enveloppe, dont les familles ont peu d'éclat, mais dont l'universelle bonté fait la réputation et les associe avec honneur dans toutes les classes de la vie.

Cette plante est le plus riche présent que nous ait fait l'Amérique, presque le seul qu'il n'ait pas fallu arracher à ses habitants le feu et le fer à la main : conquête paisible, mais tellement importante, qu'en doublant nos ressources alimentaires elle nous fait bien moins appréhender les mauvaises récoltes de nos céréales[1].

La maladie récente de ce précieux tubercule paraît tenir à une dégénérescence de l'espèce, qui, depuis son introduction en Europe, a été toujours entretenue par un mode de propagation qui n'est pas celui de la nature. Il faudrait, pour ainsi dire, régénérer la Pomme de terre par des semis faits avec des graines parfaitement mûres. Quelle étonnante variété de plantes utiles, cultivées dans nos potagers, nous pourrions mentionner ici ! Mais ce n'est pas seulement l'abondance qu'il faut admirer, c'est surtout la sage distribution qui a été faite de toutes ces productions selon le besoin des saisons et des climats. Durant l'hiver, lorsque la terre cesse de produire pour recouvrer de nouvelles forces, nous jouissons d'une ample provision de fruits et de légumes. Pendant l'été, elle varie tous les jours ses présents, et plus le soleil agit fortement sur nous, plus elle semble attentive à nous donner des fruits rafraîchissants. La même convenance qui se trouve entre les fruits et les saisons, nous la remarquons aussi entre les fruits et les climats. Et ne pensez pas que cette libéralité fût plus digne de notre reconnaissance si elle allait jusqu'à donner toutes sortes de fruits à toutes les saisons et à tous les pays. L'Auteur de la nature n'est pas seulement libéral, il est en même temps économe; et de cette économie résultent des biens infinis pour toute la société.

[1] Quelques recherches qu'ait pu faire M. de Humboldt sur les lieux qui paraissent devoir être la patrie de la Pomme de terre, personne n'a pu la lui indiquer sauvage, ni dans les Cordilières ni dans la Nouvelle-Grenade, où cette plante est cultivée.

§ VI

Le verger. — L'Amandier. — Le Cerisier. — L'Oranger. — La Vigne. — Le commerce.

> Croissez, fleurs toutes charmantes, métamorphosez-vous pour vous reproduire ! Trésor de bienfaits dans l'automne, chaque printemps vous rend la jeunesse, et la bonté ne vieillit point.

Le verger est le lieu destiné pour les arbres à fruit en plein vent; les fruits sont beaucoup plus fins et d'un meilleur suc lorsqu'ils viennent naturellement sur une haute tige et que l'air peut circuler alentour en liberté.

Le verger nous présente trois périodes bien intéressantes : les boutons des arbres, leurs fleurs et leurs fruits. Le printemps fait sortir de l'écorce des branches une multitude de fleurs en boutons; elles sont encore étroitement renfermées sous leur enveloppe, où elles bravent les dernières fraîcheurs de l'hiver; mais bientôt les rayons pénétrants du soleil ouvrent cette prison de soie, les fleurs paraissent, et se produisent avec magnificence. Le coup d'œil que présente alors un verger a quelque chose de plus séduisant encore que celui du parterre, parce que l'espérance l'accompagne. Deux à trois mois s'écoulent, et les charmes de l'été ont fait place à des jouissances plus solides. Les fruits ont remplacé les fleurs : c'est la pomme dorée, dont l'éclat est rehaussé par des filets couleur de pourpre ; ce sont les poires fondantes, les prunes, dont la douceur égale celle du miel, etc. etc.

Étudions quelques-uns de ces arbres dont les produits font les délices de nos tables.

Voici une branche d'Amandier fleurie, ne différons

pas de la peindre. Image de la beauté, notre modèle va bientôt changer et dépérir. Ne songeons toutefois qu'à la grâce printanière; autres temps, autres soins. Les feuilles et leur ombrage succèderont aux fleurs, et nous verrons mûrir de bonnes amandes à la place même qu'occupaient de fugitives corolles.

L'Amandier croît naturellement dans les pays chauds; mais nos climats ne le possèdent qu'à force de culture. Ainsi les soins empressés de l'éducation peuvent suppléer quelques dispositions; et la nature, cette mère universelle, cède quelques victoires à l'industrie, au courage de ses enfants.

Si vous observez l'Amandier dans les premiers jours du printemps, vous verrez de l'écorce et des branches s'élancer des jets plus verts, minces et flexibles; il en sort alternativement de petits boutons ligneux, si je puis ainsi parler, dont l'enveloppe est brune comme l'écorce. C'est sur ces appuis que naissent les boutons qui renferment les feuilles, et qui, à travers une triple enceinte d'écailles progressives en hauteur, et toujours de moins en moins colorées vers l'intérieur, laissent échapper la pointe du feuillage, qui bientôt se développera en longues feuilles.

Quel art merveilleux dans l'arrangement de ce berceau et des frêles nourrissons qu'il protége! Après ce triple rempart écailleux, deux membranes blanchâtres s'embrassent et se croisent autour des feuilles naissantes. On aperçoit ces feuilles pliées en deux, chacune longitudinalement sur elle-même, quelques-unes comme de simples fils, quelques-unes très-courtes. Les plus grandes affectent déjà la forme qu'elles doivent conserver. Ainsi le premier trait de la nature imprime déjà le chef-d'œuvre.

On ne peut exprimer avec quelle grâce les cinq pétales, d'un beau blanc, sont coulés autour des étamines, dont ils rendent l'asile impénétrable. Peu à peu ils s'écartent, ils retombent horizontalement. Leur délicat tissu a la forme d'un cœur. Sur quelques-uns une nuance pourpre rappelle sans amertume à la tendre mélancolie, qu'un cœur est bien souvent blessé.

Plus de vingt étamines étalent au-dessus de ces pétales leurs colonnes de marbre surmontées de chapiteaux d'or. Le calice dans son intérieur est arrondi et creux comme un vase. Tout dans cette fleur a le parfum et le goût de l'Amande.

C'est entre les parois de la belle corolle, c'est dans ce temple dont l'éclatante blancheur réfléchit, comme dit Bernardin de Saint-Pierre, et les rayons et la chaleur sur le creuset où la nature opère ses bienfaits prodigués; c'est dans ce temple que, par une suite de merveilles incompréhensibles et surtout inimitables, le Créateur se joue de la puissance et de l'orgueil humain. Il les combat en leur jetant des fleurs.

Symbole de l'étourderie, l'Amandier répond le premier à l'appel du printemps. De fréquentes gelées l'en punissent sans le rendre plus sage. Partout les fleurs de l'Amandier sont les premières à éclore; mais ces aimables messagères du printemps ressemblent trop souvent à ce fameux coureur de l'antiquité qui tomba mort immédiatement après avoir annoncé à ses concitoyens une heureuse nouvelle. Ce sont les fleurs qui font de l'Amandier l'emblème de la diligence.

Quel beau spectacle qui celui qui s'offre à nos yeux dans cette longue suite de fruits délicieux qui se succèdent pendant la plus belle, la plus riche saison de l'année ! Admirable dans toutes ses parties, l'agriculture ne l'est pas moins dans cette industrie qui a conduit l'homme à réunir autour de lui ces fruits nombreux répandus dans les différentes parties du globe, et à les choisir tels, qu'ils pussent former une série non interrompue, à partir du printemps jusque dans l'automne.

Les premières chaleurs de l'été se font sentir, et déjà brille, suspendue aux branches en globes de pourpre, la Cerise rafraîchissante.

La nature ne pouvait faire à l'homme, dans la saison brûlante de l'été, un don plus précieux que les Cerises. Leur suc coule avec délices dans des organes altérés ; sa saveur, d'une acidité agréable, corrige l'âcreté des humeurs, et prévient les incommodités occasionnées par les grandes chaleurs. Ce fruit est si abondant, qu'on peut en conserver une partie pour l'hiver, soit en faisant sécher au soleil ou à la chaleur modérée d'un four les Cerises de meilleure qualité, soit en les mettant dans de l'eau-de-vie. Par la distillation, on obtient une liqueur spiritueuse, une sorte d'eau-de-vie connue sous le nom de *kirschwasser*, dont le commerce est d'un grand produit.

Dans la partie septentrionale du département des Hautes-Pyrénées, qui s'étend en plaines, on suit à peu près, à l'égard de la vigne, l'usage de l'Italie, on la marie à un arbre ; mais ce n'est pas l'Ormeau qu'on lui choisit pour époux, c'est le Cerisier : aussi, par une belle matinée de printemps, transportez-vous sur un des coteaux qui bornent cette plaine au levant et au couchant, et dites si vous avez vu un spectacle qui surpasse en magnificence celui qui s'offre devant vous : c'est un océan de fleurs que, par-dessus la douce verdure des pampres, fait mollement onduler une légère brise, et qui, se combinant avec la rosée, reflète les rayons du soleil d'une manière éblouissante. Plus tard, la décoration change; et lorsque, sous l'influence de cet astre bienfaisant, les fruits se sont colorés, c'est une étendue immense de girandoles, de jais et de rubis, qui se balancent au-dessus d'un sol tout couvert de légumineuses ou de céréales de tout genre; car dans ce beau pays la plupart des terres sont à la fois champ, vigne et verger.

D'autres climats ont d'autres arbres et d'autres produits, qui, transportés dans nos contrées, sont devenus une des jouissances de la richesse et du luxe: tel est, par exemple, l'Oranger originaire de la Chine.

Quand les Orangers sont en fleur, tous les lieux d'alentour en sont embaumés. Leur doux parfum se répand au loin, comme la renommée de la beauté et de la gloire. Arbre charmant: emblème du temps qui l'embellit et ne le vieillit pas, tous les ans il est chargé de fleurs.

On voit encore à Lisbonne, dans le jardin du comte de Saint-Laurent, le premier Oranger semé en Occident, le véritable père de ces agréables forêts, qui se sont naturalisées jusque dans les îles d'Hyères.

Le jardin planté des plus beaux arbres gagne encore en magnificence quand de belles caisses d'Orangers en fleur font concourir la puissance de l'industrie avec celle de la nature. Mais, hélas! malgré son orgueil, cette puissante industrie humaine, si elle triomphe de la nature, c'est par les seuls moyens qu'elle en reçoit, et la pompe qu'elle étale à ses yeux est comme celle d'un roi qui éblouit ses sujets de leurs trésors.

Cet arbuste charmant, ce délicieux Oranger, se couvre à la fois de fleurs et de fruits, et demeure toujours vert. Mais en visitant nos climats, qu'il pare et décore si bien, l'Oranger nous demande un tribut de soins assidus. Il faut lui bâtir un palais. A son tour il enrichit la main qui le cultive; ses fleurs, ses fruits se vendent au poids de l'or.

La blancheur de ses beaux boutons, la suavité de ses parfums, font du bouquet de fleurs d'Oranger l'emblème virginal de la jeune fiancée qu'on mène au temple. Heureuse, universelle consécration. Digne hommage à ce fils de l'Orient, qui s'est multiplié chez nous, comme tous les bienfaits de ce berceau du monde.

Si l'on pouvait marier les fleurs, j'unirais l'Oranger avec la Rose. On s'expliquera mon idée, si l'on se livre un moment au ravissant plaisir de contempler ces deux chefs-d'œuvre. La Rose respire le sentiment, la Rose exprime une âme, et l'Oranger ressemble au génie.

N'oublions pas la Vigne, dont le fruit produit cette liqueur fameuse qui, suivant le Psalmiste, « réjouit le cœur de l'homme. » Tout le monde sait, en effet, que par une action que l'on peut bien appeler merveilleuse, tant il est impossible à la philosophie de l'expliquer, le vin dispose l'âme à la joie; son usage contribue à dissiper la mélancolie, à rendre les sympathies plus actives et toutes les expansions plus libres et plus chaleureuses. Dans un monde où tant de sujets de tristesse affaiblissent continuellement les courages, quelle puissance, quelle faculté précieuse, que celle du vin! Mais plus la puissance du vin sur nos âmes est extraordinaire, plus il est important de la surveiller avec soin, de peur que, loin de nous servir, elle ne nous fasse esclaves. On peut la comparer à ces aimables ruisseaux qui, sagement administrés, caressent mollement les prairies en y faisant épanouir les fleurs; mais qui, dès que leurs digues sont rompues, se transforment en torrents dévastateurs qui salissent et bouleversent tous les ornements de la campagne. Employé avec mesure, non-seulement le vin seconde l'âme dans ses efforts, mais il entretient la santé du corps, ce qui est le double objet de la vraie tempérance. L'excitation modérée qu'il produit, donnant plus d'activité à la nourriture, améliore en quelque sorte les conditions de l'état physique de l'homme; en augmentant ses forces, il lui rend plus facile l'accomplissement des travaux que la stérilité de la terre lui impose; en les ranimant, il abrége les convalescences; en les conservant, il assure à la vieillesse une dernière verdeur et diminue ainsi la tristesse de notre décadence. Mais, comme l'air et le soleil, qui n'agissent sur nous que par des émotions insensibles, il faut aussi que le vin n'intervienne dans notre existence que par des modifications tranquilles et continues, et que, bienfaiteur parfait, il agisse silencieusement et sans faire d'éclat.

Chez tous les peuples qui habitent des contrées où la Vigne ne croît pas, l'industrie s'est appliquée à extraire de divers fruits fermentatifs des liqueurs spiritueuses qui peuvent jusqu'à un certain point remplacer le vin. Ici, l'esprit violent du Riz et de la Canne à sucre; là, l'opium; ailleurs, les sucs du Manioc et de la Cassave; dans le Nord, l'eau-de-vie, le cidre, la bière; dans les îles sauvages de l'Océanie, l'extrait de l'Arum; dans les steppes, le lait fermenté des Juments; partout quelque invention pour suspendre passagèrement la conscience de la vie[1]. Mais parmi toutes ces liqueurs il n'y en a aucune qui soit aussi agréable au goût que le vin, aussi convenable à la santé, ni surtout qui en approche par ses effets sur l'aménité des mœurs et des relations.

L'Auteur de la nature n'est pas seulement libéral, il est en même temps économe. Si sa libéralité n'avait ni règle ni bornes, les plus grands désordres en seraient la suite, au lieu que de son économie résultent des biens infinis pour toute la société. Par là l'homme se trouve dans la nécessité d'un exercice continuel. On lui a épargné une multitude de vices, en lui épargnant l'oisiveté; et non-seulement il se voit obligé de travailler pour vivre, mais la distribution des fruits de la terre est telle, que, pour y avoir part, il faut qu'il mette en œuvre toutes ses ressources, tous les talents qu'il a reçus. Le refus qui a été fait à un pays de certains avantages accordés à un autre, occasionne des besoins, des désirs, des efforts. Les commodités propres et particulières à chaque province en mettent les habitants dans la dépendance les uns des autres. Leurs besoins deviennent autant de liens qui les unissent et qui rapprochent les pays les plus éloignés par le transport et par la communication de leurs productions respectives[2]. L'agriculture et

1 L'abus de ces liqueurs et les excès du vin font d'innombrables victimes. Que de honteux délires, que de frénésies, que d'hébétements ! quel déplorable spectacle, propre à soulever l'indignation avec la pitié, pour celui qui pourrait embrasser d'un regard, sur toute la terre, la misérable troupe des aliénés volontaires ! Mais celui qui respecte sa vie n'en cherche pas l'oubli. Il ne demande, au contraire, à la nature nourricière qu'un aliment énergique qui lui permette de supporter sans faiblir la charge de cette vie, qui soit en aide à la vigueur du corps et au ressort de l'âme, qui dispose enfin tout l'être à bien vivre ; c'est justement ce qu'en lui donnant le vin lui a donné une bienveillante Providence.

2 Jetons les yeux sur le commerce, ce lien de l'univers, et comptons tous les

le commerce, qui sont les deux mobiles de la société, donnent lieu aux hommes d'exercer leur prudence dans le discernement des temps, des ouvrages, des marchandises et des occasions; leur patience dans les travaux, leur fidélité dans les échanges, leur économie dans l'usage des choses qu'ils n'ont pas toujours à souhait.

La même vue paraît dans l'inégalité des saisons. Dans certains mois de l'année, l'homme fait surtout usage de sa force et de ses bras. Il faut labourer, planter, semer, herser, replanter, sarcler, cueillir, vendre. Il a souvent la plupart de ces choses à faire à la fois. Dans un autre temps il fait usage de sa prévoyance : il sauve, il enlève ce qu'il peut à la malignité des vents et à la rigueur de la mauvaise saison. Il renferme, il arrange, il entretient, il fait à loisir les préparatifs nécessaires pour l'année suivante. Par des exercices modérés qui lui tiennent lieu de

peuples que des communications nombreuses et continuelles tiennent maintenant unis, et qui ne se connaîtraient même pas si le désir de se procurer de nouveaux aliments ne les avait portés l'un vers l'autre. C'est en allant à la recherche des épices que l'Europe s'est frayé la route de l'Inde, et a remis la main sur ses origines, longtemps perdues. C'est pour avoir du Thé que nous fréquentons la Chine, et sans notre goût pour cette excitante boisson, nous n'aurions peut-être encore aucune idée précise ni de la littérature, ni de la philosophie, ni du gouvernement de cet empire. Le besoin de nouveautés alimentaires est un stimulant qui nous a poussés à fureter le monde jusque dans ses réduits les plus obscurs et les plus reculés, et qui nous a conduits de proche en proche à nos plus belles découvertes. L'astronomie n'a-t-elle pas dû ses progrès chez les modernes à la nécessité de fournir des principes certains pour la conduite des navires que nous envoyons à la provision dans les deux Indes? On ne peut considérer sans s'émerveiller toute la grandeur dont ces machines flottantes, presque uniquement destinées au service de l'art culinaire, sont devenues la source pour le genre humain tout entier. Un seul navire sillonnant les déserts inconnus de l'Océan, comme celui de Colomb ou de Vasco de Gama, pour aller trouver les îles à épices, a plus fait pour l'avancement du monde que toutes les charrues qui depuis Triptolème labourent périodiquement la terre, sans avoir jamais rien pu changer aux rapports suprêmes des nations.

repos, il se met en état de recommencer au printemps les plus forts travaux.

C'est ainsi que Dieu a voulu honorer l'homme et l'associer en quelque sorte à ses opérations. Il l'évertue et l'intéresse puissamment, en le laissant jouir de ce qu'il cultive ou de ce qu'il cherche, et en le mettant dans la nécessité ou de manquer de bien des choses, quand il ne se les procure pas, ou de les voir dégénérer et périr, dès qu'il en néglige la culture.

§ VI

L'Agriculture. — Elle est naturellement moralisatrice.

Au moment où l'homme entra dans le monde, il reçut le sceptre de la création. Dieu lui montra tour à tour et les mers et les continents, et lui dit : Règne sur ce double empire. Tant que le nouveau monarque resta fidèle à son Créateur, sa domination fut acceptée; les divers êtres soumis à sa puissance obéissaient avec amour, et si le travail lui était alors connu, ce labeur avait plutôt le charme d'une distraction que le caractère d'un combat. Dès qu'il se fut révolté contre Dieu, l'univers à son tour se révolta contre lui; les éléments, devenus indociles, ne se plièrent qu'en se débattant sous l'ascendant de sa force et de sa volonté. Inexorablement fidèle à la malédiction qui l'avait frappée, la terre enfanta sous sa main des ronces et des épines; et, comme ces princes proscrits, ce fut en quelque manière à la pointe du glaive qu'il lui fallut rétablir les droits de sa souveraineté méconnue. Noble tâche glorieusement accomplie par le progrès de l'Agriculture. Grâce à la hardiesse des tentatives et aux prodiges des inventions dues à ce premier des arts, la nature est vaincue dans chacune des luttes que nous engageons avec elle.

Voilà des landes arides; le Pin, qui sous son écorce cache un trésor d'aromates, en dissipera la nudité jusqu'à ce que des moissons viennent les couvrir comme un manteau d'honneur. Voilà des sables déserts laissés par l'Océan sur ses rivages. On commencera par leur donner la force de résister aux vents qui les poussent comme les vagues d'une grande mer, et plus tard on les verra se parer d'une végétation riante et féconde. Regardez là-bas ces plateaux désolés et ces pentes décharnées de montagnes, où l'œil n'aperçoit que des rochers calcinés par les siècles, des pierres entassées par les avalanches ou les torrents, et quelques bouquets de Buis ou de Bruyères, semés çà et là sur le bord des ravins, comme ces touffes de verdure que les caprices du printemps font germer sur des ruines. Le cultivateur intrépide va se lancer à l'assaut de ces forteresses où la stérilité s'est retranchée depuis l'origine des mondes; il s'en rendra maître pas à pas, et bientôt, sur ces monts escarpés et sauvages, où pas un atome de terre végétale ne s'offrait à vos regards, vous verrez s'élever en étages et comme suspendus sur les abîmes, ou des corbeilles d'Orangers et des Citronniers, ou des rideaux de pampres émaillés de grappes opulentes; ou des plantations de Grenadiers mêlant la pourpre de leurs fruits au mélancolique feuillage de l'Olivier.

Tous les obstacles ont été vaincus, à chaque nuance d'aridité correspond une transformation plus ou moins merveilleuse; et lorsqu'en présence de ces succès on suit du regard l'homme des champs rentrant dans sa demeure avec les moissons qu'il a recueillies, on croit être témoin d'une solennité triomphale. Le vainqueur c'est le laboureur lui-même; les ennemis qu'il a défaits, ce sont les impossibilités matérielles qu'il a surmontées; les armes dont il s'est servi, ce sont ses instruments de labour; les blessures qu'il a reçues, ce sont les meurtrissures qu'il a subies en maniant la bêche, en conduisant la charrue; le sang qu'il a versé, ce sont les sueurs intarissables qu'il a répandues dans ses sillons; les dépouilles qu'il a conquises, ce sont les fruits abondants de son labeur; son char de victoire enfin, c'est le chariot même avec lequel les bœufs, compagnons de son travail et comme fiers de ses succès, emmènent ses gerbes et ses vendanges vers les greniers et les pressoirs, qu'elles doivent faire tressaillir. Ainsi, le voilà redevenu roi par le droit de la conquête. En constituant pour lui-même une salutaire expiation, le travail des champs a levé, pour ainsi dire, l'anathème qui pèse sur la nature; et la terre, oubliant d'être rebelle, ne sait plus que se prêter en esclave docile aux ordres de son souverain naturel, dont elle a reconnu définitivement l'autorité.

En même temps qu'elle restitue à l'homme sa royauté sur le monde matériel, l'Agriculture alimente ou protége en lui tous ces nobles instincts dont l'ensemble constitue sa royauté morale. S'il est un fait incontesté, c'est que les populations agricoles sont partout les plus religieuses. Ce contact habituel avec la nature qui fait le fond de leur existence, les tient constamment en face de Dieu, qui leur apparaît à travers tous les phénomènes dont elles sont témoins. Ce soleil qui colore leurs fruits ou brûle leurs moissons, ces pluies qui fécondent leurs champs ou les désolent, ces frimas qui les délivrent des insectes meurtriers ou tuent dans leurs germes les productions de leurs campagnes, ces vents qui sèchent et assainissent les prairies submergées ou renversent les arbres auxquels est suspendu l'espoir de leur humble fortune, toutes ces forces bienfaisantes ou fatales leur parlent avec éclat du Maître souverain dont elles dépendent, et qui seul les tire à son gré des trésors de ses vengeances ou de ses miséricordes. Rien ne peut leur voiler son intervention, ni dans les succès qu'elles recueillent, ni dans les calamités qu'elles éprouvent. Dans les grandes industries, l'homme est tenté de ne voir que lui; les vastes machines qu'elles font mouvoir sont son œuvre; c'est son génie qui fait éclore les merveilles qu'elles enfantent; et jusque dans les catastrophes qu'elles subissent, c'est encore le résultat de ses distractions et de ses imprévoyances, ou d'autres causes funestes, mais toujours humaines, qu'il découvre à la surface des événements. Il ne sait où trouver une place pour l'action divine, et souvent il finit par ne plus y croire; tout s'explique à ses yeux par sa puissance ou sa faiblesse. En Agriculture, ce scepticisme est impossible; le laboureur comprendra toujours malgré lui qu'il ne peut ni faire mûrir un épi, ni empêcher les nuages d'éclater sur ses guérets. Le dogme de la Providence s'impose comme forcément à ses convictions; et ce sentiment profond, inévitable, sans être en lui la religion tout entière, en est au moins le commencement, et le dispose favorablement à l'écouter. Ce sublime apostolat de la nature est sur lui d'autant plus efficace, que nulle voix perverse n'est là pour en contre-balancer l'influence. Dans les cités, l'homme du peuple entend mille docteurs de mensonge qui le poussent à l'impiété; l'homme des champs, au contraire, n'entend que l'humble curé de son village qui l'invite à servir Dieu de concert avec les cieux et la terre, qui lui en racontent la gloire. Plus religieux, il est aussi plus moral. L'âpreté des travaux auxquels il vit condamné, en fatiguant ses organes, en modère les rébellions; par la frugalité de sa nourriture, il leur enlève les brutales excitations de l'intempérance, pendant que la pudique simplicité de tout ce qui l'environne, en respectant la délicatesse de ses regards, laisse reposer en paix son cœur et son imagination. De la régularité de sa vie découle un attachement invariable à l'esprit de famille. Ainsi que le dit l'Écriture, il aime à voir ses enfants se multiplier autour de sa table comme les rejetons de l'Olivier se multiplient autour de sa tige. Étendre ses vignes ou ses vergers, arrondir son modeste domaine afin de leur laisser un plus ample héritage, voilà le but suprême de tous ses labeurs; et quand, après une journée de sueurs et d'efforts, il rentre le soir au foyer, il oublie la lassitude dont il rapporte le poids, en pressant tour à tour dans ses bras ces petits êtres, espoir adoré de son avenir et sur les fronts desquels rayonnent, avec le charme de l'innocence, toutes les splendeurs de la santé. Enfin la foi, la moralité, l'esprit de famille s'allient le plus souvent dans nos agriculteurs avec un souverain bon sens. Au lieu de se livrer aux ambitions chimériques, ce fléau populaire de notre temps, ils sont sobres et contenus dans leurs désirs, et leurs vœux se bornent à pouvoir reculer de quelques pas les limites de leurs champs. L'esprit pratique s'ajoute à la modération. Ne craignez pas qu'ils se passionnent pour ces utopies qui sont venues promettre aux populations industrielles la fortune sans travail et le bonheur sans sacrifices. Eux qui savent que, dans les desseins de la Providence, la terre, pour être féconde, a besoin d'être détrempée des sueurs de l'homme encore plus que des rosées du ciel; eux qui, depuis la malédiction primitive, savent que le Froment n'a cessé de germer dans les larmes, ils n'admettent pas ces rêves fantastiques où la peine disparaît de la société pour ne donner place qu'à la jouissance. La nature leur apprend que nul arbre ne porte de bons fruits si l'on n'en taille pas les rameaux. Observateurs judicieux des choses, ils le sont également des hommes. Habituellement calmes d'esprit, dégagés de passions mauvaises, pleins de respect pour les enseignements de leurs pères, ils se forment par là je ne sais quelle rectitude de jugement qui les met ordinairement en possession d'une saine expérience. Il n'est pas rare de rencontrer parmi eux des vieillards justement appelés patriarches, et qui vous étonnent par la haute sagesse de leur raison. Ils possèdent bien mieux qu'une foule de lettrés la science de la vie. Ils apprécient les événements avec plus d'exactitude et d'un point de vue plus élevé. Ils prononcent des sentences, ils citent des proverbes où la profondeur de l'observation se produit dans un langage embaumé de la poésie la plus pittoresque. Eux enfin et tous ceux qui les entourent savent rester invariablement fidèles à la cause de l'ordre et de la tranquillité. Soit habitude de couler leurs jours dans une atmosphère paisible, soit crainte de perdre leurs modestes revenus dans des commotions politiques, soit vénération religieuse pour les droits et les pouvoirs établis par la Providence, on ne les voit presque jamais se jeter dans les révolutions comme provocateurs ou comme complices; ils sont, au contraire, dans la tourmente comme l'ancre qui retient le vaisseau social sur son lest et l'empêche de courir aux écueils. Nous en avons eu la preuve solennelle dans nos dernières tempêtes, puisque ce sont les campagnes qui nous ont sauvés des sanglantes fureurs de l'anarchie.

Ainsi se vérifie cette parole d'un ancien : « La vie des champs, sans aucune contestation, touche de près à la sagesse; on dirait qu'elles sont de même sang et de même race [1]. »

CHAPITRE IX

HISTOIRE DE QUELQUES PLANTES EXOTIQUES, ALIMENTAIRES, OFFICINALES, ÉCONOMIQUES, ETC.

§ Ier

Le Caféier (famille des Rubiacées).

Le Caféier est un élégant et frêle arbrisseau, aux rameaux ornés d'un feuillage lisse et toujours vert; ses fleurs sont blanches, groupées à l'aisselle des feuilles supérieures; elles exhalent une odeur suave. Le fruit est une baie rouge, grosse comme une Cerise, et contenant, au centre d'une pulpe douceâtre peu abondante, deux semences cartilagineuses que tout le monde connaît sous le nom de Café. Quand les fruits commencent à rougir, on fait chaque jour la cueillette, en détachant seulement ceux qui sont mûrs. A peine tout le fruit est-il cueilli, que de nouveaux boutons paraissent, comme si l'arbuste n'avait rien rapporté.

[1] Vita rustica sine dubitatione proxima et quasi consanguinea sapientiæ est. — COLUMEL. 41, præf.

Dans les serres d'Europe, le Caféier, livré à lui-même, s'élève à une hauteur de quatre à cinq mètres; aux colonies on l'arrête à un mètre ou un mètre trente centimètres, pour obtenir des fruits plus nombreux et plus beaux. La culture en est difficile et demande de grandes précautions. Il faut tenir l'arbuste à l'abri des vents, qui ébranleraient les racines, le planter de deux mètres en deux mètres, dégarnir la terre de toute plante parasite, et remplacer avec soin les sujets malades par de jeunes plants. Quand on veut faire une plantation nouvelle, on défriche un vieux bois en y mettant le feu, et la terre qui reste à découvert est la plus favorable à la culture de cet arbrisseau, dont la plus grande durée est depuis vingt jusqu'à quarante ans, après lesquels il faut abandonner cette plantation et en faire une autre : la terre est épuisée.

Fig. 32*

Cet arbrisseau, dont les graines sont devenues d'un usage si général sur la surface du globe, est originaire de l'Arabie-Heureuse[1]. C'est de là que le Hollandais Van-Horn fit transporter, en 1699, à Batavia des plants qui réussirent à merveille. Un de ces plants fut adressé en 1710 à Vitsen, consul d'Amsterdam, et déposé par ce magistrat dans le jardin botanique de cette capitale. Le jeune Caféier fleurit et donna des fruits féconds; un des

* Caféier avec sa fleur et son fruit.

1 Suivant Raynal, le Caféier est originaire de la haute Éthiopie, d'où il a été transporté dans l'Arabie-Heureuse vers la fin du XVe siècle.

individus qui en provinrent fut offert à Louis XIV; ce prince le fit placer dans les serres du jardin des Plantes. On en forma des boutures qui réussirent parfaitement, et ce fut alors que le gouvernement français entreprit d'acclimater le Caféier dans nos possessions des Antilles.

En 1720, Antoine de Jussieu, professeur de botanique au Jardin, remit trois pieds de Caféier au capitaine Declieux, qui se chargea de les transporter à la Martinique. La traversée fut longue et pénible; l'eau manqua, deux des Caféiers moururent; le troisième fut sauvé par le dévouement du capitaine, qui se priva de sa ration d'eau pour arroser son arbuste. C'est ce pied qui a fourni les graines et les plantes qui se sont répandues dans toutes les parties des Antilles, où le Caféier reçut en peu de temps une culture générale; cinquante ans après, l'Europe venait s'y approvisionner de Café, et l'apparition inattendue de cette production avait fait naître un goût qui a toujours augmenté depuis.

Le Café le plus recherché est celui de Moka en Arabie; on le reconnaît facilement, parce que sa graine est petite et ronde. Cette forme ronde vient de ce que, par une singularité remarquable, une des graines avorte, et que l'autre peut s'arrondir dans la pulpe. Cette espèce est celle qui procure la boisson la plus suave et la plus agréable; c'est par conséquent la plus rare, la plus chère et la plus estimée. Viennent ensuite deux espèces qui se disputent le second rang : le Café de Bourbon et celui de Cayenne. Cette dernière, dont on a fait un grand éloge, est peu connue, parce que jusqu'à présent les Américains ont consommé tout ce que cette colonie a pu produire. Le Café de la Martinique est particulièrement estimé, et beaucoup de personnes le préfèrent même à celui de

Bourbon. Enfin vient le Café de Saint-Domingue et des autres îles sous le Vent.

En moins d'un siècle, la culture du Café est devenue une source immense de richesses pour nos colonies. Dès l'année 1776, on évaluait à seize millions de kilogrammes de Café la quantité que la seule partie française à Saint-Domingue exportait en France[1]. La consommation du Café en Angleterre est d'environ 10,000 tonneaux; en France, 20,000; en Belgique et en Hollande, 40,000; en Portugal et en Espagne, 10,000; en Allemagne et dans les États-Unis, 5,000; ce qui fait une consommation totale de 85,000 tonneaux[2].

On ne connaît pas d'une manière certaine l'histoire de la découverte des vertus du Café; selon les uns, des Chèvres ayant brouté de jeunes pousses de Caféier passèrent la nuit à cabrioler, et révélèrent ainsi le Café au berger qui les gardait. Selon quelques autres, le prieur d'un couvent de Maronites, ayant par hasard mangé un grain de Café et n'ayant pu dormir la nuit suivante, eut l'idée d'en faire prendre à ses religieux, pour leur faciliter les moyens de lutter contre le sommeil pendant les matines. Suivant les sectateurs de Mahomet, ce fut le

1 En 1834, la France a introduit sur son territoire 20,011,733 kilog. de café, valant 18,887,624 fr., et dont 10,893,721 kilog. ont été consommés, en produisant pour le trésor un revenu de 10,222,531 fr. En Angleterre, la consommation de cette denrée, grâce surtout à la diminution du droit dont elle était chargée, est devenue quarante fois plus considérable qu'elle n'était au commencement de ce siècle.

2 De cette grande quantité, les colonies anglaises, dans les Indes, ne produisent que 13,390 tonneaux, tandis que l'île de Java produit seule 40,000 tonneaux; Cuba, environ 15,000; Saint-Domingue, 16,000; les colonies hollandaises, dans les Indes, 5,000; les colonies françaises et l'île Bourbon, 8,000; et les possessions dans le Brésil et la Nouvelle-Espagne, au delà de 32,000 tonneaux.

mollah Chandelly qui usa le premier de cette boisson, afin de prolonger ses prières nocturnes; bientôt il fut imité par les derviches, les gens de loi, etc. Le Café était déjà en crédit à Constantinople en 1550, et les Arabes en vendaient au Caire sous le nom de *Caovâ*.

Il existe dans la graine du Caféier un principe aromatique qui excite les fonctions des organes digestifs, et surtout celles du cerveau; cette influence spéciale du Café sur les facultés intellectuelles a été du reste exagérée[1]. Pour que cette boisson soit salutaire, il faut la prendre pure; mélangée avec de la crème et du lait, elle est nuisible en certains cas.

§ II

Le Thé (famille des Théacées).

Linné distingue deux sortes de thé, le Thé *vert* et le Thé *bou;* mais plusieurs auteurs, qui avaient observé ces végétaux dans leur pays natal, et dont les naturalistes modernes adoptent généralement l'opinion, n'admettent qu'une seule espèce de Thé, à laquelle ils rapportent toutes les autres comme des variétés dues à l'influence du sol, du climat ou de la culture.

La hauteur du Thé varie de un à dix mètres. Ses tiges

[1] On connaît les vers de l'excellent versificateur Delille :

A peine j'ai senti la vapeur odorante,
Soudain de ton climat la chaleur pénétrante
Réveille tous mes sens; sans trouble, sans chaos,
Mes pensers plus nombreux arrivent à grands flots.
Mon idée était triste, aride, dépouillée :
Elle rit, elle sort richement habillée,
Et je crois, du génie éprouvant le réveil,
Boire dans chaque goutte un rayon de soleil.

se divisent en un grand nombre de rameaux diffus; ses feuilles, semblables à celles du Camellia, sont alternes, lisses, unies et sans aucun poil, coriaces, d'un vert foncé, ovales, oblongues, dentelées vers le sommet, longues de six à neuf centimètres, et portées sur un pétiole très-court. Les fleurs sont blanches et naissent dans les aisselles des feuilles, tantôt solitaires et tantôt réunies sur un pédoncule plus ou moins allongé. Le fruit est une capsule à trois coques et de la grosseur d'une noisette. Chacune de ces coques renferme une graine huileuse, d'une saveur amère et désagréable.

Fig. 33 *.

Le Thé paraît être originaire du midi de la Chine; mais on le cultive dans cet empire depuis Canton jusqu'à Pékin, où l'hiver est plus rigoureux qu'à Paris. Si donc le Thé ne se soutient pas dans le nord de la Chine, il faut l'attribuer sans doute à la température peu élevée

* Thé en fleur.

des étés. Les Chinois et les Japonais le mettent en plein champ; mais il se plaît particulièrement sur la pente des coteaux exposés au midi et dans le voisinage des rivières et des ruisseaux. Lorsque les jeunes plants obtenus de semis ont atteint l'âge de trois ans, on peut en cueillir les feuilles; à sept ans, ils n'en produisent plus qu'une petite quantité; alors on recèpe le tronc, qui repousse du pied et donne bientôt de nouvelles feuilles avec abondance.

Lorsque la saison de cueillir les feuilles de Thé est arrivée, on loue des ouvriers, qui, accoutumés à ce travail, exécutent leur tâche avec autant d'habileté que de promptitude : ils ne les arrachent pas par poignée, mais une à une, en observant de grandes précautions. Quelque minutieux que soit ce travail, on en ramasse ainsi depuis deux jusqu'à cinq et même huit kilogrammes par jour. Les feuilles les plus estimées sont celles que l'on récolte à la fin de février ou dans le commencement de mars, lorsqu'elles sont encore tendres et non entièrement développées : c'est le *Thé impérial*. On le réserve pour les princes, les grands et les riches. La seconde récolte a lieu un mois plus tard : on prend alors indistinctement toutes les feuilles; ensuite on les trie et on les assortit selon leur âge, leur proportion et leur qualité.

Enfin, un mois après cette seconde récolte, on en fait une troisième et dernière, la plus productive et en même temps celle qui donne le Thé le moins recherché. Des fêtes publiques et des divertissements signalent l'achèvement de la moisson.

Il y a au Japon des établissements publics pour la préparation du Thé, et où toute personne qui n'a pas les commodités convenables, ou qui manque de l'intelligence nécessaire pour cette opération, porte ses feuilles à mesure qu'elles sèchent. Là on les met très-fraîches, par plusieurs kilogrammes à la fois, dans une espèce de poêle en fer, mince, large, peu profonde, et chauffée au moyen d'un fourneau destiné à cet usage. On agite les feuilles et on les retourne continuellement avec les mains, pour qu'elles se torréfient aussi également que possible. La chaleur leur fait perdre la qualité endormante et nuisible que leur suc naturel leur communique. En Chine, on trempe les feuilles dans l'eau bouillante pendant une demi-minute, avant de les rôtir; puis, en sortant de la poêle, elles sont distribuées à des individus chargés spécialement du soin de les rouler, avec la paume des mains, sur des tables recouvertes de tapis tissus de brins de joncs très-déliés. Il faut continuer l'opération rapidement jusqu'à ce qu'elles soient refroidies; car elles ne se roulent que quand elles sont chaudes. Il y en a que l'on rôtit et que l'on roule jusqu'à cinq fois, en diminuant graduellement l'intensité du feu. Par ce moyen, elles conservent mieux leur couleur verte et sont moins sujettes à s'altérer.

Le Thé frais a une propriété enivrante qui agace et irrite les nerfs, et que la torréfaction ne lui enlève pas complétement. Les Chinois le regardent comme très-salubre, et le prennent sans sucre ni autre mélange. Il est certain toutefois qu'il ne convient pas à tous les tempéraments. Les médecins sont partagés sur les avantages et les dangers d'un usage habituel et journalier de cette boisson; on fait bien, dans tous les cas, de l'interdire aux enfants, aux jeunes personnes, et, en général, aux estomacs délicats.

On distingue dans le commerce huit sortes de Thé

principales, dont trois de Thé *vert*, et cinq de Thé *bou*, en observant que ce dernier n'est pas le même que celui auquel les Chinois ont donné le même nom. Ce sont les Hollandais qui ont les premiers introduit le Thé en Europe, au commencement du XVIIe siécle. On estime qu'il s'en importe aujourd'hui annuellement pour plus de cent vingt-cinq millions en Europe. L'usage du Thé comme boisson remonte, au Japon et en Chine, à la plus haute antiquité, et il y est tellement répandu parmi toutes les classes d'habitants de ces deux empires, que, suivant l'assertion de lord Macartney, quand même les Européens en abandonneraient le commerce, cela n'en ferait pas beaucoup baisser la valeur.

§ II

Le Cacaoyer (famille des Malvacées).

Le Cacaoyer est originaire de l'Amérique méridionale; c'est un arbre qui peut s'élever de dix à treize mètres, selon la nature du sol. Il a à peu près le port d'un Cerisier de moyenne taille. Son tronc, dont le bois est tendre et léger et l'écorce couleur de cannelle, se divise en un grand nombre de ramifications grêles et allongées, sur lesquelles il existe des feuilles alternes entières et courtement pétiolées : elles se renouvellent sans cesse, de sorte que l'arbre n'en paraît jamais dépouillé. Il est aussi chargé en tout temps, mais particulièrement aux deux solstices, d'une grande quantité de fleurs petites, rougeâtres et sans odeur, disposées en faisceaux; quelques-uns de ces groupes ou faisceaux naissent sur le tronc et les grosses branches, et, chose remarquable, ce sont les seuls dont les fleurs soient fécondes et donnent des fruits, tandis que toutes les fleurs qui se développent sur les jeunes rameaux sont stériles.

Le fruit est une capsule coriace, ayant à peu près la forme d'un concombre, quelquefois mamelonné à son sommet, marqué de dix sillons longitudinaux, ayant une surface inégale et raboteuse, tantôt jaune, tantôt rouge, suivant les variétés. L'intérieur est divisé en cinq loges, remplies d'une pulpe gélatineuse et acide qui enveloppe des semences ou amandes un peu plus grosses qu'une olive, charnues, violettes, au nombre de vingt-cinq à quarante dans chaque fruit.

Fig. 34*.

Le Cacao faisant un objet considérable de commerce dans le nouveau continent, on apporte beaucoup de soin à la culture des Cacaoyers. Quand on veut en faire une plantation, on choisit d'abord avec intelligence le sol et l'exposition qui leur conviennent. Comme il ne leur faut ni trop ni trop peu d'air, et comme ils craignent surtout les grands vents, on les place toujours dans un lieu abrité par des arbres qui aient une certaine hauteur. S'il ne s'en trouve point autour du terrain qui leur est destiné, on en plante trois ou quatre rangs en donnant la préférence à ceux qui croissent vite, qui garnissent beau-

* Cacaoyer avec sa fleur et son fruit.

coup, et dont le produit utile puisse dédommager le propriétaire d'une partie de ses frais. Le Bananier réunit ces avantages.

On ne se contente pas d'entourer la plantation de trois ou quatre rangs de Bananiers, on en plante encore d'autres rangées dans l'intérieur, de distance en distance, et comme les jeunes Cacaoyers sont fort délicats, afin de les garantir aussi de la trop forte impression d'un soleil brûlant, on met entre chacun de leurs rangs deux rayons de Manioc; cette plante, dont la hauteur est de deux à trois mètres, forme un abri suffisant pour la première année; d'ailleurs elle fournit une bonne nourriture aux cultivateurs, et attire les Fourmis, qui la préfèrent au Cacao.

La graine de Cacao est de sept à douze jours à lever. Au bout de vingt jours, la plante a ordinairement quatorze à dix-sept centimètres de haut et cinq ou six feuilles; dix à douze mois après, elle a environ quinze feuilles et presque un mètre d'élévation. A l'âge de deux ans, les jeunes Cacaoyers commencent à fleurir; ils ont alors environ un mètre et demi. De crainte qu'ils ne s'affaiblissent en produisant trop tôt du fruit, on retranche avec soin ces premières fleurs, et même les secondes et les troisièmes, qui viennent six mois à un an après; enfin on n'en laisse fructifier aucune avant la troisième année, et même alors on n'en souffre qu'un petit nombre, toujours proportionné à la force des arbres. Il s'écoule ordinairement quatre mois entre la chute des fleurs et la maturité du fruit; elle est indiquée par la couleur de son enveloppe, qui jaunit sur le côté exposé au soleil. A huit ans, chaque pied donne à peine vingt-huit à trente boutons; mais quand ces arbres sont en pleine crue et vigoureux, ils produisent quelquefois chacun, dans une saison, deux cent à deux cent cinquante *cabosses* (c'est le nom du fruit). Ils sont communément couverts de fleurs et de fruits toute l'année. Cependant on en fait deux récoltes principales, l'une au milieu de l'été, la seconde au milieu de décembre : celle-ci est la plus abondante. Plantés dans un bon terrain et soignés convenablement, les Cacaoyers peuvent fructifier pendant vingt-cinq à trente ans.

On met les fruits en tas à mesure qu'on les recueille. Au bout de trois à quatre jours, et sur le lieu même, on casse les *cosses* ou écorce du fruit, on en retire les amandes, et, après les avoir dégagées de la chair mucilagineuse qui les enveloppe, on les transporte à la maison. Elles sont mises dans des paniers, des tonneaux, des auges de bois, où on les laisse quatre à cinq jours, pendant lesquels on les retourne tous les matins. Il s'opère alors une fermentation qui les empêche, dit-on, de germer à l'humidité. Plus le Cacao ressue, plus il perd de sa pesanteur et de son amertume. Après cette opération, on fait sécher ces amandes au soleil ou au vent, puis on les enferme dans des boîtes ou dans des sacs qu'on tient dans un lieu sec jusqu'à ce qu'on ait occasion de les vendre. C'est le fruit le plus oléagineux que la nature produise, et il a l'avantage de ne jamais rancir, quelque vieux qu'il soit.

En évaluant le produit de chaque arbre à un kilogramme d'amandes sèches, et leur vente à trente-huit centimes le demi-kilogramme, on retire soixante-quinze centimes de chaque arbre : vingt nègres peuvent entretenir cinquante mille Cacaoyers.

Dans l'état frais, les graines de Cacao ont une saveur âpre et amère qui n'a rien d'agréable. Pour la leur faire perdre en grande partie, on les grille dans des poêles de fer ou des cylindres nommés vulgairement *brûloirs*. Elles acquièrent alors une saveur agréable, douce, onctueuse. C'est avec ces graines ainsi torréfiées que l'on prépare le Chocolat. Pour cela, on les prive de leur enveloppe crustacée, et on les pile dans un mortier de fer que l'on a préalablement chauffé. Après en avoir fait une pâte grossière, on y mélange une égale quantité de sucre en poudre, et l'on broie de nouveau la pâte sur des pierres de liais, au moyen de cylindres de fer. On coule ensuite cette pâte encore molle dans des moules. Ainsi préparé, le Chocolat porte le nom de *Chocolat de santé;* mais généralement on y ajoute quelques aromates, tels que la Vanille et la Cannelle, qui en relèvent la saveur et en facilitent la digestion.

Les habitants de l'intérieur du Mexique, avant la découverte de l'Amérique, faisaient griller le Cacao, le mettaient en poudre, le mêlaient avec de la racine de Maïs, formaient du tout, à l'aide de l'eau chaude, une pâte qu'ils aromatisaient avec du piment et qu'ils coloraient avec du roucou : cette boisson, qu'ils nommaient *Chocolat*, était d'un goût si sauvage, qu'un soldat espagnol dit qu'il ne s'y serait jamais habitué de sa vie, si le défaut de vin ne l'y eût pas forcé, la préférant encore à l'eau pure. Nous avons singulièrement perfectionné la fabrication de cet *aliment des dieux* (Theobroma), comme l'appelait Linné. On retire par expression des amandes du Cacao une huile épaisse nommée *beurre de Cacao*. Cette huile ne rancit point; c'est un excellent cosmétique. Il rend la peau douce, polie, sans laisser rien de gras ni de luisant. Les amandes de Cacao confites sont un mets délicat qui fortifie l'estomac sans échauffer.

§ IV

La Canne à sucre (famille des Graminées).

La nature, après avoir employé les graminées les plus humbles à couvrir la nudité de la terre, les avoir réunies en gazon sur la pente des collines, préparé pour les bestiaux une nourriture abondante, fourni à l'homme lui-même, dans les céréales, le plus précieux de ses aliments, a mis le comble à la richesse de ses dons par la production de ces espèces, presque arborescentes, dont les tiges renferment une liqueur délicieuse, telle qu'on la trouve dans le Bambou, le Sorgho, le Maïs, etc., mais qui n'est nulle part plus abondante que dans la canne à sucre. Aussi n'est-il point, après les Céréales, de genre plus intéressant que celui-ci, composé de grandes et fortes espèces. L'élévation et la grosseur de leur chaume, l'ampleur de leur panicule, leurs fleurs argentées et soyeuses, suffiraient seules pour en faire un des plus riches ornements de la nature champêtre; mais nous ne possédons en Europe de ce beau genre qu'une ou deux espèces; encore n'ont-elles pour elles que leur élégance, tandis que les autres sont, dans les brûlantes contrées des Indes, une source de richesses, et, pour toutes les nations, l'aliment le plus agréable, le plus généralement recherché. Ces belles plantes ne sont cependant que de simples graminées élevées par la nature à cet éclat de beauté dont elle a décoré les plantes ornées de corolle. Ici l'on ne voit, à la vérité, que des écailles enveloppées de duvet; mais quelle élégance, lorsque, réunies en une ample panicule, elles s'agitent au milieu des campagnes comme de brillantes aigrettes.

Les tiges de la Canne à sucre (*Saccharum officinarum*, Linn.) sont épaisses de trois à neuf centimètres et hautes de deux à trois mètres et plus. Elles sont élégamment divisées par nœuds assez rapprochés, ornés de larges feuilles traversées dans leur milieu par de grosses nervures blanches. Ces tiges présentent à leur extrémité une longue flèche très-lisse, qui soutient une belle panicule longue d'au moins soixante centimètres, dont les nombreuses ramifications sont chargées de petites fleurs soyeuses et blanchâtres.

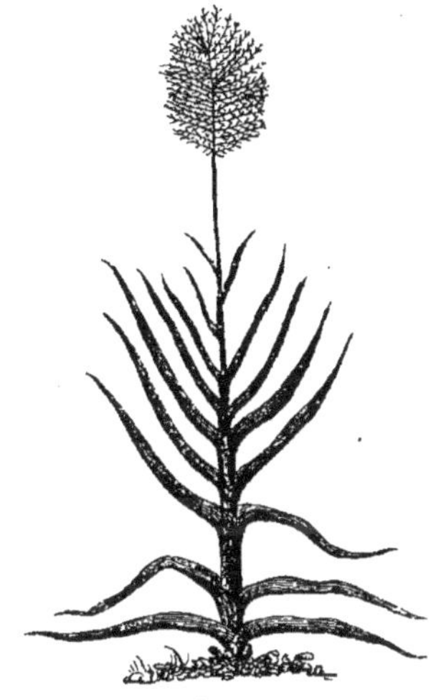

Fig. 35 *.

Sous ces dehors brillants, cette plante renferme dans ses chaumes une liqueur mielleuse, que l'homme est parvenu à convertir, par la cristallisation, en un sel concret, qui flatte tellement le palais, qu'il est devenu, sous le nom de *sucre*, d'un usage général chez toutes les nations

* Canne à sucre en fleur.

civilisées. Voici les procédés employés dans les îles pour obtenir ce sucre tel qu'il existe dans le commerce.

Lorsque les tiges sont mûres, c'est-à-dire lorsqu'elles ont environ dix-huit mois, on les coupe près de la racine, on les dépouille de leurs feuilles, on en fait des fagots et on les transporte au moulin, où elles sont pressées entre les cylindres. Les cannes ainsi pressées répandent une liqueur douce et visqueuse, appelée *miel de canne,* qui coule dans une cuve nommée *le réservoir*, d'où elle est conduite successivement dans plusieurs chaudières, dans lesquelles on la fait cuire jusqu'à ce qu'elle ait acquis une consistance de sirop. Pendant la cuisson on écume continuellement, et l'on jette de temps en temps dans la liqueur de l'eau de chaux, ou de la lessive alcaline pour faciliter la clarification.

Lorsque la liqueur est suffisamment cuite, on la verse toute chaude dans des moules ou vaisseaux de terre, qui ont la forme de cônes creux, ouverts par les deux bouts, et dont le petit trou, qui est à la pointe, est bouché avec un tampon d'étoupes ou de paille. Ce trou reste bouché pendant dix-huit à vingt-quatre heures, temps suffisant pour refroidir le sucre et pour le faire grainer ou cristalliser : on tire alors le bouchon, et le sirop s'écoule Le sucre qui résulte de cette manipulation s'appelle *sucre brut*.

Pour purifier ce sucre, on couvre la surface supérieure du moule d'une couche de terre argileuse, épaisse de deux à trois doigts. L'eau qui découle peu à peu de cette couche de terre, et qui passe à travers la masse du sucre, en lave les petits grains et les purifie de la liqueur mielleuse, grasse, tirant sur le brun, qu'elle entraîne avec elle par le petit trou. On répète plusieurs fois cette opération, lorsqu'on la juge nécessaire; on fait ensuite sécher le sucre et on le retire du moule. Il se brise en morceaux qui sont roux ou gris; c'est ce qu'on appelle *mouscouade.* Lorsque la mouscouade a subi de nouveaux degrés de purification, on la nomme *cassonade.* C'est dans cet état qu'on le transporte en Europe. Là on redissout cette cassonade dans de l'eau, on y mêle du sang de Bœuf et des os de Cheval réduits en charbon; on fait bouillir cet *horrible mélange;* le sang se coagule par la chaleur, et enveloppe dans l'écume insoluble qu'il forme toutes les matières terreuses de la cassonade; le charbon d'os, qui possède la faculté inexplicable de détruire la couleur des liquides sans altérer leur goût, décolore le sirop en même temps que le sang de Bœuf le purifie; on sépare enfin le liquide, purifié et incolore, de toutes ses écumes; on le fait évaporer, on le verse dans des vases de forme conique, où il se refroidit, puis il se cristallise, et l'on a ce qu'on appelle le *sucre en pain* ou *sucre raffiné;* c'est le plus pur, le plus blanc et le plus brillant.

Le sucre pris avec modération est un aliment très-sain, agréable et nourrissant. Il excite l'appétit, donne du stimulant aux substances fades ou froides, en facilite la digestion; il adoucit tout ce qui est âpre ou âcre, émousse les acides, entre dans toutes les infusions théiformes. Ses usages sont extrêmement nombreux. Plusieurs arts s'occupent à l'envi de lui faire subir les formes et les modifications les plus propres à flatter le goût : on l'emploie pour confire et conserver les fruits pulpeux, et autres substances végétales alimentaires. On l'associe avec avantage à diverses matières nutritives, dans les crèmes, les beignets, les compotes, etc. Il est de première nécessité pour les limonadiers, dans la préparation des glaces, des sorbets, de la limonade et du punch; les confitures s'en sont emparées à leur tour; on a trouvé l'art, en le mêlant avec d'autres substances, d'en former des pâtes, des dragées, des liqueurs, des sirops, etc. Il a la propriété remarquable de prévenir les accidents de l'empoisonnement par le vert-de-gris, et de neutraliser complétement l'action de ce poison, lorsqu'il est pris immédiatement. On en retire par la distillation une liqueur alcoolique connue sous le nom de *rhum*. Enfin le sucre est un des principaux objets du commerce qui s'exerce entre l'ancien et le nouveau monde, entre les colonies et leurs métropoles; il est employé à tant d'usages divers, sous les rapports médical, diététique, pharmaceutique, économique, qu'il est devenu pour toutes les nations civilisées un objet de première nécessité.

§ V

L'Indigotier (famille des Légumineuses).

Après les grains, les prairies, les vignes, le bois, le Chanvre et le Lin, la culture des plantes tinctoriales paraît être celle qui mérite le plus de considération. Un Français, Dambourney, par une suite de recherches et d'expériences, a obtenu de nos végétaux indigènes plus de neuf cents nuances les plus belles et les plus solides.

Parmi les plantes employées dans la teinture, l'Indigotier occupe un des premiers rangs; c'est lui qui fournit cette belle couleur bleue, connue sous le nom d'Indigo, si utile aux arts et à l'industrie.

On regardait autrefois, en Europe, l'Indigo comme une espèce naturelle de pierre de l'Inde, ce qui lui fit donner le nom d'*Inde*, d'*Indic* ou de *Pierre indique*. On n'a bien connu sa nature et sa fabrique que depuis les conquêtes des Européens dans les Indes et après la découverte de l'Amérique. Cependant, avant ces deux époques, on en faisait vraisemblablement en Arabie et en Égypte, ou du moins on en tirait de ces contrées; mais les habitants en cachaient avec soin l'origine ou la manipulation.

Parmi une trentaine d'espèces d'Indigotiers, la plus intéressante est l'Indigotier *franc*, petit arbuste de soixante centimètres à un mètre de haut. Les fleurs sont petites,

Fig. 36 *.

d'un vert pourpré, et disposé en grappes. Les fruits sont des gousses grêles, longues d'un à deux centimètres. Cette plante croît dans les Indes orientales; on la cultive dans les Antilles et sur plusieurs points de l'Amérique méridionale: c'est elle qui fournit l'Indigo le plus estimé.

* Indigotier, fleur et fruit.

En Amérique, la culture de l'Indigo rivalise presque avec celle du sucre et du café, quoiqu'elle soit moins productive. Comme il est avantageux pour sa végétation de le mettre, par des moyens naturels ou artificiels, à l'abri des grands vents, on le sème de préférence sur le bord des bois, dans les vallons; et lorsqu'on ne le peut pas, on l'entoure d'une lisière de roseaux ou d'autres grandes plantes d'une rapide croissance. L'Indigotier craint la sécheresse; mais il craint aussi les pluies fortes ou prolongées, qui font, à la vérité, prospérer la plante, mais qui empêchent la fécule de se former.

Trois mois après les semailles, les premières fleurs commencent à paraître; c'est le temps de couper l'Indigo. Une seconde coupe se fait six à sept semaines plus tard, puis une troisième, et quelquefois plus, selon la nature du terrain. En Égypte, on en obtient chaque année quatre coupes : deux avant, deux après la crue du Nil.

Les procédés employés pour retirer des feuilles et des tiges la fécule de l'Indigo, ne sont point partout les mêmes. A Saint-Domingue, un établissement destiné à la fabrication de l'Indigo est composé de trois cuves élevées l'une au-dessus de l'autre, de manière que l'eau contenue dans la première puisse se vider dans la seconde, et de celle-ci dans la troisième. Un petit vase est placé entre les deux dernières cuves, dans le but de recevoir la fécule qui en sort.

On place les tiges et les feuilles de l'Indigo dans la cuve la plus haute, et, quand elles sont recouvertes de huit à dix centimètres d'eau, on fixe par-dessus des planches pour empêcher l'Indigo d'être rejeté au dehors par l'effet de la fermentation. Lorsque la fermentation est parvenue au degré convenable pour la préparation de la fécule, on fait passer toute l'eau de la première cuve dans la seconde, en l'agitant en tout sens pendant deux à trois heures, au bout desquelles la fécule s'est précipitée; on fait écouler l'eau, et l'Indigo, qui ressemble alors à une fécule noire liquide, est reçu dans le petit vase dont nous avons parlé.

Cette fécule est exposée à l'air et au soleil, puis enfermée dans une barrique, où elle éprouve une nouvelle fermentation, et enfin exposée de nouveau au dehors, pour qu'elle arrive à cet état de dessiccation et de consistance où nous voyons ordinairement l'Indigo. C'est alors que, réduit en masses solides, légères, cassantes, d'un bleu d'azur très-foncé, il peut entrer dans le commerce sans avoir à subir de déchet ni d'altération. L'Indigo de Guatemala est le plus estimé; celui de Saint-Domingue ne vient qu'en second lieu.

C'est en Égypte qu'on emploie la méthode la plus simple, la plus sûre et la plus économique pour la fabrication de l'Indigo. On jette les tiges et les feuilles dans de grandes chaudières remplies d'eau qui doivent bouillir pendant trois heures; après quoi l'eau passe tout entière dans d'autres vaisseaux, où on la bat avec de larges pelles jusqu'à ce qu'elle soit précipitée; ensuite on retire l'eau avec précaution et l'on fait sécher la pâte. L'ébullition produit ici le même effet que la fermentation, sans jamais exposer le cultivateur à perdre le produit de sa récolte, comme il arrive souvent en Amérique quand l'opération de la fermentation n'est point conduite au point convenable.

L'Indigo est d'un usage si répandu, si précieux, et son prix s'élève si haut lorsque les relations commerciales sont interrompues, qu'on s'était proposé, il y a quelques années, d'en essayer la culture dans les départements du midi de la France; cet essai n'a pas réussi. Mais depuis la conquête d'Alger, on peut espérer que ce beau fait d'armes n'aura pas seulement servi à détruire un repaire de forbans qui désolaient la Méditerranée. En effet, le climat et le sol d'Alger conviennent parfaitement à plusieurs cultures qui forment la richesse des colonies, et tout indique que l'Indigotier est un des arbustes qu'il serait avantageux d'y transplanter.

§ VI

Le Cotonnier (famille des Malvacées). — Voyage d'un kilogramme de coton.

Parmi les immenses productions du règne végétal, il n'en est pas une peut-être que l'on puisse comparer au coton pour l'utilité. Un très-grand nombre d'arbres, d'arbrisseaux et d'herbes surtout, sont consacrés à la nourriture de l'homme; mais il existe peu de plantes qui lui fournissent des matériaux pour se vêtir. Parmi celles-ci on doit, sans aucun doute, placer le Cotonnier au premier rang. Le Chanvre et le Lin procurent, il est vrai, aux habitants des contrées froides et tempérées de l'Europe, de grandes ressources pour leur habillement et pour l'entretien de plusieurs arts. Mais l'écorce gommeuse de ces herbes exige, pour être transformée en fil, diverses préparations longues et pénibles, tandis que le coton s'offre à l'habitant des deux Indes comme tout préparé par les mains de la nature. La finesse du fil et l'éclatante blancheur de cette bourre soyeuse invitent l'homme de ces contrées à la cueillir, et sollicitent ses soins pour la reproduction et multiplication de l'arbre ou arbrisseau charmant qui la donne. Aussi n'est-il point de plante dont la culture soit généralement plus répandue dans les quatre parties du monde, principalement en Asie et en Amérique.

Le Cotonnier est un genre de la même famille que ces Althea et ces belles Roses trémières qui ornent nos jardins. Les semences sont entourées de filaments soyeux, crépus, garnis de petites dentelures visibles au microscope. Ce sont ces dentelures qui rendent le coton si facile à filer et à tisser, et qui expliquent comment ces tissus irritent et égratignent les peaux délicates et les blessures [1]. La même observation a lieu pour le poil des ani-

Fig 37 *.

* Cotonnier.

1 Cette circonstance de structure est une des raisons qui doivent faire considérer les étoffes de coton comme plus saines en général que celles de lin et de chanvre. En effet, les petits intervalles que laissent entre elles ces dentelures sont très-propres à emprisonner de l'air, qui oppose un obstacle de plus à la déperdition du calorique émanant du corps ; et elles sont comme autant de tubes capillaires qui, en absorbant la sueur, l'empêchent de se condenser et de se refroidir sur la peau. A ces avantages le coton joint celui de s'allier dans toutes sortes de proportions avec la laine, la soie, le lin et le chanvre ; il est aussi plus apte que ces deux derniers à recevoir la teinture, et il conserve plus longtemps l'éclat des couleurs. Le coton s'est acquis la faveur de tout le monde, grands ou petits, riches ou pauvres ; il a revêtu les formes les plus variées, depuis la transparente mousseline jusqu'à la grosse couverture de lit, entre lesquelles se placent le basin, le nankin, le piqué, le velours, la futaine, le linge de table uni ou damassé, la percale, le calicot, la voile de navire, etc. etc., et dans une autre série, depuis le fil à coudre le plus délié jusqu'à la corde, ou depuis le bas à jour jusqu'à l'épais tricot. En 1835, l'importation des cotons a été en Angleterre de 161,688,850 kilog., et la consommation de 147,559,060 kilog.; en France, l'importation et la consommation se sont élevés à 38,759,819 kilog. En 1836, les États-Unis ont produit 225 millions de kilog. et consommé près de 40 millions. Ils fournissent à la consommation générale des fabriques européennes les deux tiers des 250 millions de kilog. qui s'y engouffrent maintenant dans l'espace d'une année.

maux; ceux qui sont dentelés peuvent seuls être feutrés.

Nous sommes loin du temps où les hommes vivaient et mouraient comme les plantes dans l'endroit qui les avait vus naître. Depuis un siècle surtout, l'espèce humaine a pris le goût des voyages, et court le monde sans tenir compte des distances autrement que les dieux d'Homère. Un bourgeois de Calcutta né sur les bords de la Tamise, tourmenté par la fièvre des jungles et l'ennui des richesses, va maintenant chaque année changer d'air au cap de Bonne-Espérance, sans s'inquiéter des défenses du géant Adamastor, ni des tempêtes qui firent pâlir Vasco de Gama; le roi des îles Sandwich vient avec sa femme au spectacle à Covent-Garden; des Russes traversent diamétralement l'Europe et l'Asie, pour aller chasser aux loutres en Amérique; des bandits échappés au gibet mécanique du nouveau Tyburn et à la glèbe de Botany-Bay servent de chambellans à la plupart des petits monarques de la Polynésie; des femmes de chambre anglaises, en spencer rose et l'ombrelle à la main, se promènent parmi les ruines de Thèbes, et foulent les débris de la grandeur des Pharaons; des pandours sont en vedette sur les rochers de Charybde et de Scylla; des marchands de Londres sont assis sur le trône d'Aureng-Zeb; et l'on a vu des sauvages de la haute Asie nourrir leurs chevaux avec l'écorce des arbres des Champs-Élysées.

Mais de tous les voyages que font entreprendre la curiosité, l'amour du luxe ou l'ambition, il n'en est point de comparables, par leur étendue, l'influence qu'ils exercent et l'importance de leurs succès, au simple transport du produit d'un frêle arbrisseau, aux voyages que fait faire une industrie presque nouvelle à cette laine du Cotonnier, dont les métamorphoses sont innombrables comme nos besoins et nos désirs. Si l'on en écrivait l'histoire, un volume entier suffirait à peine. Essayons d'en tracer en quelques lignes seulement un bref itinéraire.

De mille points divers des deux hémisphères, il est envoyé chaque année, dans les îles Britanniques et en France, plus de cent millions de kilogrammes de coton en laine.

Dans les cinquante millions de kilogrammes de coton en laine que reçurent, en 1818, les magasins de Calcutta, un, entre autres, provenait des nouvelles cultures de la province de Delhy. L'arbrisseau qui l'avait fourni venait de prospérer pour la première fois dans un sol frappé depuis un siècle d'une aridité désastreuse, mais maintenant devenu fertile par les admirables travaux d'un canal d'irrigation de deux cent quarante kilomètres de longueur. Le cultivateur qui l'avait recueilli était un de ces Bheels célèbres, il y a quelques années, par la férocité de leur caractère et l'audace de leurs brigandages, et comptés aujourd'hui parmi les laboureurs indiens les plus intelligents et les plus hospitaliers.

Descendu du Jumma dans le Gange, pour arriver dans la riche métropole de l'Inde britannique, notre cargaison pouvait recevoir quatre destinations fort différentes. Portée à la Chine, elle fût entrée dans ces cinquante millions de kilogrammes de coton que l'Angleterre vend annuellement sur le marché de Canton, et qui, joints à ses objets manufacturés, lui obtiennent douze millions de kilogrammes de thé, achetés au prix d'un franc quatre-vingts centimes et cédés à douze francs aux consommateurs du continent. Embarquée sur des navires américains, elle aurait fait partie de cette réexportation de produits étrangers qui procure aux États-Unis un trafic de cent cinquante millions en sus de la vente de leurs produits indigènes. Envoyée en Europe, peut-être eût-elle été changée dans les fabriques françaises en un de ces tissus charmants dignes de la faveur de la mode et des honneurs du Louvre. Mais elle prit le chemin de l'Angleterre, et fit partie de ces cent millions de kilogrammes de coton qui y sont transportés annuellement des seuls ports de Calcutta et de Bombay, pour être dirigés ensuite vers toutes les contrées du monde, tributaires de l'industrie britannique. Débarqué à Londres, le kilogramme unique dont nous nous occupons fut envoyé dans le comté de Lancastre, à Manchester, pour y être filé par l'une des trois cents machines à vapeur de cette ville riche et populeuse. La perfection des moyens employés pour cette opération est si grande, qu'on en tira sept cents écheveaux de fil, chacun de huit cent quarante mètres, ce qui donne une longueur de cinq cent quatre-vingt-huit kilomètres.

Après cette métamorphose, il fut envoyé à Paisley, en Écosse, dans une fabrique d'où sortent chaque semaine cinq cent mille aunes de tissus. L'étoffe qu'on en fit fut transportée dans le comté d'Ayr, afin d'y subir quelques préparations; elle revint ensuite à Paisley, pour y être rayée élégamment par des procédés compliqués, mais prompts et ingénieux. On fut obligé, pour la broder, de recourir aux ateliers de Dumbarton, dont l'habileté n'a point de rivale dans ce genre de travail. Il fallut lui faire faire un autre voyage pour la blanchir à Renfrew; elle en partit pour retourner à Paisley, afin d'y recevoir une nouvelle façon. Toutefois ce fut à Glascow qu'on la termina, et qu'elle fut préparée pour la vente. Expédiée de ce port, elle arriva enfin à Londres, et devint l'un des atomes dont est formé le colosse du commerce britannique.

Il s'était alors écoulé quatre ans depuis que le cultivateur indien avait recueilli sur ses Cotonniers les flocons qui en étaient la matière première. Transformé maintenant, par le concours de la mécanique, de la chimie et du dessin, en un tissu de la plus grande beauté, ce produit végétal allait repasser les mers avec une valeur triplement décuple. Sans le secours des arts, il n'aurait peut-être servi que sous la forme d'une mèche grossière, pour assister quelque savant dans ses veilles infructueuses; mais, par une longue suite d'ingénieuses opérations, il peut aujourd'hui plaire au monarque asiatique, embellir les odalisques du sérail, ou séduire les républicaines de l'Amérique méridionale par le charme irrésistible du luxe de l'Europe. Pour l'acquérir, l'Inde elle-même, qui le produisit, donnera mille fois la valeur qu'elle en obtint autrefois; la Chine suspendra la rigueur de ses lois prohibitives, et les mines du Mexique et du Potose ouvriront leurs trésors. Mais, pour produire ces effets merveilleux, il a fallu que, par le plus étrange assemblage de circonstances, le produit naturel dont il est formé, traversant dans un espace de cent vingt myriamètres les plaines de l'Indoustan, franchît ensuite treize cents myriamètres de mer pour surgir dans les îles Britanniques; que là, en parcourant plus de cent vingt par des canaux, des chemins de fer et des charrois accélérés, il devînt l'objet du travail de plus de cent cinquante personnes, qui lui doivent d'échapper à la misère dont les maux dévorent la population des plus beaux pays du midi de l'Europe. Il a fallu de plus, dans un ordre d'événements supérieurs, que l'empire du Mogol devînt l'héritage d'une compagnie de marchands; que ses provinces fussent rendues à la fertilité et ses peuples à la civilisation, par des conquérants qui n'étaient encore que des barbares quand ceux qu'ils instruisent maintenant possédaient depuis vingt siècles les bienfaits des sciences et des arts. Il a fallu que les progrès de la navigation rapprochassent les bords du Gange de ceux de la Tamise; que les forces humaines fussent centuplées par la mécanique; que l'industrie asservît à ses besoins la puissance du feu, et que par son habileté, sa persévérance et son bonheur, l'Angleterre ait pu trouver dans les deux hémisphères des consommateurs qui lui paient annuellement pour ses cotons manufacturés l'énorme tribut de sept cent quarante millions de France, c'est-à-dire autant que tous les revenus de la monarchie autrichienne réunis à ceux de l'empire russe.

L'œuvre de la création est un enchaînement immense. Il règne dans tout ce qui existe, comme dans ce que notre faible intelligence peut saisir, une harmonie sympathique, intime, secrète, infinie et toute divine; sans cesse elle répète à la puissance intérieure qui nous anime, que tout est coordonné aux besoins et à l'admiration de la créature dominante sur la terre, pour que l'homme, incomparable par son essence, ne puisse faire un pas sans trouver une jouissance ou une amitié dans cet univers.

§ VII

Le Cocotier (famille des Palmiers).

De tous les végétaux qui contribuent à donner aux différentes contrées situées sous les tropiques un aspect qui étonne toujours les yeux de l'Européen, ceux qui réunissent le plus de grâce et de majesté sont ces Palmiers radieux, aériens par leurs formes, dont la magnifique ceinture décore la terre depuis l'équateur jusqu'au delà des tropiques, sur une largeur de plus de cinq mille kilomètres, qui présentent, dans la bonté et l'abondance de leurs fruits et leur pompe équatoriale, tout ce qui peut délecter et ravir en même temps.

Le Palmier, varié dans son feuillage comme dans ses productions, semble destiné par la nature à embellir tous les paysages, en évitant l'uniformité. Tantôt il s'élève du sein de la terre comme une gerbe de verdure, et il protége de ses palmes les fleurs les plus modestes; tantôt, montant orgueilleusement dans les airs, il domine sur tous les autres arbres. Il s'élance avec tant de majesté, que les hommes l'ont proclamé le roi des forêts[1]. Mais, soit que, s'étendant à plusieurs pieds de la tige, des branches aillent ensuite en diminuant jusqu'au sommet, de manière à former une tête élégante; soit que ces palmes, méritant le nom qui les désigne, se présentent en forme d'éventail, il réunit les dons utiles à la beauté. On le voit croître sur les rivages solitaires et sur les montagnes escarpées; il orne les plaines les plus fertiles et les rochers les plus déserts; il prodigue partout la vie, partout il nous oblige à la reconnaissance. C'est au milieu des palmes de l'Asie ou dans les contrées les plus voisines que s'est opérée la première civilisation. Ce sont aussi sans doute ces superbes végétaux qui ont fourni aux poëtes les premières comparaisons, quand il fallait peindre la grâce unie à la majesté : car il inspire encore aux Orientaux les images les plus belles et les plus nobles.

[1] Un poëte anglais, Granger, l'appelle élégamment le *Triomphe de la nature*.

Et cependant on ne connaît point dans ces climats les espèces sur lesquelles la nature a répandu toute sa magnificence; elles ne se rencontrent que dans l'Amérique méridionale, où elles donnent au paysage un caractère de grandeur inconnu peut-être dans les autres parties du monde. C'est l'aspect d'une de ces forêts de Dattiers, que l'on rencontre après avoir traversé le désert, qui fit s'écrier avec ravissement à un marchand abyssinien : *Après la mort, le paradis !* mot touchant, qui exprime assez l'effet de ces beaux arbres dans le paysage.

Nous nous bornerons à parler du Cocotier, le véritable roi des Palmiers, qui, s'élevant majestueusement comme une colonne dans les airs, montre au loin dans sa belle chevelure palmée et ondulante le phare de la vie au navigateur exténué, qui le désire, le cherche, et qui ne le découvre qu'avec l'exclamation de la joie et de la reconnaissance.

Le Cocotier, le Bananier, l'Érable à sucre, et l'Arbre à pain, qui vivent en société dans les mêmes zones, sont, par les combinaisons multipliées de leurs sucs et de leurs fruits, les bases du bonheur et de l'abondance chez les nombreux peuples qui appartiennent à cette vaste mer qui s'étend depuis les rivages de l'Afrique orientale jusqu'à ceux de l'Amérique, sur un espace de plus de deux mille quatre cents myriamètres.

Quoique tout ce que la nature nous présente dans sa libéralité soit merveilleux, le Cocotier, offre peut-être la plus grande merveille végétale qui existe sur le globe, parce que l'usage considérable que l'homme en fait dans des régions chaudes, où le travail est une souffrance, montre une prévoyance supérieure, immense, qu'on ne saurait assez adorer.

Les marins ont accordé au Cocotier des Indes ou maritime le titre pompeux de roi des végétaux. Il est célébré par tous les voyageurs, qui se complaisent à lui consacrer quelques pages de leurs relations.

Le Cocotier produit le fruit généralement connu sous le nom de *noix de cocos.* Il appartient à cette famille que Linné appelait les *princes du règne végétal.* Les Palmiers, en effet, se distinguent des autres plantes par l'élégance et la noblesse de leur port; et parmi les plus beaux de ces groupes multipliés, le Cocotier se fait encore remarquer par son stipe ou tronc élancé, ses formes sveltes, n'ayant presque jamais plus de quarante à cinquante centimètres de diamètre lorsqu'il a atteint jusqu'à vingt-cinq mètres d'élévation. Son sommet se couronne d'une douzaine de feuilles ailées, comme composées de deux rangs de larges folioles retombant avec grâce et formant par leur réunion des chapiteaux verdoyants que tiennent toujours ondulés les brises de la mer. Chaque feuille atteint jusqu'à cinq mètres de longueur; et du point central de leur attache s'élève un faisceau cylindrique, pointu, un vrai bourgeon destiné à favoriser la croissance du végétal, et qui est connu sous le nom de *chou palmiste* parmi les créoles.

Fig. 38*

Pour peindre le Cocotier avec les couleurs qui lui conviennent, il serait nécessaire de se reporter sur

* Cocotier avec sa fleur et son fruit.

quelques-unes des îles où il croît en abondance, et qui sans lui seraient inhabitées; il faudrait le considérer solitaire ou en société, élevé sur des récifs de corail, ou formant de vastes bouquets, ombrageant la cabane de l'ancien Caraïbe ou la case de feuillage du *paria;* en un mot, le voir prodiguant la vie aux peuples des nombreux archipels du grand Océan, pour lesquels il est vraiment un trésor inépuisable.

Le tronc du Cocotier, composé de fibres longitudinales, plus douces et plus serrées à la circonférence, d'après sa conformation propre, fournit des lattes excellentes, d'une flexibilité et d'une ténacité infiniment précieuses pour les divers usages industriels. Dans son entier, il est jeté sur les ravines, sur les précipices ou sur les rivières, pour servir de pont; et dans quelques contrées de l'Inde, on compose des meubles assez élégants avec le bois de Cocotier, qu'on a soin de faire durcir en l'enfonçant dans le limon gras des fleuves. Ailleurs, et notamment en Chine, il est utilisé comme bois de charpente pour la construction des édifices, dont le peu d'élévation fait la solidité. La toiture des cabanes ou *azoupa* est tirée des feuilles du même végétal tressées, ou simplement superposées. Dans quelques îles on se sert de leur parenchyme en place de papier; à Ceylan et sur la côte ferme, on les emploie journellement, après les avoir polies et égalisées en les raclant avec un couteau, pour les transformer en titres, lettres, diplômes, etc., sur lesquels on inscrit les ordres des grands ou du prince, à l'aide d'un poinçon. On fait ressortir ensuite ces caractères en passant dans les traits une sorte d'encre très-noire obtenue de la sciure du même végétal.

Les habitants des Mariannes savent tisser avec adresse

les feuilles du Cocotier et en former des paniers très-solides. Ces feuilles servent encore dans quelques contrées du fond de l'Asie, les nervures à faire des balais, leur limbe à fabriquer des parasols destinés à garantir les indigènes de l'action du soleil et de la pluie. Enfin on en compose encore des pagnes, des corbeilles, des chapeaux, et divers autres petits ouvrages d'utilité et d'agrément, mais surtout des nattes recherchées dans l'Inde par la finesse de leur travail, qu'on utilise quelquefois en place de voiles pour les navires.

En pratiquant une incision à la spathe ou enveloppe florale, et surtout en rafraîchissant journellement la plaie, on en extrait la séve, qui, s'écoulant dans des tuyaux de Bambou, donne un suc acidulé, limpide, sucré, agréable, lorsqu'on le boit frais, très-capiteux lorsqu'il a fermenté; c'est alors le vin de Palme. Exposé à l'action du soleil ou de pierres échauffées et rougies, il ne tarde pas à subir la fermentation acéteuse et produit d'excellent vinaigre; distillé, on en retire une bonne eau-de-vie. Mélangé au riz, on en obtient de l'arach. La concentration de la séve dans son état primitif donne un sirop, puis une sorte de sucre noir, dont la saveur mucilagineuse plaît singulièrement aux pauvres Indiens, qui le mêlent à un grand nombre de leurs mets recherchés dans les jours de gala. Les femmes des îles Mariannes composent avec la chair du coco un raisiné; elles le renferment dans la coque même de la noix, qu'on rend plus digne de cet usage par divers enjolivements. De ce sucre on retire à Madras et à Tranquebar, par son mélange avec la chaux et le blanc d'œuf, un mastic ou stuc qui résiste au soleil et à la pluie, et auquel le frottement donne un beau poli.

Comme tous les Palmiers, le Cocotier fournit une farine de sagou. On sait tout le parti avantageux que la médecine en retire comme aliment analeptique pour la convalescence.

Les vaisseaux perpendiculaires qui composent le stipe donnent une matière textile; on en fait des cordages qui ont offert une force de plus de vingt mille kilogrammes.

Outre le chou palmiste, qui fournit un mets très-recherché, une espèce de luxe culinaire porte quelquefois à prendre le Cocotier dans sa grande jeunesse, lorsqu'il ne dépasse pas un mètre, et à se régaler de la moelle saccharine et muqueuse dont se compose, dans son jeune âge, son tronc encore complétement herbacé.

Les fruits du Cocotier ou Cocos, suspendus en grand nombre à un régime ou spadix, sont trop bien connus dans leur forme pour que nous nous arrêtions à la décrire. L'enveloppe filamenteuse ou le brou coriace de la noix a pour destination remarquable de fournir, dans les ports des colonies d'Asie, soit une bourre avantageuse pour le calfatage, puisqu'on lui reconnaît la propriété de résister plus longtemps que notre étoupe à l'action de l'eau; soit des filaments très-propres par leur ténacité à fournir le gréement des navires qu'on y arme, et des cordages également utiles à la simple pirogue comme aux plus grands vaisseaux, et qui ont sur ceux du Chanvre cet avantage particulier, qu'ils peuvent surnager. Leur force est de quatre-vingt mille kilogrammes par cordages du diamètre de neuf fils de carret et de trois tourons.

Sous cette couche filandreuse est logée une noix dont la coque, quoique de peu d'épaisseur, est d'une dureté considérable, qui permet d'en fabriquer des vases dont l'agrément ne le cède qu'à la solidité.

Chacun sait, en effet, que la coque osseuse du coco,

rendue noire par une teinture alcaline, se transforme, dans les mains d'un ouvrier industrieux, en toutes sortes de coupes, sur lesquelles s'exercent les ressources du graveur et le talent de l'orfévre. L'opulence européenne aime à étaler à tous les yeux un service complet à café composé de noix de coco, offrant des dessins allégoriques, monté avec la délicatesse d'un travail élégant et soigné, et enrichi d'accessoires fournis par les plus précieux métaux. Le nègre marron, au contraire, grave sur sa surface l'espèce de carte grossière qui doit le guider dans les bois, en même temps qu'il en fait le réservoir de la provision de liquide qui doit le désaltérer dans sa course incertaine.

Lorsque les cocos n'ont point encore atteint leur maturité parfaite, ils offrent un liquide clair, odorant, d'une saveur sucrée-aigrelette, très-agréable, limpide et incolore comme de l'eau; ses propriétés rafraîchissantes et tempérantes ne sont pas équivoques, et il sert de boisson chez les Indiens, qui l'aiment passionnément. Aux Antilles, on s'en sert comme d'un moyen infaillible pour faire disparaître les rides du visage, et rendre la peau vermeille et satinée. Plus tard, ce liquide, dont la quantité dans chaque coco n'est pas moindre d'un litre, acquiert de la solidité, se concrète, et donne naissance d'abord à une crème onctueuse, s'altérant rapidement, puis à ce qu'on appelle chair de coco, qui, par sa blancheur éclatante, sa consistance tenace, sa saveur douceâtre, offre la plus grande analogie avec les amandes, les avelines, dont elle partage d'ailleurs la composition chimique et les propriétés.

Le centre de cette chair contient alors seulement un peu du liquide primordial qui n'a point changé d'état.

Cette substance charnue, évidemment composée d'une émulsion ou lait végétal concrété, fournit, par la macération, aux malades un beurre, ou plutôt une espèce d'huile grasse, d'une saveur très-douce lorsqu'elle est épurée, sans arrière-goût, brûlant avec une belle flamme, se figeant aisément, donnant un condiment agréable pour la préparation des mets. Cette matière sert encore à l'éclairage des habitations, et donne un savon amygdalin recherché au Brésil pour beaucoup d'usages particuliers. Ce beurre, mélangé avec le produit d'un bois de senteur, sert à former un composé pour embaumer les corps qu'on veut soustraire à la destruction.

La chair du coco, coupée par tranches, sert encore à faire des sortes de *polenta,* des soupes qu'on assaisonne de riz et de *cari,* qu'on aromatise avec le *curcuma,* tandis que le liquide émulsif qu'on en retire fournit dans toute l'Inde une boisson agréable et un médicament très-utile dans les affections inflammatoires.

Comme aliment, on peut concevoir sans peine que peu de substances végétales peuvent surpasser un fruit qui offre des principes essentiellement identiques avec ceux des animaux, d'après les belles recherches de M. Boullay, tels que les matières caséeuses et butyreuses, et dont les proportions d'albumine, de sucre, principes reconnus d'une nutrition abondante, se trouvent en quantité si remarquable.

Nous venons de voir en détail les produits infinis, pour ainsi dire, qu'un seul végétal rend à l'espèce humaine. C'est indubitablement une des plus grandes preuves de la sollicitude de la Providence. C'est surtout sur les îles pélagiennes de l'hémisphère austral, sur les groupes des îles Carolines, Moluques, etc., sur les bords de la mer, où les indigènes, étrangers à la civilisation, n'ont pour toute ressource que les secours qu'ils en retirent, que ce Palmier mérite la vénération de l'Européen. Noblesse, beauté, utilité, il réunit tous les dons départis aux végétaux les plus favorisés. Bienfaiteur empressé, son tronc, depuis l'âge de quatre à cinq ans, ne cesse de supporter des fruits complétement mûrs, d'autres qui vont mûrir, et plusieurs fois dans l'année il produit d'abondantes récoltes.

Le navigateur dévoré de scorbut, fatigué d'une nourriture salée, aborde-t-il quelques-unes des îles où les moissons et les vignobles sont confondus dans ce végétal, le banquet de la nature lui est offert, des branches de Cocotier sont les prémices de la paix, et des cocos en sont le gage.

Sous le rapport de l'agrément, rien n'égale peut-être le magique tableau d'un bandeau littoral de Cocotiers. Leur sommet compose un vaste dôme d'une verdure brillante, satinée, que supportent des fûts de colonnes d'une proportion et d'une symétrie parfaites, que souvent les Rotangs, les Lianes, les nombreuses Cucurbitacées festonnent en guirlandes, en s'élançant de l'un à l'autre. Cet arbre magnifique, qui ceint si richement le milieu du globe, sous la forme radieuse d'une brillante couronne, embellie, élargie par les autres rangs de Palmistes, offre déjà par lui seul, au milieu de cette majesté végétale, tout ce qui est nécessaire pour vêtir, abriter, nourrir et abreuver l'homme dans toute la durée des siècles. Sa noix, destinée à flotter avec les courants variés des mers pour répandre successivement ses dons partout où elle trouve une parcelle de sable pour y répandre la vie, a non-seulement la propriété de faire de grandes navigations et de conserver son germe fructificateur incorruptible, mais il fallait encore que par sa dureté elle pût résister à la violence des brisants, qui la jettent longtemps contre les roches tranchantes de corail, jusqu'à ce qu'une forte lame la fasse surgir et la porte enfin sur le sol, où, seulement alors, la nature lui permet de s'amollir, de se développer, de croître, et d'offrir à l'homme une nouvelle joie.

Tous les navigateurs qui ont parcouru la mer du Sud ont été frappés de l'aspect enchanteur de ces îles naissantes, qui grandissent avec le Cocotier, et qui se présentent au milieu et dans le silence de ce vaste Océan comme des palais, des temples aériens : c'est une délicieuse féerie de la nature, d'autant plus douce à l'homme, qu'elle lui sourit de tout ce qui peut guérir ses maux, ravir ses yeux et délecter son palais.

CHAPITRE X

TABLEAU GÉNÉRAL DES HARMONIES DE LA VÉGÉTATION A LA SURFACE DU GLOBE

> A la voix du Tout-Puissant, les végétaux parurent avec les organes propres à recueillir les bénédictions du Ciel. Depuis le Cèdre du Liban jusqu'à l'humble Violette qui borde les bocages, il n'y eut aucune plante qui ne tendît sa large coupe ou sa petite tasse, suivant ses besoins ou son poste.

Au commencement Dieu dit : « Que la terre produise les plantes verdoyantes avec leur graine, les arbres avec des fruits qui, chacun selon son espèce, renferment en eux-mêmes la semence qui doit les reproduire. » Aussitôt l'organisation se forma de la pensée du Créateur, et la vie sortit de sa parole. Les plaines se couvrirent de Graminées ondoyantes, et les montagnes de majestueuses forêts; les Saules argentés et les Peupliers pyramidaux bordèrent les rivages des fleuves, et les ombragèrent jusqu'à leurs embouchures. L'Océan même eut ses végétaux; des Algues pourprées furent suspendues en guirlandes aux flancs de ses rochers, et des Fucus, semblables à de longs câbles, s'élevèrent du fond de ses abîmes et se jouèrent dans les flots azurés. Des Cèdres et des Sapins entourèrent de leur sombre verdure la région des neiges, et agitèrent leurs cimes autour des glaciers qui couronnent les pôles du monde. Chaque végétal eut sa température, depuis la Mousse qui, ne vivant que des reflets de l'astre du jour, tapisse le granit du Nord et offre, au sein de la zone glaciale, une chaude litière au Renne qui voiture et nourrit le Lapon, jusqu'au Palmier qui, bravant les ardeurs de la zone torride, donne de l'ombre et des fruits rafraîchissants à l'Arabe et à son Chameau : chaque site eut son végétal, chaque animal son aliment, et chaque homme son empire.

Tout étant créé et ordonné par la Sagesse éternelle, la terre a vu, dans son admirable origine, ses montagnes, ses coteaux, une partie de ses plaines, magnifiquement couronnés de forêts destinées à nourrir, à protéger tout ce qui devait respirer sous leur vivifiante influence. L'homme, mis en possession de ce brillant domaine, avait ses délectables vergers, ses frais ombrages, ses fruits savoureux, un air suave et embaumé, enfin un spectacle céleste et rayonnant de majesté.

Dans cette pompe naissante du monde, où la splendeur de la création se dessinait par la somptuosité de sa magnificence, l'homme était dans le ravissement : la nature était pleine de mystères et de symboles merveilleux pour lui ; l'âme s'enivrait dans l'enchantement des inspirations les plus élevées ; tout ce qui existait était grand sous le charme des pensées les plus imposantes ; tout respirait l'adoration, parce que tout montrait la présence et l'ineffable bonté de Dieu.

§ Ier

Végétaux des régions septentrionales. — Les Mousses. — Le Bouleau. — Les Conifères : Pin, Sapin, Cèdre, etc.

Nous avons vu que les localités d'un même pays offraient des plantes très-différentes ; cette différence se fait remarquer bien davantage encore à mesure qu'on avance du nord au midi, et surtout lorsqu'on passe d'un continent dans un autre. Chaque pays a sa physionomie particulière, que Linné a su peindre d'un trait dans son langage hardi et pittoresque : « Je ne sais, dit-il, quel caractère singulier de sécheresse et d'obscurité dénote les plantes d'Afrique ; quel port superbe, élevé, est le propre de celles d'Asie ; quel aspect riant, poli, réjouit en voyant celles d'Amérique ; quelle forme resserrée, endurcie, est réservée aux végétaux des Alpes. » C'est donc dans leur lieu natal qu'il faut observer les végétaux pour se former une idée de la variété et de la belle ordonnance que la nature a établies dans toutes ses productions.

Celui qui sait d'un regard embrasser la nature et faire abstraction des phénomènes locaux, voit comme depuis le pôle jusqu'à l'équateur, à mesure que la chaleur vivifiante augmente, la force organique et la vie augmentent auss graduellement; mais, dans le cours de cet accroissement, des beautés particulières sont réservées à chaque zone : aux climats du tropique, la diversité des formes et la grandeur des végétaux; aux climats du Nord, l'aspect des prairies et le réveil périodique de la nature aux premiers souffles de l'air printanier. Outre les avantages qui lui sont propres, chaque zone a aussi son caractère. Si l'on reconnaît, dans chaque individu organisé, une physionomie déterminée, de même on peut distinguer une certaine physionomie naturelle, qui convient exclusivement à chaque zone. Des espèces semblables de plantes, tels que les Pins et les Chênes, couronnent également les montagnes de la Suède et celles de la partie la plus méridionale du Mexique; cependant, malgré cette correspondance de formes et cette similitude des contours partiels, l'ensemble de leurs groupes présente un caractère entièrement différent.

Dans les régions arctiques, aux approches du cercle polaire, les arbres échangent leurs formes imposantes contre celles d'arbrisseaux rabougris atteignant à peine quelques décimètres de hauteur : on ne les rencontre même que dans la partie méridionale de l'archipel Baffin-Parry et du Groënland. A l'île Melville, un Saule nain (*Andromeda tetragona*) fournit seul aux Esquimaux le bois nécessaire pour la confection de leurs armes et des autres objets analogues : la mer les en dédommage en jetant sur leurs grèves désertes d'immenses quantités de bois que les courants ont enlevés aux continents voisins. Dès les premiers jours de l'été, un petit nombre de plantes phanérogames se développent avec une rapidité surprenante, et brillent au milieu des neiges et des glaces : ce sont des Renoncules, des Anémones, plusieurs espèces de Saxifrages, un beau Pavot à corolle jaune; quelques baies, surtout celles de l'*Aronia ovalis,* fournissent aux habitants un aliment nouveau, dont ils font usage avec délices. Mais les plantes les plus précieuses sont celles que la nature a destinées à fournir un remède contre le scorbut, telles que le Cochléaria et diverses espèces d'Oseilles qui végètent encore sous la neige là où la végétation a atteint ses dernières limites. Les Cryptogames seules abondent dans les régions qui nous occupent. Des Fucus gigantesques forment dans la mer d'immenses forêts qui servent de retraite aux cétacés et aux poissons. Les mousses et les Lichens tapissent partout les rochers, et un de ces derniers, le plus précieux de tous (*Lichenus rangiferus*), sert à la fois de nourriture aux Rennes et aux Esquimaux, qui, après l'avoir fait bouillir, le convertissent en une espèce de pain grossier. Les Champignons et les Fougères, d'une organisation plus élevée que les Lichens, croissent également en abondance, et les eaux douces se remplissent de Conferves aussitôt après le dégel. Enfin une Cryptogame microscopique d'un rouge éclatant, le *Protococcus nivalis* d'Agardh, croît au milieu des neiges, et les fait paraître couleur de sang; cette plante n'est pas, du reste, propre aux régions polaires; on la trouve sur les roches calcaires de l'Écosse, de la Laponie et des contrées alpines de l'Europe méridionale.

Les latitudes septentrionales sont la partie naturelle des Mousses : ces Sapins, ces Cyprès en miniature, dont la cime est ombragée par l'herbe la plus délicate et la moins élevée; ces festons et ces guirlandes qui parent le tronc des arbres d'une verdure plus durable que celle dont se couronne leur tête durant la belle saison; ces tapis d'une verdure molle et douce qui voile l'âpre et dure surface des rochers; ces gazons fins, qui subsistent sous la neige et dans le fond des eaux, qui bravent la rigueur des hivers et le feu des étés : voilà le spectacle qu'offre la nombreuse famille des Mousses. Déjà les fleurs ont disparu, les feuilles se détachent et sont balayées par les vents du nord; leur éclat s'est terni; elles ont pris par avance la couleur uniforme et triste de la poussière dans laquelle elles vont rentrer; l'hiver enfin déploie toutes ses rigueurs; il jette sur la terre un voile de neige; tout a passé, tout a péri, et la faible Mousse se conserve plus verdoyante que jamais; le printemps ne dédaigne pas sa tendre parure, et l'enlace à sa superbe et brillante couronne.

Fig. 39 *.

Les Mousses forment des touffes, des tapis, des gazons; sous cette épaisse couverture, elles entretiennent pendant la saison rigoureuse une température douce, qui garantit les jeunes plantes de l'impression désastreuse du froid et de la gelée; elles protégent ainsi des plantes qui, dans une autre saison, viendront de leur ombrage les garantir à leur tour d'un soleil ardent et destructeur.

* Mousses. — *a* Urne. — *b* Pédicelle. — *c* Gaine. — *d* Opercule. — *e* Coiffe. — *f* Péristome bordé de cils. — *g* Pied femelle de Polytric *commun*. — La Mousse qui porte des urnes est une Hypne.

Elles sont une preuve de la haute sagesse de la Providence, qui leur fait jouer un si grand rôle dans l'économie de la nature. Les Mousses servent d'asile à une foule d'insectes, aux coquillages terrestres et aquatiques, qui y trouvent refuge, fraîcheur et aliment. C'est sur les Mousses que les animaux des forêts prennent le repos, qui leur serait refusé, si la nature, avare de ces végétaux, ne leur avait présenté qu'une terre aride et pierreuse, hérissée de pointes de rochers, comme dans les montagnes[1].

Les Mousses sont les dernières plantes qui couvrent les rochers glacés dans les sommités des Alpes comme sous les pôles : leurs touffes, verdoyantes et d'une végétation vigoureuse, font un contraste frappant avec la blancheur éclatante de la neige et le gris cendré des glaces, qui entretiennent dans ces régions, le plus souvent inacces-

[1] Entièrement dépouillé par une bande de Foulahs vagabonds (Afrique), à demi nu et abandonné sans secours dans un désert, au milieu de la saison des pluies, à plus de cinq cents milles de tout établissement européen, un voyageur anglais, Mungo-Park, ne voyait plus d'autre ressource pour lui que de s'arrêter et d'attendre une mort qui lui paraissait désormais inévitable. Dans cette situation désespérée, c'est aux consolations de la religion seulement qu'il dut le retour de son courage. Au moment où son esprit était en proie aux inquiétudes les plus cruelles, où sa mémoire ne lui rappelait sa patrie et ses amis que pour accroître encore ses souffrances par les tourments d'un regret inutile, le spectacle d'une petite Mousse en fructification parvint à fixer son attention d'une manière irrésistible. Il observait avec admiration la conformation délicate de ses racines, de ses feuilles et de sa capsule; et, pénétré de confiance et de respect pour la Providence, qui avait mis tant de soins dans la structure et dans la conservation d'une aussi petite plante, il se releva plein d'un nouvel espoir, et, continuant sa route à travers le désert, il gagna un village, d'où il prit le chemin de Pibidooloo. Il arriva le soir même dans cette place, ville frontière du Manding, dont le *mansa* ou gouverneur, touché de ses malheurs, parvint à lui faire rendre son cheval et ses effets.

C'est ainsi que ce célèbre voyageur fut sauvé du désespoir et de la mort par la contemplation d'une simple Mousse, qui lui rappelait les soins attentifs d'une bienfaisante et universelle Providence.

sibles, des frimas éternels. Si nous nous transportons dans les contrées boréales, vers ces monts glacés de la Laponie, de la Norwége, etc., nous verrons, à l'approche des frimas, les arbres se munir de leurs vêtements d'hiver; nous verrons leurs troncs, leurs branches, leurs rameaux couverts d'une Mousse épaisse; ailleurs d'immenses tapis sont étendus dans les plaines. Les semences des plantes annuelles, répandues dès l'aurore, et ne devant germer qu'au printemps, les racines vivaces, les jeunes arbustes, sont, sous cet abri, garantis des impressions du froid le plus rigoureux. Que de terrains, sans le secours des Mousses, resteraient à jamais stériles! Que de semences, de racines, et même d'arbres et d'arbrisseaux seraient tous les ans détruits par le froid! Sans les Mousses, le sol des forêts, même dans nos régions tempérées, ne serait jamais revêtu de verdure; l'ombre épaisse des arbres, le défaut d'air et de lumière, en interdisent l'entrée aux autres plantes, excepté dans les clairières.

Du sein de ces humbles végétations s'élèvent des arbres de la plus haute stature, et qui forment entre eux de remarquables contrastes. Les Bouleaux, comme de hautes pyramides renversées, supportés par des troncs blancs, laissent flotter dans les airs leurs scions pendants garnis de feuilles que moissonnent les hivers, et qui exhalent en été les parfums de la Rose; ils sont disséminés parmi les Sapins pyramidaux, dont les troncs noirs élèvent vers les cieux leurs rameaux toujours verts, symbole de l'immortalité [1]. Ce qui caractérise principalement les pays du

[1] « C'est sous les ombrages de ce bel arbre, dans son atmosphère odorante et aux doux murmures de ses rameaux, que j'ai passé dans la solitaire Finlande, dit Bernardin de Saint-Pierre, des moments paisibles, souvent regret-

Nord, et en général les régions froides et élevées, ce sont les arbres verts et toujours odorants, tels que les Cèdres, les familles variées des Pins, des Cyprès, des Ifs, des grands Genévriers[1], des Thuyas, des Mélèzes, entourant comme

tés. Mes yeux se promenaient avec délices sur les sommets arrondis de ces collines de granit pourpré, entourées de ceintures de Mousses du plus beau vert, et émaillées de Champignons de toutes les couleurs. Ces productions spontanées fournissent des mets exquis à ses habitants, dont rien n'égale l'innocence et l'hospitalité. Elles s'étendent vers le nord, bien au delà de la région des Sapins. Les Mousses croissent sur les rochers les plus arides, et nulle part on n'en trouve en si grande abondance et d'espèces si variées que dans les contrées les plus septentrionales. J'entrais jusqu'aux genoux dans celles qui tapissent le sol des forêts de la Russie. »

Le Bouleau est un des végétaux les moins susceptibles des impressions de l'air et de la rigueur du froid. On le trouve dans les Alpes, au-dessus de ces régions où aucun autre arbre ne peut plus exister. Il s'avance jusque vers les glaces du pôle arctique ; il est le seul, le dernier que produise le Groënland ; mais, dans ces régions glacées, ce n'est plus qu'un arbrisseau bas, tortueux, de quelques décimètres de haut. L'écorce du Bouleau est presque incorruptible et présente des faits étonnants. Faujas de Saint-Fond possédait un morceau extrêmement curieux de bois de Bouleau ferrugineux sorti des mines de Dworetzkoi en Sibérie ; toute la substance ligneuse avait été convertie en fer limoneux, jaunâtre, tandis que l'épiderme, d'un blanc satiné, existait encore par plaques en plusieurs endroits, parfaitement bien conservé et sans être coloré par le fer.

1 « Le Genévrier aromatique parvient, dans le Nord, à plus de quatre mètres de hauteur ; ses rameaux hérissés de feuilles piquantes et ses grains noirs glacés d'azur contrastent de la manière la plus agréable avec le Sorbier au large feuillage et aux grappes écarlates. Tous deux conservent leurs fruits au sein des neiges et dans les plus grandes rigueurs de l'hiver, et ils offrent à l'homme, par leur harmonie, le premier dans l'aromate de ses grains, le second dans le jus de ses baies, une eau-de-vie qui est un puissant et salutaire cordial. Les bois y sont tapissés de Fraisiers. On croit y reconnaître le fruit de la Vigne dans la baie bleue et vineuse du Myrtille, et celui du Mûrier dans celle blanche et pourpre du Kloukwa, qui rampe au pied des roches, au sein d'un feuillage du plus beau vert. Si ces baies n'égalent pas en qualité celles dont elles imitent les formes et les couleurs, elles les surpassent en durée ; car, lorsque l'hiver les a frappées de froid et ensevelies sous les neiges, elles s'y conservent jusqu'au printemps avec toute leur fraîcheur. » — BERNARDIN DE SAINT-PIERRE.

Un mot sur une particularité remarquable dans l'organisation des fleurs en chaton de cet arbrisseau. Les écailles du chaton ne soutiennent pas les étamines, mais elles les cachent comme feraient de petits boucliers. Le bouclier

des barrières, de leur sombre verdure, les régions des neiges et des glaces, destinés aussi à répandre l'encens de leurs résines et à conserver aux climatures, par leurs

*Fig. 40**.

masses serrées et leur verdure inaltérable, la chaleur indispensablement nécessaire pour maintenir tout ce qui doit vivre et végéter dans ces zones plus éloignées du soleil.

La nombreuse famille des Pins, dont l'utilité se diversifie à l'infini, tient un des rangs les plus distingués dans l'ordre des arbres forestiers. Le Pin, qui est déjà dans sa force à soixante ans, commence à donner à vingt-cinq

d'Achille doit à Homère une célébrité que n'obtiendra jamais le bouclier d'une anthère de Genévrier. La nature, qui seule produit ce dernier chef-d'œuvre, l'a multiplié trop de fois depuis que l'ouvrage unique de Vulcain est réduit en poudre. N'est-il pourtant pas admirable cet atome d'écaille posé sur un pivot, formant un triangle du côté qui regarde le sommet du chaton, et taillé circulairement dans son autre moitié avec trois petites bosses rondes constamment régulières? Et tant de soins sont pris pour abriter une seule anthère d'arbuste, tandis que celles des fleurs de froment sont suspendues à de longs fils qui paraissent à peine capables de les supporter.

* Thuya à sandaraque avec sa fleur et son fruit.

ans du brai gras, du brai sec, de la résine jaune, du galipot, de la térébenthine, du goudron, du noir de fumée, etc. Son écorce peut remplacer celle du Chêne pour le tannage des cuirs; ses fruits, qui ont la plupart des qualités balsamiques, peuvent augmenter nos provisions d'huiles douces. L'encens de ses résines est propre à prévenir les épidémies et les épizooties; son bois, qui est d'une longue durée, peut fournir des mâtures et des planches à la marine, des corps de pompe aux fontaines, des matériaux à la menuiserie; les branches, pendant l'hiver, servent de nourriture aux Chèvres et aux Moutons, et ses charbons sont employés à l'exploitation des mines. C'est le plus sobre des arbres; il se contente de la maigre nourriture à laquelle se refuse le plus misérable buisson; il peut croître partout où il ne croît rien; il se plaît avec le froid, avec le chaud, et ne craint ni l'humidité ni la sécheresse [1].

On ne peut trop admirer avec quel art la nature a constitué les Conifères, pour qu'ils puissent exister dans les lieux qu'elle a fixés pour leur habitation. Exposés à l'impétuosité des vents, leur tronc, quoique très-élevé, est d'une force propre à leur résister : leur feuillage, court et fin, laisse échapper facilement les courants d'air trop violents; l'abondance de la résine, qui pénètre toutes leurs parties, et qui surtout entoure leurs bourgeons, contribue à les garantir des froids rigoureux qui dominent

1 C'est parmi les Pins que se trouvent les arbres les plus élevés de la nature. Le Pin Laricio atteint quelquefois cinquante mètres de hauteur, tandis que son tronc en acquiert huit de circonférence. Le Pin de Weymouth, dans les États-Unis d'Amérique, parvient jusqu'à soixante mètres. L'Araucaria du Chili est encore plus extraordinaire; il élève sa cime à quatre-vingt-six mètres. Ces géants du règne végétal sont en outre remarquables par la durée de leur existence, qui est souvent de plusieurs siècles.

dans les régions glacées : ils n'en conservent pas moins leurs feuilles toute l'année, tandis que les arbres de nos plaines, quoique dans une température bien plus douce, les perdent tous les ans.

Le plus célèbre des Conifères est le Cèdre majestueux, qui vit au milieu des neiges une partie de l'année, et au sein des nuages, qu'il semble soutenir de ses vastes branches. Cet arbre, que sa rareté, sa beauté et l'incorruptibilité de son bois ont rendu fameux, a le port le plus noble et le plus imposant. Sa tige pousse des branches immenses qui s'étendent latéralement fort au loin, et qui se distribuent en nombreux rameaux toujours verts, formant, par leur disposition horizontale, comme autant de tapis réguliers, unis et ondoyants, qui ressemblent, quand le vent les balance, à des nuages que l'arbre chasserait devant lui. Le Cèdre a été immortalisé par les Livres saints, qui ont parlé de la construction du temple de Jérusalem, et les prophètes lui ont emprunté leurs plus sublimes images[1].

[1] On connaît le chapitre trente et unième d'Ézéchiel :

« Voilà Assur comme le Cèdre du Liban, beau en ses branches, abondant en feuillage, magnifique en sa hauteur, et sa cime montait entre ses rameaux touffus. Les eaux l'ont nourri, l'abîme a renfermé ses racines : les fleuves coulaient autour d'elles, et des ruisseaux le baignaient partout où s'étendaient ses pieds.

« Sa tige s'est élevée au-dessus de tous les arbres de la contrée, et ses rameaux se sont accrus, et ses branches se sont multipliées, arrosées par les grandes eaux. Et après qu'il eut étendu son ombre, tous les oiseaux du ciel bâtirent leurs nids sur ses rameaux, et tous les animaux des champs déposèrent leurs petits sous son feuillage.

« Il était beau dans sa hauteur et dans l'abondance de ses rejetons; car sa racine était près des grandes eaux. Les Cèdres n'étaient pas plus élevés dans Éden; les Sapins n'égalaient pas sa cime, et les Platanes son feuillage. Nul arbre du jardin de Dieu n'était comparable à lui et à sa beauté, etc. »

Voyez, dans Ézéchiel, le reste de cette allégorie pleine de magnificence et de grandeur.

Le beau Cèdre qui orne le jardin des Plantes de Paris, et dont les branches ont déjà une étendue de plus de treize mètres de chaque côté, a été apporté d'Angleterre, il y a cent dix ans, par le célèbre Bernard de Jussieu. Il le portait dans son chapeau lorsqu'il vint le confier à la terre destinée à le posséder. Cet arbre remarquable, qui a peut-être encore six siècles à s'élever et à s'étendre, attache nos regards et commande une sorte de vénération.

Lorsqu'on le contemple du haut du labyrinthe, chacune de ses vastes branches horizontales et serrées semble former une prairie suspendue, tapissée, comme des nappes d fleurs, de ses beaux cônes purpurins; mais lorsque les vents balancent ses branches fermes et étendues, on dirait une mer en mouvement, ou toute une forêt qui s'ébranle avec majesté.

« Salut, arbre séculaire!... Cèdre du mont Liban, salut! — Nos grand-pères t'ont vu planter, tu nous verras mourir! Les enfants de nos enfants viendront jouer sous ton ombre, en se racontant ton histoire et tes malheurs! — tes malheurs! car tu perdis un frère, un frère à toi préféré, puisqu'on le mit sous un verre protecteur, tandis qu'on t'exposait à tous les caprices de nos saisons. — Ce frère, tu t'en souviens, languit et mourut; toi, tu t'élevas droit et robuste comme un enfant de forte race, tu étendis horizontalement tes larges branches, et aujourd'hui tu ressembles à un vénérable pontife, toujours jeune par la majesté, et bénissant tout ce qui est à ses pieds. Tu ne grandiras plus, bel arbre de la belle Asie, la foudre a frappé ta tête; or tout l'avenir des nobles créations est placé là! Mais il est beau d'avoir attiré la foudre; il faut porter haut le front pour être frappé ainsi directement de la main de Dieu[1] ! »

Il est bien extraordinaire que le plus bel arbre qui pare notre hémisphère, dont la durée se perd dans la nuit des siècles, qui répand tant de grandeur sur les lieux qu'il habite, qui fait naître tant de sentiments élevés dans l'âme qui le contemple, dont les arts et nos combinaisons nautiques pourraient tirer tant d'avantages, qui semblait surtout destiné par la nature à remplir les plus importantes fonctions météorologiques pour le repos et la fécondité de la terre, soit resté oublié, qu'on le laisse dépérir même sur le mont Liban, et que notre Europe n'en compte encore que quelques allées en Angleterre, et quelques individus épars dans nos jardins d'agrément.

§ II

Végétaux des zones tempérées. — Arbres fruitiers. — Arbres forestiers. — L'Orme. — Le Saule. — Le Hêtre. — Le Chêne.

Les zones intermédiaires et tempérées, placées entre le 40e et le 52e degré, ont reçu avec la même munificence tout ce qui devait concourir à la conservation harmonique de ces douces latitudes, au moyen de l'ordonnance de leurs montagnes, de la distribution de leurs eaux, du choix et de la somptuosité de leur végétation. La terre est une vaste table où la nature sert à ses convives plusieurs services dans des palais de différentes architectures. Elle a, pour chaque zone, ses prévoyances et ses

[1] M. LE MAOUT.

combinaisons, qu'elle proportionne aux besoins de l'homme, suivant le cours des saisons. Ainsi, dans les chaleurs ardentes de l'été, nous avons les tribus nombreuses de Cerisiers, de Pruniers, d'Abricotiers, de Pêchers, qui nous donnent des fruits rafraîchissants et fondants; et celle des Mûriers et des Figuiers, des aliments sucrés et pectoraux. Toutes ces productions sont fugitives comme les beaux jours; mais lorsque le soleil s'éloigne de nous avec elles, elles sont remplacées par d'autres, qui sont stationnaires, et qui suppléent à son absence par leurs sucs réchauffants et nourriciers. Les Poiriers et les Pommiers nous présentent vers la fin de l'été leurs fruits vineux. Quand l'automne voile de ses brouillards froids l'astre de la lumière et de la chaleur, les Chênes verts et les Châtaigniers se hâtent de nous gratifier de leurs glands farineux et substantiels; les Pistachiers, les Oliviers, les Amandiers, les Noisetiers, les Noyers, de leurs huiles savoureuses; et les Vignes, dans le jus fermenté de leurs grappes, les plus puissants des cordiaux. Enfin les Frênes, les Tilleuls, les Saules, les Ormes, les Hêtres, les Chênes et une foule d'arbres de divers genres, qui nous ont offert, sous leurs charmants feuillages, des abris contre les ardeurs de l'été, nous fournissent, dans leurs rameaux et leurs vastes flancs, des toits, des charpentes, des foyers contre les rigueurs de l'hiver.

Nous venons de nommer les principaux arbres de nos climats. L'Orme est cultivé de temps immémorial en Europe; c'était l'arbre favori de nos aïeux. Ils en bordaient les grands chemins et les promenades, ils le plaçaient autour de leur demeure pour leur servir de point de vue ou d'abri. Sully ordonna d'en planter à la porte de toutes les églises paroissiales séparées des habitations. Il existait avant la révolution de ces arbres, auxquels, par reconnaissance, on avait donné dans quelques endroits le nom de ***Rosni***. Aujourd'hui encore on peut en voir quelques-uns qui ont échappé à la destruction. Il n'était pas rare d'en trouver dont le tronc avait cinq à six mètres de circonférence, et qui étaient de la plus grande hauteur. L'Orme fournit un des meilleurs bois pour le charronnage.

Les Saules embellissent et ombragent le bord des ruisseaux dans les pâturages humides, ou bien, placés sur les rives des fleuves, dans un sable mouvant, ils en fixent la mobilité : leurs racines entrelacées s'opposent aux éboulements, et servent de digues aux ravages des eaux. Nous voyons les Saules s'élever graduellement du bord des ruisseaux jusque sur les hauteurs, gagner les forêts; et, si nous visitons le sommet des montagnes alpines, quelle sera notre surprise d'y trouver encore des Saules pour dernier terme de la végétation ! A la vérité, ce ne sont plus ces mêmes arbres qui nous couvraient de leur ombre dans les prairies : là nous ne rencontrons que de petits arbustes perdus dans le gazon que broute le Chamois; ils nous offrent les derniers efforts de la végétation luttant contre les neiges et les glaces[1].

Fig. 30*.

* Saule herbacé en fleur.

[1] Ces Saules *nains* ou *herbacés* sont si petits qu'on en peut placer une demi-douzaine, avec leurs branches, leurs feuilles, leurs fleurs et leurs racines, entre deux feuillets d'un livre de poche d'une dame sans qu'ils se touchent.

En jetant un coup d'œil sur la série intéressante des diverses espèces de Saules, nous y retrouvons cette admirable variété qui caractérise les productions de la nature, et qui procure à l'homme tant de jouissances agréables. Quelle beauté, quelle élégance dans notre Saule *blanc,* si commun partout! A l'aspect de son feuillage argenté, soyeux et luisant, le voyageur qui s'est reposé sous les beaux *Protea* du cap de Bonne-Espérance s'y croit transporté de nouveau. Par un sentiment de sensibilité qui honore le cœur humain, le Saule *pleureur* est sorti de nos bosquets pour orner la tombe de ceux dont nous pleurons la perte. Il semble que ce soit dans l'homme un besoin, une sorte de jouissance, de chercher dans les objets qui l'environnent l'image allégorique de ses affections. De tous les êtres de la nature, aucun ne lui en offre autant que les plantes. Les fleurs lui fournissent des guirlandes pour les jours de fête; le Laurier ceint le front des guerriers, le Lierre celui des poëtes, et la fleur odorante de l'Oranger couronne la tête de la jeune fiancée... La douleur a aussi ses emblèmes. Longtemps le Cyprès a ombragé les tombeaux; mais la vue de son feuillage épais, d'un vert sombre, l'obscurité qu'il répand, semblent n'inspirer que l'affreuse idée d'une mort éternelle. Les âmes sensibles lui préfèrent le Saule pleureur : il annonce d'une manière plus touchante les regrets et l'affliction; il inspire une mélancolie plus douce. Il ne porte point une cime élevée, mais sa tête s'incline; elle est chargée de longs rameaux souples et pendants; elle offre l'image d'un être accablé de douleur, dont la tête penchée sur une urne sépulcrale la recouvre d'une longue chevelure éparse. Son feuillage touffu, d'un beau vert, soulage l'âme dans son affliction;

celui du Cyprès la déchire et n'offre que le crêpe ténébreux de la mort[1].

Le Hêtre, par sa majesté, son élévation, l'ombre épaisse de son feuillage, a de tout temps attiré l'admiration des hommes sensibles aux grandes beautés de la nature. Dans les forêts, en rivalité avec le Chêne, il produit, lorsqu'il est isolé, l'effet le plus imposant. Il attire sous la fraîcheur de son ombre le voyageur qui a besoin de repos, le berger qui veille à la garde de son troupeau. C'est sous ce vaste dôme de verdure, si supérieur à nos salons dorés, que s'exécutent les danses villageoises ; c'est là que les habitants des hameaux se réunissent aux jours de fête pour se livrer à leurs entretiens. La vétusté de ces arbres leur rappellent avec attendrissement qu'ils ont été également un lieu de repos pour leurs pères, leurs aïeux. Ces idées accessoires ont pour nous des charmes si touchants, qu'elles lient, en quelque sorte, notre existence avec celle des êtres insensibles, par les doux souvenirs qu'elles rappellent.

Le Chêne domine en roi parmi les arbres de l'Europe. Il ne s'étend guère au delà des contrées tempérées du globe ; il est rare dans les provinces glacées du Nord, et l'on n'en connaît pas sous la zone torride. C'est donc

[1] On ne peut parler des Saules sans se rappeler le psaume si touchant où les Israélites, captifs à Babylone, déplorent leur exil au souvenir de Jérusalem et de ses saintes solennités :

« Près des fleuves de Babylone nous nous sommes assis, et nous avons pleuré en nous souvenant de Sion.

« Aux saules de leurs rivages nous avons suspendu nos harpes.

« Là ceux qui nous emmenèrent en captivité nous ont demandé les chants de nos hymnes.

« Ceux qui nous ont traînés captifs nous ont dit : Chantez-nous un des cantiques de Sion.

« Comment chanterons-nous le cantique du Seigneur dans une terre étrangère? etc. » — Ps. CXXXVI.

essentiellement l'arbre caractéristique des pays septentrionaux de l'un et de l'autre monde. Le Chêne est le plus beau comme le plus robuste des habitants de nos forêts. C'est son image qui s'offre d'abord à la poésie quand elle veut peindre la force qui résiste, comme celle du Lion pour exprimer la force qui agit. Le nom latin *robur* indique cette vigueur qui caractérise le Chêne. C'est par cette qualité, plus encore que par sa grosseur, que le Chêne l'emporte sur tous les arbres indigènes, et sur un grand nombre de ceux des autres climats. Il ne s'élève jamais aussi haut que quelques espèces de Pins et de Palmiers, et son tronc n'acquiert jamais les dimensions prodigieuses de celui du Baobab, ce colosse des bords du Niger, le plus gros des enfants de la terre.

Près du Chêne tout est vie, tout a du mouvement; une multitude de petites plantes et de jeunes arbrisseaux se réunissent sous son ombrage tutélaire, le Lierre l'embrasse de ses festons verdoyants; des troupes d'oiseaux se jouent dans son feuillage, y déposent le secret de leurs amours, pendant que des millions d'insectes bourdonnent autour de son tronc, de ses rameaux, et viennent y chercher un asile, de quoi se sustenter, eux et leur famille. Les uns le couvrent d'excroissances singulières; les autres s'attachent à ses boutons, aux jeunes pousses, aux feuilles, ou bien ils se logent dans ses fruits, son écorce, ses racines. L'Écureuil et le Palatouche sautillent de branche en branche pour enlever des glands, avant leur parfaite maturité. Tandis que le Cerf, le Daim, le Chevreuil, dévorent ceux qui jonchent le sol, le Mulot, le Porc et le Sanglier recherchent avidement, jusque auprès des racines, ceux que la terre récèle et qui doivent les engraisser avec rapidité.

Dans l'antiquité, le Chêne fut un objet de vénération pour ces peuples qui prêtaient une âme à toutes les productions de la nature; cet arbre superbe, consacré à Jupiter, et qui reçut jadis tous les honneurs des mystères fabuleux, ne présente maintenant à nos yeux que de froids matériaux pour nos édifices, pour notre marine, et pour nos divers usages domestiques. Cette manière de l'envisager est moins brillante, il est vrai, que celle des Grecs, mais elle est plus saine; et si, considéré sous ce point de vue, il n'obtient pas les éloges pompeux des anciens, ceux qu'il mérite sont au moins plus réels et mieux fondés.

§ III

Végétaux des régions équinoxiales. — Amérique. — Afrique; le cap de Bonne-Espérance. — Asie; l'Inde. — Nouvelle-Hollande.

> Des arbres deux fois aussi élevés que nos Chênes s'y parent de fleurs aussi grandes, aussi belles que nos Lis. DE HUMBOLDT.

La vie est répandue partout; la force organique travaille continuellement à rattacher à de nouvelles formes les éléments séparés par la mort; mais cette richesse d'êtres organisés et leur renouvellement diffèrent suivant la différence des climats. Dans les zones froides, la nature s'engourdit périodiquement; et comme la fluidité est une condition de la vie, les animaux ainsi que les plantes, à l'exception des Mousses et des autres cryptogames, y restent ensevelis durant les mois d'hiver dans un profond sommeil. Sur une grande partie de la terre, il n'a donc pu se développer que des êtres organiques, capables de supporter une diminution considérable de calorique, ou une longue interruption des forces vitales. Aussi, plus on approche des tropiques, plus la variété, la grâce des formes et le mélange des couleurs augmentent, ainsi que la jeunesse et la vigueur éternelles de la vie organique.

La hauteur prodigieuse à laquelle s'élèvent, sous les tropiques, non-seulement des montagnes isolées, mais même des contrées entières, et la température froide de cette élévation, procurent aux habitants de la zone torride un coup d'œil extraordinaire. Outre les groupes de Palmiers et de Bananiers, ils ont aussi autour d'eux des formes de végétaux qui semblent n'appartenir qu'aux régions du Nord. Des Cyprès, des Sapins, des Épines-Vinettes et des Aunes, qui se rapprochent beaucoup des nôtres, couvrent les cantons montueux du sud du Mexique, ainsi que la chaîne des Andes sous l'équateur. Dans ces régions, la nature permet à l'homme de voir, sans quitter le sol natal, toutes les formes des végétaux répandus sur la surface de la terre; et la voûte du ciel, qui se déploie d'un pôle à l'autre, ne lui cache aucun des mondes resplendissants. Ces jouissances naturelles et une infinité d'autres manquent aux peuples du Nord. Plusieurs constellations et plusieurs formes de végétaux, surtout les plus belles, celles des Palmiers et des Bananiers, les Graminées et les Fougères arborescentes, ainsi que les Mimosas, dont le feuillage est si finement découpé, leur restent inconnus pour toujours[1].

Dans l'impuissance où nous sommes de tracer ici le tableau complet de la végétation intertropicale telle qu'elle se présente à l'admiration du naturaliste voya-

1 Voyez DE HUMBOLDT, *Tableaux de la nature*.

geur dans les trois régions de l'Asie, de l'Afrique et de l'Amérique, nous nous bornerons à donner un aperçu général de la Flore équinoxiale de ces différentes parties du monde, nous réservant de peindre dans un dernier paragraphe les caractères des groupes de végétaux les plus saillants de cette zone.

Appuyée aux deux pôles du globe, soutenue par deux vastes océans, cachant dans les nues son front colossal, laissant échapper de son sein immense les plus grands fleuves du monde, parée enfin de son manteau végétal, le plus riche, le plus magnifique qui se soit jamais montré aux regards de l'homme, l'Amérique apparut aux premiers navigateurs qui y descendirent comme une image vivante de la grandeur et de la magnificence du Créateur de l'univers. Là se voyaient encore les pinceaux célestes qui avaient dessiné et coloré le majestueux tableau de la création pour le bonheur de l'homme, qui l'avait déjà flétri ailleurs.

Dès la partie moyenne des États-Unis, les formes équatoriales se mêlent en grand nombre à celles des régions tempérées; des Lauriers, des Passiflores, des Tulipiers, des Bignonias, des Palmiers, etc., confondent leurs feuillages avec celui des nombreuses espèces de Chênes et d'autres plantes européennes qui croissent naturellement dans cette région. Au Mexique, on distingue trois régions principales, qui se succèdent par étages des bords de la mer au sommet des plus hauts plateaux, et qui sont caractérisées par autant de Flores différentes. L'une, où la hauteur du sol varie de zéro à six cents mètres, est caractérisée par des Palmiers, des Boraginées, des Légumineuses, des Labiées, etc. La seconde, dont l'élévation est de six cents à deux mille mètres, présente des Chênes, des Erythroxylons[1], des Dahlias, etc. Enfin la dernière, élevée de deux mille deux cents à quatre mille sept cents mètres, et que termine la limite des neiges perpétuelles, voit croître des Caryophyllées, des Rhodoracées, et autres familles de plantes propres aux climats septentrionaux. Des Violettes, des Valérianes, des Sauges, se rencontrent dans ses parties les plus basses, ainsi que quelques Palmiers.

La Colombie, à l'est des Andes, la Guyane et le Brésil forment une région particulière, dont il serait impossible de donner même une faible idée, tant la nature y déploie de magnificence et de variété dans ses productions. C'est là principalement que se trouvent ces immenses forêts si souvent décrites, où le botaniste et le simple voyageur éprouvent une égale admiration. Les Palmiers et les Fougères arborescentes en forment par leur abondance un des traits les plus saillants. Nous avons déjà parlé des premiers; ce sont entre tous les végétaux ceux dont la forme est la plus élevée et la plus noble; c'est à eux que les peuples ont adjugé le prix de la beauté. Leurs tiges hautes, élancées, cannelées, sont terminées par un feuillage luisant, ailé ou disposé en éventail. Un caractère frappant et qui en varie très-agréablement l'aspect, c'est la direction de ces feuilles. Tantôt ces feuilles sont pendantes, comme dans le Palma de Covéja et de l'Orénoque; tantôt pointées vers le ciel, comme dans le Palmier Jagua, qui se plaît sur les rochers de granit, et atteint une hauteur de soixante mètres, s'élevant en portique au-dessus

[1] Arbrisseau fort rameux, dont une espèce est une des richesses des Péruviens, qui se servent de ses fruits comme de petite monnaie, et en mâchent continuellement les feuilles, mêlées avec des cendres de Quinoa, espèce d'Anserine (*Atriplex Quinoa*).

des forêts, suivant l'expression de Bernardin de Saint-Pierre; d'autres fois les folioles très-serrées de quelques espèces produisent les plus beaux effets de lumière à la face supérieure des feuilles, comme dans le Dattier et le Cocotier. Ces cimes aériennes contrastent d'une manière surprenante avec le feuillage épais des Céiba, et avec les forêts de Lauriers et de Mélastomes qui les entourent. Les Fougères arborescentes, souvent hautes de dix à douze mètres, ressemblent à des Palmiers; mais leur tronc est moins élancé, plus raccourci, et très-raboteux. Leur feuillage est aussi plus délicat, d'une contexture plus lâche, transparent, et légèrement dentelé sur les bords. Les Fougères à hautes tiges accompagnent, dans l'Amérique méridionale, cet arbre bienfaisant dont l'écorce guérit la fièvre. La présence de ces deux végétaux indique l'heureuse région où règne continuellement la douceur du printemps.

Au lieu de ces Lichens et de ces Mousses épaisses que nous avons vus revêtir, dans les frimas du Nord, l'écorce des arbres, ce sont, sous les tropiques, la Vanille odorante, les Cymbidions, qui animent le tronc de l'Acajou et du Figuier gigantesque; la fraîche verdure des feuilles du Pothos contraste avec les fleurs des Orchidées, si variées de formes et de couleurs; les Bauhinia, les Grenadilles grimpantes, les Banisteria aux fleurs d'un jaune doré, enlacent le tronc des arbres des forêts; des fleurs délicates naissent des racines du Cacaoyer, ainsi que de l'écorce épaisse et rude du Calebassier et du Gustavia. Au milieu de cette abondance de fleurs et de fruits, au milieu de cette végétation si riche et de cette confusion de plantes grimpantes, le naturaliste a souvent de la peine à reconnaître à quelle tige appartiennent les fleurs et les feuilles. Un seul arbre, orné de Paullinia, de Bignonia, de Dendrobium, forme un groupe de végétaux qui, séparés les uns des autres, couvriraient un espace considérable. Notre Houblon sarmenteux et nos Vignes peuvent nous donner une idée de l'élégance de ces lianes magnifiques. Sur les bords de l'Orénoque, les branches sans feuilles des Bauhinia ont souvent quinze mètres de long : quelquefois elles sont tendues en diagonales d'un arbre à l'autre, comme les cordages d'un navire[1].

Ces superbes forêts américaines, connues sous le nom de *forêts vierges*, n'ont pas l'étendue qu'on leur attribue communément. Leur siége principal est le long de l'Atlantique, où elles occupent une zone dont la largeur varie de deux cents à cinq cents kilomètres. Derrière se trouvent, dans la Guyane, de vastes savanes, et au Brésil une bande immense de bois composés de broussailles, d'arbrisseaux de moyenne grandeur, qui porte le nom de *catingas*, et que M. A. de Saint-Hilaire a le premier décrite avec soin. Le Pérou conserve encore dans sa Flore quelques-uns des traits de la région précédente; mais son caractère principal consiste en ces forêts de Quinquina, qui occupent en partie le revers oriental des Andes. Ces dernières, véritable patrie des Cactus, en of-

[1] Après que des pluies abondantes et périodiques se sont versées dans ces prodigieux amas de feuillages, l'humidité devient telle, que chaque matin un nuage de vapeur s'élève du milieu des faisceaux de Lianes et d'arbres dont les entrelacements forment de la forêt un immense berceau. Durant le jour un silence profond règne dans ces forêts; mais, aussitôt que le soir a ramené la transparence et la fraîcheur de l'air, les milliers d'oiseaux qui peuplent les cimes des arbres, et les animaux qui se cachaient dans les fourrés, annoncent leur présence par des cris bruyants et les éclats intermittents de leurs chants ou de leurs voix. Quand la nuit est devenue profonde, tout rentre dans le silence jusqu'à l'aurore, où recommencent ces mille bruits des grands bois, cette vie des forêts que le grand peintre de la nature américaine, Alexandre de Humboldt, a décrite avec tant de charme.

frent d'innombrables espèces, qui se prolongent jusqu'au Chili central. La forme des Cactiers est tantôt sphérique, tantôt articulée; tantôt elle s'élève, comme des tuyaux d'orgues, en longues colonnes cannelées. Ce groupe de végétaux forme, par son extérieur, le contraste le plus frappant avec celui des Liliacées et des Bananiers; il fait partie des plantes que Bernardin de Saint-Pierre a si heureusement nommées les *sources végétales du désert*. Dans les plaines dénuées d'eau de l'Amérique méridionale, les animaux, tourmentés par la soif, cherchent le Melocactus, végétal sphérique à moitié caché dans le sable, enveloppé de piquants redoutables et dont l'intérieur abonde en sucs rafraîchissants. Les tiges du Cactier en colonne parviennent jusqu'à dix mètres de hauteur, et forment des espèces de candélabres [1].

Les *pampas*, dépourvues de forêts étendues, sont caractérisées par un arbre particulier, encore mal connu des naturalistes [2], et qui croît solitairement dans ces vastes plaines, où il sert de point de reconnaissance aux voyageurs [3].

1 Celui qui n'a jamais vu les Cactiers que dans les serres ne peut se flatter de les connaître. Dans ces enceintes artificielles, ils dégénèrent, ils perdent leur physionomie et les traits énergiques de leur caractère; ce ne sont plus que des plantes faibles, sortant à regret de terre pour remplir, dans un état de langueur continuelle, le cercle de leur existence. Sous les Tropiques, dans les terrains qu'elles se sont choisis pour y vivre en colonies nombreuses, elles rivalisent en hauteur, en puissance, avec les arbres les plus élevés, avec les végétaux les plus robustes.

2 On l'appelle *Ombu* dans le pays.

3 Les Pampas sont des plaines sans cours d'eau, mais arrosées par de longues pluies, et dont la végétation est presque aussi monotone, aussi triste que la stérilité. D'immenses tapis de graminées et d'herbes présentent à l'œil l'aspect d'une mer de verdure; pas un arbre, pas même un arbrisseau, sauf l'*Ombu*, dont les cimes solitaires apparaissent çà et là comme point de repère au milieu de ces déserts d'herbes. Ce sol est presque aussi uni que la surface

Quant aux plantes qui sont spécialement l'objet des soins de l'homme et qui servent à ses besoins dans toute l'Amérique intertropicale, trois, le Jatropha manihot, le Maïs et le Bananier, sont la base de la nourriture des habitants. La Canne à sucre, le Cotonnier, le Cacaoyer, le Caféier, le Tabac, l'Olivier, le Rocouyer, le Giroflier, le Muscadier, le Poivre, etc., sont l'objet d'exploitations immenses, et alimentent la majeure partie du commerce de l'Amérique avec les autres parties du monde.

Nous ne dirons qu'un mot de la zone équinoxiale de l'Afrique. Délimitée au nord par une ligne qui côtoie le Sahara jusqu'en Égypte, et qui s'étend vers le sud jusqu'au delà du Congo, cette zone pourrait être à son tour partagée en bandes successives qui tireraient leurs caractères spéciaux de la prédominance de certains genres, si des notions moins vagues et moins bornées permettaient de déterminer avec quelque assurance leur distribution : après le Palmier doum et le Sourup ou Balanite, qui caractériseraient la bande la plus voisine du désert, viendraient tour à tour le Baobab, les Fromagers, le Palmier élaïs, le Kaïr, le Nété, les Arbres

des eaux; on y chercherait vainement une pierre ou un bloc détaché. L'aspect des Pampas n'est cependant pas partout identique. Jusqu'à deux cent quarante kilomètres à l'ouest de Buénos-Ayres, le sol est couvert de Chardons et de plantes légumineuses qui gardent le vert le plus vif tant que l'humidité due aux longues pluies se conserve. A l'apparition des chaleurs, cette fraîcheur se fane, et un mois suffit pour que les Chardons, comme dans les steppes de la Russie, poussent de plusieurs mètres; ils défendent alors, par un épais rempart de broussailles, l'accès des Pampas. Ces tiges herbacées, d'une si étonnante venue, se dessèchent à la fin sous les feux dévorants de l'été; le vent en emporte les débris, et la Luzerne reparaît.

Les Pampas appartiennent à l'Amérique du Sud; elles y portent aussi le nom de *Llanas* ou de *Savanes*. Ces immenses plaines herbeuses s'appellent *prairies* dans l'Amérique du Nord, où elles occupent une superficie de trois cent quatre-vingt-quinze millions de mètres carrés.

à beurre, le Kola ou Gourou, les Cypéracées, etc., non par divisions juxtaposées, mais par succession de plus grande fréquence au milieu de la fusion commune. Outre les fruits et les autres produits que le nègre retire de ces arbres, tels que le vin et l'huile de Palme, le beurre végétal, etc., il recueille pour sa nourriture le Mil, le Riz, le Maïs, le Manioc, les Ignames, quelques légumes, la Banane, la Goyave, l'Orange, le Limon, les fruits du Papayer, du Tamarin, et nombre d'autres; il cultive aussi le Coton, l'Indigo et le Tabac.

Une contrée d'Afrique dont nous ne pouvons nous dispenser de parler sous le rapport végétal est le cap de Bonne-Espérance. Sur ce coin du globe, la nature semble avoir pris plaisir à montrer sa magnificence dans le nombre infini d'espèces appartenant aux mêmes genres, à des genres dont le type existait déjà, pour la plupart, dans notre Europe, à les mélanger avec d'autres genres particuliers à ce climat. On est frappé d'étonnement à la vue de ces roches monstrueuses convertes de plantes grasses, d'Aloès, de Mesembrianthemum, de Stapélies, de Crassula, de Tétragones, etc. Si l'on pénètre dans les forêts, on les voit toutes brillantes par cet éclat d'or et d'argent qui décore les feuilles des nombreux Protéa[1].

[1] C'est aussi en Afrique qu'on trouve des forêts entières de Laurier *commun*, qui n'est souvent chez nous qu'un arbuste. Puisque nous avons nommé le Laurier, nous rappellerons que les anciens le croyaient à l'abri de la foudre; ce privilége, en quelque sorte allégorique, justifierait le choix de la gloire. Il était digne des Grecs de donner aux beaux-arts une couronne semblable à la sienne. Le Laurier franc porte avec lui le sentiment de l'enthousiasme; il vaut bien mieux le conquérir que le vanter.

Mais, si cet arbre est le symbole brillant de tous les genres de triomphe, il est l'attribut plus glorieux encore de la clémence. Cette vertu divine, personnifiée, est représentée, dans les médailles antiques, sous la figure d'une femme tenant une pique et une branche de Laurier.

Dans les plaines, on peut à peine compter les espèces infinies de Bruyères; les buissons et les bois sont composés d'une foule d'arbrisseaux peu connues, de jolis Phylica, de Passerines, de Myrsinites, de Tarconanthes, de Royena, d'Halleria, etc., tandis que dans les prés naissent à l'envi les nombreux Géraniums, les Ixia, les Glaïeuls, les Lobélies, les Hémanthes, les Sélagines, les Stobées, les Immortelles, etc., dont plusieurs brillent aujourd'hui dans nos parterres ou font l'ornement de nos serres.

Si nous passons en Asie, que dirons-nous de l'heureux climat de l'Inde, le lieu de la terre où la nature étale avec le plus de profusion peut-être le luxe de la végétation? Là tous les végétaux offrent les formes les plus élégantes, et paraissent réfléchir, par la vivacité de leurs couleurs, ces flots de lumière que l'astre du jour verse continuellement dans leurs corolles. Ces belles contrées sont parfumées au loin par les plus précieux aromates, embellies par la famille superbe des Liliacées. Là croissent ces végétaux qui fournissent au commerce ces gommes, ces résines odorantes, ces plantes médicinales qui pendant longtemps n'ont été connues que par leurs produits; ces bois recherchés, le bois de Campêche, le bois de Couleuvre; une foule de substances condimentaires ou colorantes, les Casses, les Myrobolans, le Tamarin, le Curcuma, le Gingembre, le Cardamome, le Zédoaire, le Sang-Dragon, etc., et tant d'autres produits qu'on estime à un prix si élevé.

Sur les côtes sauvages et désertes de la Nouvelle-Hollande, nous trouverons, dans le peu que l'on connaît de ce vaste continent, des végétaux tout à fait différents de ceux des régions qui viennent de nous occuper, quoique au même degré de latitude. « C'est un spectacle bien singulier, dit un éloquent naturaliste voyageur, que celui de ces forêts profondes de la terre de Van-Diémen, ces filles antiques de la nature et du temps, où le bruit de la hache ne retentit jamais, où la végétation, plus riche tous les jours de ses propres produits, peut s'exercer sans contrainte, se développer partout sans obstacle; et lorsqu'aux extrémités du globe de telles forêts se présentent exclusivement formées d'arbres inconnus à l'Europe, de végétaux singuliers dans leur organisation, dans leurs produits variés, l'intérêt devient plus vif et plus pressant : là règnent habituellement une ombre mystérieuse, une grande fraîcheur, une humidité pénétrante; là croulent de vétusté ces arbres puissants, d'où naquirent tant de rejetons vigoureux; leurs vieux troncs, décomposés maintenant par l'action réunie du temps et de l'humidité, sont couverts de Mousses et de Lichens parasites. Leur intérieur recèle de froids reptiles, de nombreuses légions d'insectes; ils obstruent toutes les avenues des forêts, ils se croisent en mille sens divers; partout ils s'opposent à la marche, et multiplient autour du voyageur les obstacles et les dangers; quelquefois ils forment par leur entassement des digues naturelles de huit à dix mètres d'élévation; ailleurs ils sont renversés sur le lit des torrents, sur la profondeur des vallées, formant alors autant de ponts naturels, dont il ne faut se servir qu'avec défiance.

« A ce tableau de désordre et de ravages, à ces scènes de mort et de destruction, la nature oppose, pour ainsi dire, avec complaisance tout ce que son pouvoir créateur peut offrir de plus imposant. De toutes parts on voit se presser à la surface du sol ces beaux Mimosas, ces superbes Métrosidéros, ces Corréa, inconnus naguère à notre patrie, et dont s'enorgueillissent déjà nos bosquets. Des rives de l'Océan jusqu'au sommet des plus hautes montagnes de l'intérieur, on observe les puissants Eucalyptus, ces arbres géants des forêts australes, dont plusieurs n'ont pas moins de cinquante à soixante mètres de hauteur, sur une circonférence de huit à dix et douze mètres. Les Bancksia de diverses espèces, les Protéa, les Embothrium, les Leptospermum, se développent comme une charmante bordure sur la lisière des bois; ailleurs se dessinent les Casuarina, si remarquables par leur port, si précieux par la solidité, par les riches marbrures de leurs bois; l'élégant Exocarpos projette en cent endroit divers ses rameaux négligés comme ceux du cyprès; plus loin paraissent les Xanthorréa, d'où la tige solitaire s'élance à quatre et cinq mètres au-dessus d'une souche écailleuse et rabougrie, d'où suinte abondamment une résine odorante; en quelques lieux se montrent les Cycas, dont les noix, enveloppées d'un épiderme écarlate, sont si perfides et si vénéneuses; partout se reproduisent de charmants bosquets de Mélaleuca, de Thésium, d'Évodia, tous également intéressants par leur port gracieux, ou par la belle verdure de leur feuillage, ou par la singularité de leur corolle et de leur fruit. Au milieu de tant d'objets inconnus, l'esprit s'étonne et ne peut qu'admirer cette inconcevable fécondité de la nature, qui fournit à tant de climats divers des productions si particulières, et toujours si riches et si belles [1]. »

[1] PEYRON, *Voyage aux terres australes.* — Nulle part au monde le règne végétal ne s'est montré sous des formes aussi élégantes, aussi variées qu'à la Nouvelle-Hollande; mais, en même temps, nulle part il n'a offert moins de ressources naturelles à l'homme. Pas un seul des utiles végétaux qui abondent

Qu'il est diversement tissu, le tapis dont la main du Créateur a couvert la nudité de notre planète! plus serré dans les climats où le soleil se lève à une plus grande hauteur vers un ciel sans nuage, plus lâche vers les pôles engourdis où le retour de la gelée tue le bouton développé, ou saisit le fruit mûrissant. Partout cependant l'homme goûte le plaisir de trouver des végétaux qui le nourrissent et parent sa demeure. Tel se développe à ses regards le spectacle toujours varié, sans cesse renaissant, de la végétation à la surface du globe, spectacle si riche dans sa composition, si admirable dans ses contrastes, si sublime dans son harmonie.

§ IV

Aspect de quelques végétaux des tropiques. — Utilité des Palmiers : le Dattier, l'Arbre de vie, le Cirier, le Sagoutier, etc. — Le Bananier. — Le Papayer. — Le Manglier. — Le Magnolia. — Le Tulipier. — Le Dragonnier. — Le Mancenillier. — Le Quatelé. — L'Arbre à lait. — Le Baobab. — Le Ravenala.

Nous avons déjà parlé plusieurs fois de la belle famille des Palmiers, et nous avons essayé de donner une idée

sur les îles de l'Océanie ne s'est représenté sur le sol australien, même dans sa patrie intertropicale, où la conformité de température pouvait faire soupçonner qu'ils se reproduiraient. Le Cocotier, ce précieux palmier des terres équatoriales, a vu ses fruits portés par les flots sur les plages de l'Australie; mais il ne lui a pas été donné d'y pousser des racines. D'un autre côté, le *Phormium*, dont la fibre rendait de si grands services aux Nouveaux-Zélandais, et qui prospère admirablement sur l'île Norfolk, n'avait point paru sur l'Australie, et, quand on a voulu l'y cultiver, tous les efforts de l'industrie anglaise sont restés infructueux... Dans leur profonde misère, les indigènes tiraient parti de la racine de la Fougère comestible, des semences d'une sorte de *Pandanus*, des souches de Xanthorréa, et de quelques tubercules; mais les qualités alimentaires de tous ces produits étaient si chétives et si peu succulentes, qu'elles ont été toutes dédaignées par les Européens les plus misérables.

du port tout à la fois simple et magnifique de ces superbes végétaux. Mais à l'intérêt qu'ils inspirent considérés sous ce point de vue, s'en joint un autre non moins puissant. Qu'on se représente, en effet, ces mêmes végétaux, déjà si dignes de notre attention par leur singulier aspect, qu'on se les représente s'élevant entre les tropiques, au milieu des sables arides et brûlants qu'arrosent à peine quelques eaux saumâtres, sous un ciel ardent, et là offrant à l'homme épuisé par la chaleur insupportable de l'atmosphère tantôt un abri délicieux où il peut enfin se dérober aux flots de lumière que verse à plomb un soleil que jamais rien n'obscurcit; tantôt lui procurant, pour étancher sa soif, une liqueur douce et rafraîchissante; tantôt réparant ses forces par une nourriture aussi saine, aussi abondante qu'agréable; enfin souvent même lui fournissant une huile au moyen de laquelle il peut entretenir toutes les parties de son corps dans un état de souplesse, et les préserver de l'action destructive du feu répandu dans l'air ambiant. Il n'est aucun palmier qui n'enrichisse l'homme de quelques dons précieux, et la variété de ces dons est aussi infinie que la source en est inépuisable; car si chaque espèce en procure quelques-uns de particuliers, chaque partie d'un même individu en présente de très-diversifiés encore : tantôt des parties semblables offrant des produits différents, d'autres fois les parties les plus différentes donnant des produits analogues, comme si toutes, rivalisant entre elles, eussent voulu se partager le droit de nous servir.

Nous avons décrit longuement le Cocotier et ses divers produits. Le Dattier est une autre espèce, connue aussi depuis longtemps en Europe. Un dôme épais d'une verdure perpétuelle, soutenu par de hautes et magnifiques colonnes; de riches et longues grappes de fruits pendantes à la voûte de ce vaste dôme, telles se présentent dans les sables brûlants du Biledulgerid ces grandes forêts de Dattiers cultivés. On dirait un temple auguste élevé à la nature, construit avec ses plus belles productions. Comme l'air circule en liberté à travers ces hautes colonnes, que des ruisseaux, amenés des montagnes voisines et distribués avec art, arrosent ce sol aride, il est presque toujours couvert de verdure et de fleurs, et nous offre le tableau d'un printemps perpétuel. Sous leur ombrage croissent l'Olivier, l'Amandier, le Grenadier, confondus avec le Citronnier et l'Oranger. Ces arbres précieux, après avoir réjoui la vue par la beauté de leurs fleurs, parfumé l'atmosphère de leurs suaves odeurs, récréent le palais par la saveur délicieuse de leurs fruits. Dans ce nouvel Éden se réunissent une foule d'oiseaux, dont les chants mélodieux et variés forment de ces déserts un séjour enchanteur; ils y viennent chercher l'ombre, la fraîcheur et des aliments.

Tout le monde sait aujourd'hui que le Palmier Maurice, surnommé l'*Arbre de vie,* nourrit de ses fruits et de sa fécule une nation entière, sur les bords de l'Orénoque; le Cirier, peut éclairer une partie des habitants de la côte du Brésil; le Sagoutier donne, au bout de sept ans, une farine agréable, connue sur les tables de l'Europe[1];

[1] De tous les Palmiers qui croissent dans l'Inde, le Sagoutier est un des plus intéressants. Il est utile dans presque toutes ses parties. Il découle des incisions qu'on fait à son tronc une liqueur saine et extrêmement agréable à boire. Son tronc et ses feuilles sont d'une grande ressource dans la construction des maisons; le premier fournit la charpente et les planches, et les secondes la couverture; on fait aussi avec cette dernière des nattes, des cordes, etc.

Pour extraire la fécule des Sagoutiers, on coupe le tronc en plusieurs tron-

le Salep est encore une production d'un de ces beaux arbres; le Pirija fournit un fruit nourrissant, semblable à la Pêche pour la forme et pour la couleur; l'Arek offre aux Indiens une noix dont ils ne peuvent se passer pour composer leur betel [1]; le Piassaka fournit des cordages à la navigation; le Rafia de Madagascar habille une partie des habitants de l'île. Nous pourrions rappeler une foule d'autres Palmiers, dont les uns donnent une huile qu'il est facile d'exprimer, dont les autres fournissent les fruits les plus utiles, etc.

Fig. 42 *.

Dans toutes les parties du monde, a dit M. de Humboldt, la forme des Bananiers se réunit à celle des Palmiers. Leur tige plus basse, mais plus succulente, est presque herbacée et couronnée de feuilles d'une contexture mince et lâche, avec des nervures délicates et luisantes comme de la soie. C'est dans leurs fruits que repose la subsistance de tous les habitants des tropiques: ils

çons, qu'on fend en trois ou quatre morceaux. On en arrache la moelle, on la lave à l'eau froide dans un baquet, on en forme une pâte qu'on fait passer à travers un crible; puis on la fait sécher d'abord au soleil, ensuite à la chaleur d'un feu modéré. De cette manière on obtient d'un seul arbre jusqu'à deux cents kilogrammes de sagou. Cette pâte nous vient ordinairement des Moluques.

1 C'est avec les feuilles du Poivrier Betel, mélangées avec la noix de l'Arek et une certaine quantité de chaux, que l'on prépare la matière masticatoire connue sous le nom de betel, et dont les habitants de la Polynésie font un si fréquent usage.

* Sagoutier.

ont accompagné l'homme dès l'enfance de la civilisation. Si les champs vastes et monotones que couvrent les Céréales répandues par la culture dans les contrées septentrionales embellissent peu l'aspect de la nature, l'habitant des tropiques, au contraire, en s'établissant, multiplie, par les plantations de Bananiers, une des formes de végétaux les plus nobles et les plus magnifiques.

Fig. 43 *.

C'est sur le bord des ruisseaux, dans les vallées humides, que le Bananier forme des bocages enchanteurs. Il semble destiné à embellir les paisibles rivages; le zéphyr, en se jouant parmi ses larges feuilles, en déploie toute la beauté; si le soleil vient alors les dorer de ses rayons, il leur donne une transparence qui réunit à l'éclat de l'or les reflets plus doux de la soie. Ses feuilles, d'une contexture délicate, se déchirent lorsque le vent souffle avec violence; leur riche parure, ainsi dilacérée par l'orage, donne à leur aspect quelque chose de mélancolique. Dans la saison, le régime énorme qui supporte un si grand nombre de fruits se colore d'un jaune pâle qui annonce sa maturité. Comment les regarder sans admiration, quand on se rappelle tous les bienfaits qu'ils ont répandus sur la terre! Dans les îles de l'Océanie, suivant Anderson, le Bananier est le symbole de la paix; sa présence arrête tout à coup les querelles sanglantes; il protége aussi les tombeaux. Si, comme l'a dit Bernardin de

* Bananier, section de son fruit.

Saint-Pierre, les végétaux sont les caractères du livre de la nature, le Bananier nous indiquera l'abondance qui réunit tous les hommes, et nous ramènera à des idées de tranquillité et de bonheur. La palme est devenue chez nous l'emblème de la gloire, elle sera un jour le symbole des vertus paisibles du simple agriculteur.

Le Papayer, aux fleurs blanches, d'une odeur suave, est un des ornements du paysage dans ces mêmes climats.

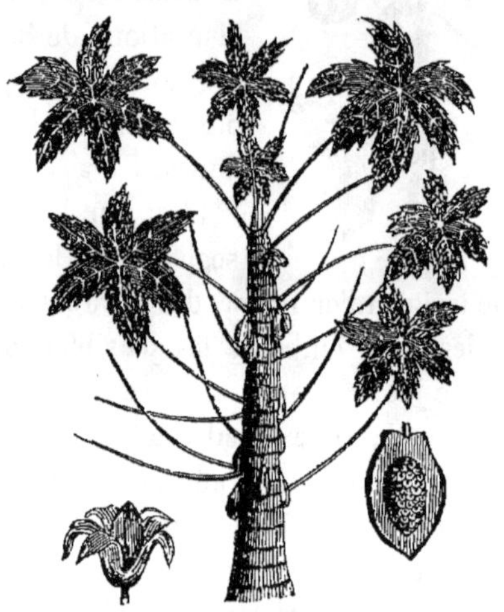

*Fig. 44 *.*

Sa tige, droite comme une colonne, s'élève à six à sept mètres, solide vers la base, creuse dans sa partie supérieure. Elle est nue dans presque toute sa longueur; mais elle porte à son sommet des feuilles larges comme celles de notre Figuier, présentant deux couleurs différentes, et formant comme une espèce de pyramide de verdure. Il porte de gros fruits charnus, appelés *papayes,* qui offrent différentes formes; ils ressemblent ordinairement à de petits melons dorés, divisés par côtes régu-

* Papayer.

lières, et groupés autour du tronc, dont ils forment la plus belle parure. Confites tout entières dans le sucre, avec des oranges et de petits citrons, qui leur communiquent leur parfum, les papayes offrent une chair délicate et très-agréable au goût. L'aspect du Papayer forme un heureux contraste par son immobilité avec les mouvements flexibles des Palmiers et des Bambous. Les Américains le plantent près de leurs cabanes, où il produit l'effet de colonnes naturelles, dominant un humble portique d'Orangers et de Citronniers.

Parmi les arbres qui embellissent les bords de l'Océan, et qui leur donnent, sous les tropiques, un caractère si nouveau pour nous, un des plus extraordinaires est le Manglier, connu aussi sous le nom de Palétuvier. Cet arbre singulier se plaît au bord des fleuves, dans les terres basses que les marées montantes inondent de leurs flots, et qu'elles laissent à sec en se retirant. A peine le tronc du Manglier a-t-il atteint un à deux mètres de hauteur, qu'il se divise en branches nombreuses, qui s'arrondissent en voûtes, et s'éparpillent en mille rameaux. Chaque point de naissance d'une branche est en même temps le point de départ d'une racine qui descend vers la surface de l'eau. Dès que cette racine a touché son but, elle se garnit d'innombrables fibres déliées, qui s'étendent, se développent, se répandent en tous sens, et recouvrent l'eau comme d'un immense filet à mailles grossières et irrégulièrement tressées. Toutes ces îles flottantes de verdure, se rencontrant bientôt dans leurs accroissements progressifs, se mêlent, entrelacent leurs fibres et leurs rameaux, s'incorporent l'une dans l'autre et ne forment plus qu'une seule masse compacte, sous laquelle les flots disparaissent. Aucune expression ne saurait peindre l'exubérance, la profusion avec laquelle la végétation jaillit de ces centres de vie et d'activité. L'œil s'étonne à l'aspect de cet inextricable chaos de branches, de racines entremêlées; le plus petit oiseau ne peut se glisser sous ces massifs de verdure, le reptile le plus souple ne peut trouver sa route à travers ces roseaux entre-croisés. Les mouvements des marées viennent varier de la façon la plus pittoresque les spectacles qu'offrent ces merveilleux bocages; à la marée montante, les poissons voguent dans ces sortes de détroits, des Crabes se postent sur les branches, des coquillages s'attachent aux rameaux. Lorsque le flot se retire, le coup d'œil est encore plus extraordinaire : on dirait une forêt sous laquelle le sol a manqué et qui est restée en l'air, suspendue par la cime. Les branches verdoyantes des Mangliers, courbées sous le poids des Moules et des Huîtres qui y sont restées adhérentes, forment un des traits les plus singuliers de ce tableau, empreint d'une grandeur bizarre et sauvage. Des Hérons blancs se promènent gravement à l'ombre de ces forêts maritimes; des Martins-Pêcheurs du plus éclatant plumage font entendre de faibles cris en passant d'une rive à l'autre; les Perroquets, très-friands des fruits du Manglier, s'y rassemblent en troupes, et animent de leurs joyeuses causeries et de leurs couleurs brillantes les cimes touffues de ces bosquets étranges.

Sur le rivage des fleuves de la Floride, où la nature déploie tant de magnificence, s'élève le Magnolia, consacré par les belles descriptions de Chateaubriand. Cet arbre superbe parvient à plus de trente mètres; sa tige est nue, telle que le fût d'une colonne imposante, et le feuillage, qui croît à l'extrémité, s'élève comme un cône. Rien n'égale la magnificence des fleurs; on les voit à l'extrémité des branches; elles ont jusqu'à vingt-quatre centimètres de diamètre, et l'on peut les distinguer facilement à un mille de distance. Ouvertes comme une rose épanouie, leur éclatante blancheur se détache sur une couronne de feuilles ovales d'un vert glabre et foncé; la corolle, qui se compose quelquefois de vingt-cinq pétales, laisse apercevoir au centre un cône de couleur de chair, terminé par un stigmate qui a tout l'éclat de l'or. Le Magnolia sert quelquefois d'appui à la Vigne de ces climats, si différente de la nôtre par ses énormes proportions, que l'on croirait, comme le dit un voyageur, qu'elle va renverser l'arbre sur lequel elle s'appuie.

Le Tulipier est encore un des plus beaux arbres qui ornent les régions tropicales. Il peut rivaliser avec ceux dont la hauteur est le plus remarquable, puisqu'il atteint jusqu'à trente et quelques mètres; son port est droit, majestueux; ses branches s'étendent au loin horizontalement, et sont chargées d'épais rameaux, qui paraissent destinés à protéger de leur ombrage le sol où croît cet arbre, ami de la fraîcheur. Ses branches présentent une singularité à leur point de réunion avec le tronc : elles sont entourées d'une espèce de bourrelet qui les fait paraître comme soudées à l'arbre.

On dirait que le génie de la nature a voulu donner un soin particulier à la feuille naissante du Tulipier : elle ne s'échappe point de son bouton comme les feuilles des autres arbres; mais elle sort de la branche enveloppée de deux stipules formant une espèce de sac, dans lequel elle est renfermée et bien artistement pliée. Dans ce sac, outre la première feuille, se trouve un autre sac contenant une seconde feuille plus petite encore, et dans celui-ci un autre renfermant une troisième feuille imperceptible; de sorte que cette dernière, plus petite et plus délicate que les précédentes, se trouve avoir un triple abri à opposer aux injures du temps.

La feuille du Tulipier est large et d'un vert éclatant; elle est divisée en trois lobes, dont les deux latéraux sont arrondis à leurs bases, tandis que celui du milieu est tronqué à son sommet, ce qui lui donne quelque ressemblance avec la forme d'une lyre antique. Attachée à la branche par un pétiole flexible et long, elle est le jouet du vent le plus léger.

Le Tulipier ne fleurit qu'à l'âge de quinze à seize ans. La fleur est très-élégante; elle est composée de six larges pétales à bords roulés, de couleur jaune tendre, mêlée d'une légère teinte verte, marqués chacun transversalement d'une belle couleur aurore qui donne à cette *Tulipe* un éclat remarquable. Ces belles fleurs, qui naissent aux extrémités des branches, durent quinze à vingt jours; elles sont très-nombreuses, et se succèdent pendant au moins six semaines ou deux mois.

Fig. 45 *.

* Dragonnier, fleur et fruit.

Les îles Canaries nous offrent le Dragonnier, remarquable par la bizarrerie de sa forme. Son tronc ressemble à un énorme serpent, et son suc au sang épaissi des animaux. Les feuilles naissent au haut de l'arbre, où elles forment une grosse touffe; elles sont ensiformes et très-longues. Ces feuilles sont surmontées d'une panicule terminale, chargée d'un grand nombre de petites fleurs, auxquelles succèdent des baies jaunâtres de la grosseur d'une petite Cerise. C'est cet arbre qui fournit la résine connue sous le nom de *sang-dragon*, dont on fait usage, en médecine, comme tonique et astringent.

Il croît en Amérique, sur les bords de l'Océan, un arbre d'une funeste célébrité, chanté plus d'une fois par nos poëtes : c'est le Mancenillier, où *le plaisir habite avec la mort*. (Darwin.) C'est un arbre élevé, très-rameux, lactescent dans toutes ses parties. Le suc qui en découle est un poison âcre et mortel. Les Indiens y trempent le bout de leurs flèches, qui conservent encore, après cent cinquante ans, leur qualité vénéneuse. Une seule goutte de ce suc produit sur la peau des ampoules, comme ferait un charbon ardent. Le fruit a une forme sphérique assez semblable à une Pomme d'api. Sa couleur charmante, l'odeur flatteuse qu'il exhale invitent à le goûter : le suc laiteux qu'il contient est un caustique violent qui donne infailliblement la mort.

Fig. 46 *.

Si plusieurs arbres des tropiques sont essentiellement différents de ceux de l'Europe par leur aspect et par les lieux où ils croissent, il en est d'autres qui ne doivent leur singularité qu'à la couleur éclatante de leur feuillage. C'est ainsi que la verdure, chez les Mélastomes, est variée par les reflets d'un blanc argenté, et que les longues

* Mancenillier en fleur.

feuilles découpées de l'Imbaoba le disputent à la neige pour la blancheur. Mais rien n'égale la magnificence du Quatélé, quand il étale son feuillage rose au milieu de l'éclatante verdure des autres arbres ; il anime tout le paysage par sa riante couleur ; il donne de la grâce à ce qui l'environne ; il bannit la sombre tristesse des forêts sans qu'elles perdent de leur majesté. Quand les Bignognias et les diverses autres Lianes viennent se grouper autour de lui et le parer encore de leurs rameaux en fleur, il semble que la nature ait voulu rassembler dans quelques forêts de l'Amérique méridionale ce qui suffirait pour l'ornement végétal des plus vastes contrées.

Fig, 48 *.

Il est, sur ces mêmes bords, un arbre à peine connu, qu'il conviendrait de propager dans toutes les régions où il peut réussir : nous voulons parler de l'Arbre à lait (*Palo de Vaca*), observé par M. de Humboldt, qui ne voit point de plus grande merveille avec le Rima de la mer du Sud. « Sur le flanc aride d'un rocher, dit ce célèbre voyageur, croît un arbre dont les feuilles sont sèches et coriaces ; ses grosses racines ligneuses pénètrent à peine dans la pierre ; ses branches paraissent mortes et desséchées pendant plusieurs mois de l'année ; pas une

* Quatélé, fleur et fruit.

ondée n'arrose son feuillage; mais, lorsqu'on perce le tronc, il en découle un lait doux et nourrissant. C'est au lever du soleil que la source végétale est le plus abondante. On voit arriver alors de toutes parts les Noirs et les indigènes, munis de grandes jattes, pour recevoir le lait, qui jaunit et s'épaissit à sa surface. Les uns vident leurs jattes sous l'arbre même, d'autres les portent à leurs enfants : on croit voir la famille d'un pâtre qui distribue le lait à son troupeau. »

Si des forêts de l'Amérique méridionale nous nous transportons sur les rivages de l'Afrique, nous y trouverons le Baobab, le plus monstrueux de tous les végétaux. Son tronc n'a ordinairement que trois à quatre mètres de hauteur, mais il en a jusqu'à huit à dix de diamètre. Il se divise à son sommet en un grand nombre de branches fort grosses, longues de dix à vingt mètres :

Ses branches étendues
Semblent d'autres forêts dans les airs suspendues [1].

Celles des côtes s'étendent horizontalement, et touchent quelquefois, par leur poids, jusqu'à terre; elles cachent ainsi la plus grande partie de son tronc, de manière que cet arbre ne paraît de loin que sous la forme d'une masse hémisphérique de verdure, de plus de cinquante mètres de diamètre sur vingt à vingt-cinq de hauteur.

Aux branches du Baobab répondent à peu près autant de racines, presque aussi grosses, mais bien plus longues; celle du centre forme un pivot qui, semblable à un gros fuseau, s'enfonce verticalement à une grande profondeur,

[1] CASTEL, *Poëme des plantes*, chant. II.

tandis que celles des côtés s'étendent et tracent près de la superficie du terrain.

Les fleurs sont proportionnées à la grosseur de ce végétal gigantesque. Lorsqu'elles sont épanouies, elles ont onze centimètres de longueur sur dix-sept de largeur. Elles sont solitaires dans les aisselles des feuilles, suspendues à des pédoncules longs de plus de trois décimètres et chargées de trois écailles écartées les unes des autres. Chacune de ces fleurs a un calice en forme de coupe, à cinq découpures réfléchies en dehors; cinq pétales de couleur blanche, relevés de plusieurs nervures parallèles; des étamines au nombre d'environ sept cents, réunies en tube dans leur partie inférieure; un style très-long, et dix à quatorze stigmates. Le fruit est une capsule ovoïde, longue de trois à cinq décimètres, et large de douze à dix-huit centimètres.

Fig. 48 *.

Une autre merveille végétale, fort utile aux habitants de Madagascar, est le Ravenala, ou l'*arbre des voyageurs*, de la famille des Bananiers. Cet arbre vigoureux, qui s'élève à la hauteur des Palmiers, croît dans les lieux les plus arides; il pousse des feuilles qui ont depuis soixante jusqu'à cent soixante centimètres de longueur sur six décimètres et plus de large; ces feuilles, de six à dix mètres carrés de surface, ont la vertu d'aspirer les vapeurs de la mer, les rosées du soir et celles du matin; mais, comme

* Baobab, fleur et fruit.

sous cette zone torridienne, ces gouttes d'eau, sans cesse renouvelées, se seraient aussi sans cesse évaporées dans une atmosphère brûlante, la nature a, par un mécanisme particulier, assuré la mission de ces fontaines végétales, et voici comment : la nervure longitudinale qui sépare chacune de ces volumineuses feuilles en deux parties égales, forme une cannelure ou petit canal de conduite qui reçoit des nervures latérales, très-multipliées et fort inclinées, les petits filets d'eau des gouttes qu'elles réunissent. La cannelure de chaque feuille, aboutissant à un orifice de la tige de l'arbre, vide immédiatement et constamment son urne au fond de la citerne, qui offre toujours, au pied de cet arbre, une eau fraîche et limpide au voyageur altéré : signe visible de l'harmonieuse prévoyance qui règne dans la nature, et qui nous démontre avec mille autres preuves semblables qu'il existe dans ce monde des voix et des intelligences mystérieuses, dont on s'efforce vainement d'altérer la vérité et le charme.

CONCLUSION

> Dieu, qui se laisse toucher partout, ne se laisse comprendre nulle part; dans la plus simple fleur qui tapisse le gazon, moins peut-être que dans les sphères qui ornent la voûte du ciel. PAUVERT.

Lorsque, durant les beaux jours du printemps, vous respirez l'air embaumé des bosquets, que vous contemplez la majesté des arbres qui vous couvrent de leur ombrage, que vous parcourez les prés fleuris, les bruyères empourprées, ou que vous vous reposez sur la pelouse des clairières, au fond des bois, vous arriva-t-il quelquefois de méditer sur ce qu'il y a d'étonnant et de sublime, et en même temps d'économique et d'admirablement simple, dans les lois qui ont fait sortir du sol et développé dens l'atmosphère toutes ces herbes, toutes ces fleurs, tapis charmant étendu sous vos pieds; tous ces troncs vigoureux, toutes ces cimes qui forment au-dessus de votre tête ce vaste dôme de verdure? Que d'organes, que de vaisseaux, que d'instruments mis en jeu! et combien de ressorts pour en assurer le travail, pour en varier les opérations, pour en diriger les fonctions vers des résultats aussi infiniment diversifiés que le sont ceux que nous présentent les innombrables produits du règne végétal, dans les cent mille espèces de plantes connues aujourd'hui, depuis la Mousse microscopique jusqu'au Chêne gigantesque, l'honneur de nos forêts; depuis le plus obscur Cryptogame jusqu'au Lis pompeux, jusqu'au splendide Magnolia, avec la prodigieuse diversité de leurs formes et de leurs tailles, de leurs feuillages et de leurs fleurs, de leurs parfums et de leurs fruits!...

Le même fluide, pompé par la racine, nourrit diversement la racine elle-même, l'écorce, le bois et la moelle; il devient feuille, il se distribue dans les branches et dans les rejetons, alimente les fruits qu'il développe. Qui nous expliquera la variété de ces métamorphoses? qui nous révèlera les secrets de la mécanique et de la chimie de la Providence, toutes les ressources de l'art qu'elle emploie dans la création de tant de chefs-d'œuvre! Profonds scrutateurs des lois et des opérations de la nature, dites-nous quels sont les moules où elle jette, chaque printemps, depuis l'origine des choses, toutes ces corolles aux formes si séduisantes; quelle est la palette où elle broie toutes les brillantes couleurs dont elle les revêt. En parcourant une prairie, c'est le même fluide que vous voyez rougir telle fleur, donner à telle autre l'éclat de la pourpre ou de l'or, azurer celle-ci, blanchir celle-là..... Dites-nous quel est l'alambic où la nature distille tous ces suaves aromes que les fleurs exhalent, où elle prépare tous ces nectars délectables qui remplissent les fruits de nos vergers. Comment le même fluide que nous avons vu tout à l'heure se transformer en racines, en écorce, en bois, en feuilles, en fleurs, etc., devient-il vin dans la Vigne, huile dans l'Olivier? Comment, doux dans la première, est-il onctueux dans l'autre? Pourquoi la saveur de la Pêche n'est-elle pas la même que celle de la Pomme, de la Figue ou du fruit du Palmier? Comment ce même fluide, qui flatte si agréablement le goût en passant à des plantes douces, devient-il âpre en se transmettant à d'autres plantes, qu'il aigrit, et parvient-il au dernier degré d'amertume dans l'Absinthe ou la Scammonée? Comment, astringent et rude dans les unes, s'est-il converti dans les autres en une substance huileuse et émolliente?... Illustres savants, vous confessez votre ignorance... En effet, c'est vous demander de soulever le voile qui couvre le mystère de la vie; c'est vous demander l'explication de phénomènes dont le Créateur s'est réservé le secret. Reconnaissons donc ici sa main invisible et si magnifiquement libérale : il ne fait que l'ouvrir, des nuages de fleurs s'en échappent, et le séjour de l'homme est enchanté.

« Être au-dessus de tous les êtres! cet hommage est le seul qui ne soit point indigne de vous. Quelle langue pourrait vous louer, vous dont toutes les langues ensemble ne sauraient représenter l'idée? Quel esprit pourrait vous comprendre, vous dont toutes les intelligences réunies ne sauraient atteindre la hauteur? Tout célèbre vos louanges : ce qui parle vous loue par des acclamations; ce qui est muet, par son silence. Tout révère votre majesté, la nature vivante et la nature morte. A vous s'adressent tous les vœux, toutes les douleurs; vers vous s'élèvent toutes les prières. Vous êtes la vie de toutes les durées, le centre de tous les mouvements, vous êtes la fin de tout. Tous les noms vous conviennent, et aucun ne vous désigne. Seul dans la nature immense, vous n'avez point de nom. Comment pénétrer, par delà tous les cieux, dans votre impénétrable sanctuaire? Soyez-nous favorable, Être au-dessus de tous les êtres! cet hommage est le seul qui ne soit point indigne de vous [1]. »

1 S. Grégoire de Nazianze, *Hymne à Dieu.*

FIN DU PREMIER VOLUME

TABLE

DES CHAPITRES ET DES PARAGRAPHES

PREMIÈRE PARTIE

RÈGNE MINÉRAL

DEUXIÈME PARTIE

RÈGNE VÉGÉTAL

TABLE

ALPHABÉTIQUE ET ANALYTIQUE DU TOME PREMIER

1832. — Tours, impr. Mame

BIBLIOTHÈQUE DE LA JEUNESSE CHRÉTIENNE

FORMAT IN-8° — 1re SÉRIE

RELIGION — MORALE

BIENFAITS DU CATHOLICISME dans la société, par M. l'abbé Pinard.
GÉNIE DU CATHOLICISME (le), par M. l'abbé Pinard.

LES APOLOGISTES DU CHRISTIANISME AU XVIIe SIÈCLE

Volumes publiés sous la direction de Mgr Dupanloup, évêque d'Orléans, par M. l'abbé V. Rocher, chanoine honoraire d'Orléans.

PENSÉES DE LEIBNITZ sur la religion et la morale, par M. Émery.
PENSÉES DE BACON, KEPLER, NEWTON ET EULER sur la religion et la morale.
PENSÉES DE DESCARTES sur la religion et la morale, recueillies p. M. Émery.
EXPOSITION DES PRINCIPALES VÉRITÉS DE LA FOI, traduit des ouvrages de Fénelon, par M. l'abbé Dupanloup.

Ce dernier volume n'est que la première partie du *Christianisme présenté aux hommes du monde par Fénelon, ouvrage recueilli et mis en ordre par M. l'abbé Dupanloup, aujourd'hui évêque d'Orléans.* (Rocher, éditeur à Paris.)

ŒUVRES LITTÉRAIRES

BOSSUET DE LA JEUNESSE, par M. D. Saucié.
BUFFON (œuvres choisies).
P. CORNEILLE (chefs-d'œuvre).
FÉNELON (œuvres choisies).
FLEURS DE LA POÉSIE FRANÇAISE.
FLEURS DE L'ÉLOQUENCE.
LITTÉRATURE FRANÇAISE (histoire de la), par M. Saucié.
SÉVIGNÉ (nouveau choix de lettres de Mme de).
PIERRE SAINTIVE, par Louis Veuillot.
RACINE (œuvres choisies).
SILVIO PELLICO (œuvres choisies); traduct. nouvelle, par Mme Woillez.
TABLEAU DE LA LITTÉRATURE ALLEMANDE, par Mme Amable Tastu.
TABLEAU DE LA LITTÉRATURE ITALIENNE, par Mme Amable Tastu.
TRÉSOR LITTÉRAIRE des jeunes personnes.

HISTOIRE ET BIOGRAPHIE DE PERSONNAGES ILLUSTRES

ANGLETERRE SOUS LES TROIS ÉDOUARD, PREMIERS DU NOM (l').
BRETAGNE ANCIENNE ET MODERNE (hist. de la), par Ch. Barthélemy.
CHARLES VI, LES ARMAGNACS ET LES BOURGUIGNONS, par M. Todière.
CHINOIS (les), par M. de Chavannes.
CROISADES (histoire des), par MM. Michaud et Poujoulat.
DUCS DE BOURGOGNE (les).
FRANÇAIS EN ALGÉRIE (les), par Louis Veuillot.
FRANÇOIS Ier ET LA RENAISSANCE, par M. de la Gournerie.
FRONDE (la) ET MAZARIN, p. M. Todière.
GUERRE DES DEUX ROSES (la), par M. Todière.
HENRI IV (hist. de), par J.-J.-E. Roy.
HISTOIRE DE L'ALGÉRIE, par Roy.
IRLANDE (l'), par MM. H. de Chavannes et Huillard-Bréholles.
LOUIS XIV (hist. de), par A. Gabourd.
NAPOLÉON Ier, EMPEREUR DES FRANÇAIS (histoire de), par A. Gabourd.
PHILIPPE-AUGUSTE, par M. Todière.
QUATRE DERNIERS VALOIS (hist. des), par M. F. C.
RÉVOLUTION FRANÇAISE (histoire de la), par M. Poujoulat; 2 volumes.
ROME ET LORETTE, par L. Veuillot.
RUSSIE (hist. de), par Ch. Barthélemy.
SAINT AUGUSTIN (histoire de), par M. Poujoulat; 2 volumes.
THOMAS MORUS ET SON ÉPOQUE.
TURQUIE (histoire de), par Barthélemy.

VOYAGES

PÈLERINAGES DE SUISSE (les), par L. Veuillot.
SOUVENIRS ET IMPRESSIONS DE VOYAGE, par le vicomte Walsh.

OUVRAGES DE SCIENCE VULGARISÉE

ANIMAUX A MÉTAMORPHOSES (les), par Victor Meunier.
ANIMAUX D'AUTREFOIS (les), par Victor Meunier.
ARCHÉOLOGIE CHRÉTIENNE, par M. l'abbé J.-J. Bourassé.
BOTANIQUE ET PHYSIOLOGIE VÉGÉTALE, par M. Jéhan.
CHASSES DANS L'AMÉRIQUE DU NORD (les), par Bénédict-Henry Révoil.
CULTURE DE L'EAU (la), par C. Millet.
ENTRETIENS SUR LA CHIMIE, par M. Ducoin-Girardin.
ENTRETIENS SUR LA PHYSIQUE, par M. Ducoin-Girardin.
ESPRIT DES OISEAUX (l'), par Berthoud.
ESPRIT DES PLANTES (l'), par Grimard.
FERME-MODÈLE (une), par M. de Chavannes.
GÉOLOGIE CONTEMPORAINE (la), par M. l'abbé C. Chevalier.
LEÇONS D'ASTRONOMIE, par M. Desdouits.
PÊCHES DANS L'AMÉRIQUE DU NORD, par Bénédict-Henry Révoil.
PLANTES UTILES (les), par A. Mangin.
POISONS (les), par A. Mangin.
SCIENCE ET LES SAVANTS AU XVIe SIÈCLE (la), par Paul-Antoine Cap.
SERVITEURS ET COMMENSAUX DE L'HOMME, par Saint-Germain Leduc.
TABLEAU DE LA CRÉATION, par M. Jéhan; 2 volumes.

Tours, Impr. Mame.

www.ingramcontent.com/pod-product-compliance
Lightning Source LLC
LaVergne TN
LVHW010127230826
846091LV00001BA/171